【北京生物资源系列丛书】

北京植物学史图鉴

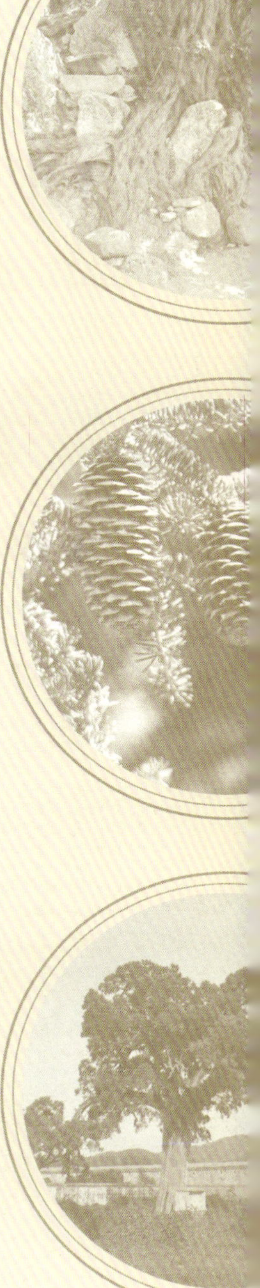

冯广平　赵建成　王　青◎主编

北京科学技术出版社

图书在版编目（CIP）数据

北京植物学史图鉴/冯广平　赵建成　王青主编．－北京：
北京科学技术出版社，2011.4
（北京生物资源系列丛书）
ISBN 978-7-5304-5018-5

Ⅰ．①北…　Ⅱ．①冯…　Ⅲ．①植物学－生物学史－北京市－图集　Ⅳ．①Q94-092

中国版本图书馆CIP数据核字（2011）第003291号

北京植物学史图鉴

主　　编：冯广平　赵建成　王　青
责任编辑：李　媛
责任印制：杨　亮
封面设计：樊润琴
图文制作：樊润琴
出 版 人：张敬德
出版发行：北京科学技术出版社
社　　址：北京西直门南大街16号
邮政编码：100035
电话传真：0086-10-66161951(总编室)
0086-10-66113227　0086-10-66161952(发行部)
电子信箱：bjkjpress@163.com
网　　址：www.bkjpress.com
经　　销：新华书店
印　　刷：北京博海升彩色印刷有限公司
开　　本：889mm×1194mm　1/16
印　　张：12.25
字　　数：353千
版　　次：2011年4月第1版
印　　次：2011年4月第1次印刷
ISBN 978-7-5304-5018-5/Q・044

定　价：158.00元

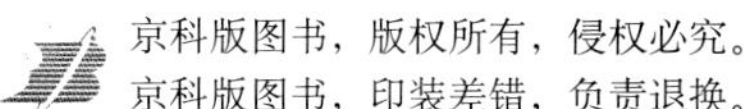

“北京生物资源系列丛书”编委会

北京生物资源系列丛书由北京自然博物馆组织编写

《北京植物学史图鉴》编辑委员会

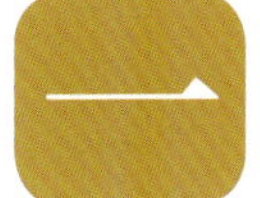

序 一

当前，生命科学研究继续向微观的基本结构和宏观的复杂系统两极方向发展，分子生物学作为主导力量，继续向各分支学科纵深渗透，而生态学又向具有复杂功能的生态系统乃至生物圈方向发展。生命科学的研究模式也发生了重大变化，一是强烈的学科交叉和渗透，大型平行技术发展成为推进生命科学发展的关键因素；二是跨区域、跨国家的多单位联合研究和集约型研究成为推动生命科学发展的主要动力。作为生命科学的重要方面，植物科学的发展也越来越进入复杂性研究的新领域，对相关学科提出许多新问题、新概念和新的研究领域。重要物种、功能蛋白、关键基因等涉及国家经济安全的植物科学研究领域呈现强烈的国际竞争态势；以高等植物生物制药为代表的现代生物产业应用研究领域更表现为白热化的市场抢滩状态。

北京地区汇聚了我国最为丰富的科研、教育和科普资源，是我国植物科学研究的中心之一，是国家创新战略的重要部分和关键位点。创新的关键在于故事的开始，也就是立题过程。以史为鉴，可以明兴衰。回顾北京地区的植物科学发展历史，不仅可以摸清植物科学各分支学科发展脉络，还可以弄清以往的重大发现和重大成果的立题本末及其研究绩效。就此而言，植物科学史的探索有着较为显著的现实意义。北京地区的植物科学发展历程，代表了我国植物科学发展的总体趋势。研究北京地区的植物科学发展史，虽属区域性研究，但有一定的全局价值，对于理清我国近现代植物科学的发展历程和演变规律有较为重要的意义，对于把握整个生命科学的发展规律，也有一定的参考价值。

广平博士1999年毕业于植物所，先后从事图书编辑、科研管理等工作，工作之余仍能坚持研究探索，乃至能将琐碎的史料结集成书，年轻人的治学热情可嘉。《北京植物学史图鉴》一书，以北京地区的植物科学历史为研究对象，以回顾植物科学发展过程和发掘历史事件背后的故事为目标，采用以物证史、以图说史的方式，勾勒了一幅较为清晰的植物科学发展脉络图，主题简明、图文并茂，是一部叙事简明、体例得当的植物学史著作。

植物科学是与人类生存发展息息相关的科学，其发展应该得到格外的重视和支持！更需要一批又一批热爱并乐于植物科学研究的年轻人投身其中、奋斗毕生！是为序。

匡廷云　研究员

中国科学院院士、中国植物学会原理事长

2010年12月8日于香山中国科学院植物研究所

 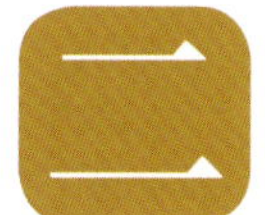

序 二

18世纪下半叶开始的第一次工业革命，极大地促进了欧美地区生产力的发展，同时也催生了包括植物科学在内的近代科学技术。19世纪，植物科学在基础理论探索方面取得了重大突破，植物双名命名制的创立、生物进化论的提出、自然分类系统的建立等，植物科学作为一个学科体系逐步建立起来。19世纪下半叶至20世纪初，世界经历了第二次工业革命，植物科学的研究手段和研究方法也产生了革命性的变化，现代物理学、化学和数学的原理与方法的引入，精密仪器的使用，植物科学逐渐进入实验验证和量化研究的发展阶段。21世纪以来，各种高新技术的快速发展，促使包括植物科学在内的整个生命科学领域渗透、整合，并与产业密切结合，形成系统生物学与合成生物学，旨在解决人类发展所面临的能源、新材料、健康等关键问题。

植物科学在借鉴相关学科研究方法和研究成果的同时，也向其他学科渗透和发展。20世纪初，“人文植物学”的产生和发展，使得植物科学不仅能够解释植物自身的结构、演化发展及其资源应用等问题，还能够为人文科学探讨人类社会的发展规律提供重要的研究手段和参考数据。例如，考古学的一个新分支——“植物考古学”就是在人文植物学的概念的启发下建立起来的。植物考古学通过考古发掘发现古代植物遗存，采用植物科学的方法和技术，鉴定、分析植物遗存，探讨古代人类与古代植物的关系进而达到复原古代人类生活方式、解释古代文化的发展与过程的考古学研究目的。

在我国植物科学及其相关学科发展历史上，北京地区扮演了极其重要的角色。元明清三代，北京作为国家的首都，汇聚了全国最丰富的文化和教育资源，并成为与国际社会交流的重要窗口。从明代开始的“西学东渐”过程虽然是被动的、缓慢的，但西方的近代科学知识还是渐次传入我国。1840年鸦片战争之后，中国沦落为半殖民地半封建社会，一些开明人士和先行者觉察到“西强我弱”的态势，开始主动学习西学，从中探索救国救民的真理。北京，作为当时的国家首都，自然成为我国近代科学发展的先行试点和传播中心，出现了最早的翻译机构——同文馆、最早的大学——京师大学堂、最早且最大的私立研究机构——北平静生生物调查所，以及最早的植物标本馆——北京大学植物标本室。

1949年中华人民共和国成立以后，北京地区又成为我国文化教育资源富集区之一，是包括植物科学在内的生命科学的研究和教育中心之一。正因如此，北京地区成为研究我国近现代植物科学发展历史和发展规律的理想区域之一。研究北京地区的植物科学发展历史，不仅可以弄清植物科学及其相关学科的发生缘由和发展脉络，还可以总结历史经验，探索科学方法，挖掘科学文化和科学精神。这正是《北京植物学史图鉴》一书所体现出的史料价值和现实意义。

我从事的是植物科学和考古学的交叉学科——植物考古学的研究，因此得以与广平博士慕名而交，并有幸先睹为快，提前阅读了《北京植物学史图鉴》的书稿。本书以总结植物科学领域的历史经验、发掘其深层次的科学文化为目标，采用以物证史、以图说史的方式，回顾了北京地区植物科学发展的历史进程、重要节点、重大事件和重要成果，进而发扬和推崇前辈们严谨刻苦、独立自主的科学精神，是一部疏证详备、图文并茂的佳作。

科学研究是充满不确定性、艰辛难走的道路，需要有超常的热情、坚强的毅力、睿智的头脑，且能够持续不断地在一个方向上钻研探索，才有可能终成一家之言。在充满诱惑、人人向利的现实中，淡泊名利、唯真唯美的科学精神尤显可贵，希望此书所载的科学精神能对读者有所启迪。是为序。

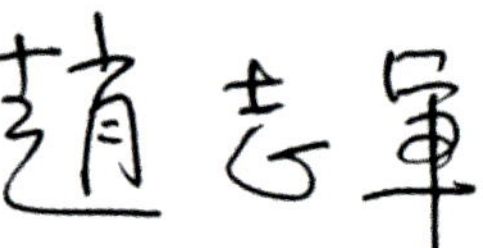

赵志军　研究员

考古科技实验研究中心

2010年12月18日于王府井中国社会科学院考古研究所

我国的植物学在世界植物学界表现出鲜明的个性，具有强烈的实用主义倾向和独立完整的理论体系，其发展至少受到三股力量的影响和推动，一是儒家“多识于鸟兽草木之名”思想的影响，儒学历来被奉为治国经典，对儒学经典中所涉及的植物类型的研究和注解，成为历代文人自觉自愿的行为，对其认识程度不断加深；二是本草学亦即中医学以草药施治思想的影响，中医奉行天人合一、自然主义的诊疗法则，用人类生存环境中常见的植物制备成药以治病救人，历朝历代都有大量官修和民间的本草著作问世，其收录的植物类型不断扩充；三是园林学“师法自然”的造园思想影响，我国园林学独树一帜、体系完整，从其作俑伊始，植物就成为重要的造园要素，造园技术和造园风格的改进，促进了花木品种的扩增。

自辽以降，北京一直是国家首都，成为国家的政治、经济、文化中心，汇聚了最为丰富研究和教育资源。自明代开始的“西学东渐”运动中，北京也一直是重要的滩头和窗口，是西方文化与我国传统文明碰撞融合甚为强烈的区域。在植物科学史方面，北京可被视作一个典型剖面和标志区域；弄清北京地区的植物学历史，有助于完整、准确地理解把握我国植物科学的发展脉络和本末由来。

人们通常将史学著作与枯燥、乏味相联系，广平博士却试图对此进行颠覆。他主编的《北京植物学史图鉴》一书，图文并茂，用一幅幅富含信息的图片生动地给读者展示北京植物学发展历程的壮丽画卷。作者先概括地由外而内、从古至今地勾勒出植物学的一般历史，然后又条分缕析地将北京地区的植物学研究和教育体系的奠基，以及各学科的带头人的风采娓娓道来；既不忘告诉读者哪里有风景旖旎的植物园和收藏宏富的标本馆，同时又如数家珍地指出北京古树名木的地理分布。在传播植物学史知识的同时，充满趣味性。全书的谋篇布局可谓别出心裁，独具特色。相信读者会在欣赏作者精致的图鉴中获得知识，得到启迪。我很乐意为读者推荐这本书。

罗桂环　研究员

中国科学院自然科学史研究所

2010年12月30日于保福寺

自辽代初期，北京市开始奠定首都地位。此后，北京一直是我国的政治、经济、文化中心。近代以来，北京成为东西方文化交融的重要窗口，也因此而成为近现代科学技术发展的摇篮。从中学为体、西学为用的构想，到建设世界城市的战略，北京地区的科学技术发展历程，反映了我国近现代科学技术发展的基本脉络。以植物科学为研究对象，从一个学科的角度探索北京地区近现代植物科学的发展历史，不仅可以做到以史为鉴，弄清我国植物科学体系的基本轮廓和基本脉络，从中总结得失经验，以利未来发展；还可以弘扬科学文化，剖析重大科学发现和技术发明产生的本末缘由，使深奥晦涩的科学知识变得生动易懂。进而言之，包括植物科学在内的现代生命科学技术，是当今世界竞相发展、以期赢得竞争优势的领域，也是欧美各国重大科技计划的支持重点。植物科学的进步与发展对于解决能源危机和资源危机，发展低碳经济、绿色经济和循环经济有着极其重要的意义。北京市为实现世界城市的建设目标，采取了低碳、绿色和循环的发展战略，因而对植物科学领域的科技成果有强烈的市场需求。本书以总结历史经验、发掘科学文化为目标，采用以物证史、以图说史的方式，探索了有史以来，尤其是西学东渐以来，植物科学在北京区域内的发展历程和重大事件，以期给读者展现一幅科学严谨、简洁明晰的植物科学史画卷。

一部北京植物科学史，就是国人在一穷二白的基础上，怀着拳拳爱国之心，不迷信权威，不畏惧困难，独立自主地建立本国的植物科学研究和教育体系的创业史。纵观钟观光、钱崇澍、胡先骕等植物学界奠基人的奋斗历程，他们之所以能够奠定我国植物科学的基础，并赢得世界同行的尊敬，大都因为其有修齐治平的高尚情操和精神追求。第一，怀有强烈的使命感和赤诚的爱国心，1913年，胡先骕进入加州大学伯克利分校农学院森林系攻读森林植物学时，曾赋诗言志“乞得种树术，将以疗贫国”，求学的目的是为了经世致用，使国家富强。1916年，钟观光被聘为北京大学副教授，曾发誓“欲行万里路，欲登千重山，采集有志，尽善完成”，自此历时四年，足迹踏遍大江南北11个省区，采集植物标本1.5万号，建成我国第一个植物标本室。1947年，美国人提出由美国出资与我国合编《中国植物志》，钱崇澍一口回绝：“中国的植物志一定要由中国人自己编写，不能由外国人代庖。”表现了崇高的民族气节。第二，抱有严谨、认真的治学态度，在一个方向上勤勤恳恳、不知疲倦地工作，才能有所收获。1925年，胡先骕完成了《中国有花植物属志》（The Genera of Flowering Plants of China）博士论文，首次全面系统地整理中国植物。1927～1937年间，他与陈焕镛合作相继编纂完成《中国植物图谱》（1～5册），又与秦仁昌合作编纂完成了《中国蕨类植物图谱》（1～5卷），成为较早全面系统记载我国植物的重要志书性著作。正是在此基础之上，他与郑万钧合作于1948年最早发现并命名“活化石”水杉，震动了世界植物学界；1950

年，他提出了“被子植物多元起源”学说，成为我国植物学家首次创立的一个较新的被子植物分类系统。第三，保持开放的心态，敢于迎接国际挑战。1927年，戴芳澜执教金陵大学农学院生物系期间，系主任美国人史德蔚（Dr. Steward）提出哈佛大学高等植物研究所要出资采集中国真菌标本，戴芳澜表示赞同，但同时提出标本要一式两份，一份留在中国。史德蔚质疑中国没有研究力量，戴芳澜慨然自任，拟从白粉菌目（Erysiphales）入手首开我国的真菌学研究。1932～1939年间，戴芳澜发表了《中国真菌杂记》（Ⅰ～Ⅸ），首次系统报道中国真菌；发表《中国真菌名录》，成为我国首部收录最丰的真菌志。1955年，胡先骕出版《植物分类学简编》，明确指出原苏联农业科学院院长李森科的“小麦变黑麦”获得性遗传论调是不符合现代遗传学实际的非科学理论。这种不迷信权威、坚持真理的精神，正是科学发展和技术进步的坚实基础。

本书收录的史料以北京地区发生的人物、组织、事件为主，对于关乎我国植物科学发展全局的关键节点、重要人物、重大事件，也予以适当收录。对史料的整理，坚持系统性原则，注重对史料的归纳整理；同时，还坚持科学性原则，注重对史料原始出处的考证。对于图片的选择，以现有地面遗存、原始文献为首选，在严格把控其内容准确性的基础上，兼顾美观，以期实现以物证史、以图说史的初衷。全书共分总论、分论两部分，总论部分共分三章，概述了世界植物科学发展的基本脉络，为北京地区植物科学发展史设定世界层面的历史背景。进而，详细论述了北京地区植物科学发展的各个阶段、重大事件、代表性成果。对北京地区植物科学及其相关分支学科的研究和教育现状也作了深入探索。分论部分共分四章，主要论述了北京地区植物科学研究和教育体系的创建、学科奠基人、植物园和标本馆、代表性成果。此外，对见证北京地区植物科学发展历程的活文物——古树名木，以及反映北京地区生态文明建设现状的珍稀濒危植物，也单独立章陈述。

本书是北京自然博物馆、中国科学院植物研究所、北京辐射中心、河北师范大学、北京市科学技术研究院等多家机构相关科技人员通力合作的结果。全书的总体框架结构由冯广平设计。第一章、第二章由冯广平执笔；第三章由赵建成、胡丹丹执笔；第四章由冯广平、王艳辉执笔；第五章由黄满荣执笔；第六章由王青执笔；第七章由王青、陈立群执笔；第八章由包琰执笔。全书图片由冯广平、包琰、王青、黄满荣、孙珍全、赵建成、尤勇、田自强、刘艳菊、李业亮等人拍摄。牛喜平、卢思聪、武让、张本刚提供部分图片。外国人在京的植物研究史料由贺新强、马清温、刘海明整理。国人在京的植物研究史料由王锐、刘宇、郭万平、王海芸、李兴伟、李小燕、李彦雪、王媛、王志涛、于宁宁、于树宏、王立宝、毕海燕、刘晓丽、苗润莲等整理。徐敏、张雷、刘娟、陈安琪、李诚、张红参与英文资料的翻译和文稿的校对。本书出版得到北京市财政专项资金项目《首都环境生态系统安全科普教育平台建设》、《北京自然博物馆生命科学实验室建设》、《市科研院科技创新工程：竞争情报与创新评估重点实验室建设》（IE012009870026-1）的支持。由于时间仓促，作者水平有限，书中难免有疏漏、错误之处，敬请读者批评指正。

作　者

2010年7月28日于天坛

目录

第一部分　总　论

第1章
概　论

1.1　植物科学学科体系

植物学（botany）是生物学的一个分支学科，是研究植物各类群的形态结构、分类和有关生命活动、发育规律，以及植物与外界环境间各种关系的科学。20世纪70年代以来，又称为植物生物学（plant biology）。随着学科发展、生产实践和其他工作的需要，研究手段的不断革新，植物学各个方面的研究越来越深入，逐渐发展出许多分支学科，主要包括植物分类学（plant taxonomy）、植物形态学（plant morphology）、植物生理学（plant physiology）、植物遗传学（plant genetics）、植物生态学（plant ecology）、植物化学（phytochemistry）、古植物学（palaeobotany）、植物资源学(plant resources)、分子植物学（molecular botany）、植物发育学（plant developmental biology）等。

1. 植物分类学

植物分类学，又称植物系统学（plant systematics），主要根据植物的特征以及植物间的亲缘关系和演化顺序，对植物进行分类，并在此基础上建立和逐步完善植物各级类群的进化系统。20世纪50年代以来，随着其他学科理论和技术手段的引入，逐步分化出植物化学分类学（plant chemotaxonomy）、植物细胞分类学（plant cellular taxonomy）、植物超微结构分类学和植物树脂分类学（plant numerical taxonomy）等分支学科；80年代后期，开始引入分子技术，形成了分子系统学（molecular systematics）、植物分子分类学（plant molecular taxonomy）分支；同时，引入化石证据，形成系统与演化植物学。另外，对具体某一类群植物分类的研究也产生相应的分支学科，如藻类学（algology）、真菌学（mycology）、苔藓植物学（bryology）、蕨类植物学（pteridology）等。

2. 植物形态学

植物形态学主要研究植物个体构造、发育及系统发育中形态建成，是植物学中发展较早的分支学科。20世纪50年代以后，随着扫描电子显微镜、透射电子显微镜和计算机技术的应用，其研究深度和广度得到很大拓展，目前已经发展成为植物器官学（plant organography）、植物解剖学（plant anatomy）、植物胚胎学（plant embryology）及植物细胞学（plant cytology）。根据研究对象的不同，植物形态学可划分为孢子植物形态学（spore plant morphology）、种子植物形态学（seed plant morphology）、隐花植物形态学（cryptogam morphology）、显花植物形态学（phanerogam morphology）、维管植物形态学（vascular plant morphology）、比较形态学（comparative morphology）、形态发生学（morphogenesis）和实验形态学（experimental morphology）等。

（1）植物解剖学

植物解剖学是研究植物细胞、组织和器官的显微、超显微结构及其发育规律的分支学科，原是植物形态学的一部分。20世纪50年代以前，植物解剖学主要利用光学显微镜进行观察。50年代以后，广泛应用透射电子显微镜和扫描电子显微镜，并采用了人工离体培养及各种物理的、生物化学的技术方法，对于植物的各种组织结构和功能有了更深入的了解，且与其他有关学科相互渗透，逐渐分化出植物比较解剖学、植物发育解剖学、植物生理解剖学，植物病理解剖学、植物生态解剖学以及木材解剖学等分支。

（2）植物胚胎学

植物胚胎学是研究高等植物有性生殖器官和生殖细胞的形成、受精（植物）以及胚胎发生（植物）规律的分支学科。20世纪60年代以后，电子显微镜用于植物胚胎学研究，植物胚胎学向两个方向发展：一是开展比较研究，向实验性研究发展；一是向超微结构的研究发展，以及结构与功能的综合研究发展。现代的植物胚胎学研究主要集中在经济植物和特有植物胚胎学、受精作用、生殖系统中结构与功能等方向。

（3）植物细胞学

植物细胞学是研究植物细胞结构的分支学科，是植物形态学的分支学科之一，也是细胞学的一个分支。植物细胞学利用生物学、化学、物理学的方法研究细胞的生命活动。

3．植物生理学

植物生理学是研究植物生命活动及其规律的分支学科，主要研究内容包括细胞生理、代谢生理、生长发育生理和逆境生理4部分。20世纪，植物生理学中各分支学科，如细胞生理、种子生理、光合生理、呼吸生理、水分生理、营养生理、开花或生殖生理及生态生理等有很大发展，有的已形成专门学科，如植物分子生理学、植物代谢生理学、植物发育生理学等。

4．植物遗传学

植物遗传学是研究植物的遗传和变异规律的分支学科。因和细胞学和分子生物学密切相关，已发展出植物细胞遗传学和分子遗传学。

5．植物生态学

植物生态学是研究植物之间、植物与环境之间相互关系的学科。20世纪60年代以后得到迅速发展，向宏观和微观两个方向延伸，已经分化出植物个体生态学、植物种群生态学、植物群落生态学及生态系统生态学、景观生态学等分支。

（1）植物地理学

植物地理学（geobotany）又称地植物学，是研究植被空间分布规律的学科，分为区系植物地理学、生态植物地理学和历史植物地理学三部分，主要研究植被的组分、性质的分布类型，及其形成的原因、动态以及实践中的应用等。目前已经发展出生态地植物学（ecological geobotany）、实验地植物学（experimental geobotany）、森林地植物学（forest geobotany）和指示地植物学（indicative geobotany）等分支学科。

6. 植物化学

植物化学是是研究植物代谢产物的成分、结构、分布规律的分支学科，是植物学与有机化学的交叉学科，是天然有机化学或天然产物化学（natural product chemistry）的重要组成部分，与中药有效成分、植物系统分类有密切关系。

7. 古植物学

古植物学是研究地质时期植物的分支学科，研究内容包括古代植物的形态解剖、系统分类、生态、时间和空间的分布以及各门类植物的起源、发展和进化的历史、古代植物区系、各地质时代的植被及其演替等。

8. 植物资源学

植物资源学是研究自然界所有植物的分布、数量、用途及其利用的分支学科，主要研究植物的分布、引种驯化、植物有用物质及其提取和加工工艺、植物资源蕴藏量及其开发利用等；与药用植物学、植物分类学、植物地理学、植物生态学、植物化学、工艺化学、栽培学、保护生物学等学科关系密切，因而是一门比较综合的边缘科学。

9. 分子植物学

分子植物学是研究和揭示植物材料的核酸、蛋白质等大分子的结构和功能，以及基因的结构和功能规律的分支学科；是近30年来随着生物大分子（核酸、蛋白质）结构以及基因结构和功能的研究而发展起来的学科；也是当今植物学各领域研究的前沿，其分子生物学研究使用的方法已被植物学各分支学科所采用。

10. 植物发育学

植物发育学是研究植物个体发育规律及其调控机理的分支学科，是在植物形态解剖学、胚胎学、遗传学、生物化学及分子生物学等学科基础上发展起来的边缘学科，是生物学中继分子生物学后的又一个研究热点。

20世纪80年代以来，随着生物技术和计算机技术在植物学各领域的广泛应用，植物学各分支学科互相渗透、宏观和微观相结合的趋势越来越明显，逐步向整合植物学方向发展。1981年，第十三届国际植物学大会在澳大利亚悉尼（Sydney）召开，开始打破传统的分组模式，不再按照形态、分类、生理等植物学各分支进行分组。1987年，在原联邦德国西柏林（W. Berlin）召开的第十四届国际植物学大会将植物学分为：①代谢植物学（metabolic botany）；②发育植物学（developmental botany）；③遗传学和植物育种（genetics & plant breeding）；④结构植物学（structural botany）；⑤系统及进化植物学（systematic and evolutionary botany）；⑥环境植物学（environmental botany）。1999年，在美国圣路易斯市（St. Louis）召开的第十六届国际植物大会将植物学分为11类，与第十四届大会相比新增了①分子植物学（molecular botany）；②群落植物学（community botany）；③菌物学（fungi）；④古植物学（palaeobotany）；⑤经济植物学（economic botany）等5类。

按照我国国家技术监督局1993年7月1日批准实施的《中华人民共和国国家标准（GB/T13745—92）学科分类与代码表》，植物学为生物学下属的二级学科，包括17个三级学科（表1.1）。

表1.1 植物学分支学科及其代码

学科代码			学科名称		
180			生物学		
	18051			植物学	
		1805110			植物化学
		1805115			植物生物物理学
		1805120			植物生物化学
		1805125			植物形态学
		1805130			植物解剖学
		1805135			植物细胞学
		1805140			植物生理学
		1805145			植物胚胎学
		1805150			植物发育学
		1805155			植物遗传学
		1805160			植物生态学
		1805165			植物地理学
		1805170			植物群落学
		1805175			植物分类学
		1805180			实验植物学
		1805185			植物寄生虫学
		1805199			植物学其他学科

1.2 植物科学发展简史

植物学是生物学的一个分支学科，是研究植物各类群的形态结构、分类和有关的生命活动、发育规律，以及植物与外界环境间各种关系的科学。植物科学的发展大体经历了4个阶段：口口相传的“萌芽期”；服务于实用目的，与医学、农学、园艺区分不明显的“本草期”；建立植物的命名规则和自然分类体系，以定性描述为主的“经典期”；采用精密仪器和计算机，以实验验证和定量研究为主的“现代期”。

1.2.1 萌芽期

早在石器时代，古代先民在长期的采集、渔猎等生产活动中，逐渐认识了植物的形态特征和生长规律，在驯化和使用植物资源的过程中积累了原始的农业和医学知识，并通过口口相传的形式传承这些原始的植物学成果。约公元前5000年，巴比伦人及亚述人已经能够区分海枣 (*Phoenix dactylifere*) 的雌雄植株。至迟于公元前3500年，古埃及人已经学会用纸草（*Cyperrus papyrus*）作为书写材料。古代印度的《寿命吠陀经》（Ayruveda）记载了檀香（*Santalum album*）、茉莉花（*Jasminum sambac*）等香料。至迟距今10000年前，我国先民已经完成了稻（*Oryza sativa*）的驯化栽培。公元前12050年的湖南省道县玉蟾岩遗址曾发现了栽培古稻。距今8000年左右，粟（*Setaria italica*）和黍（*Panicum miliaceum*）也被驯化成功，公元前6050年的河北省武安县磁山遗址和河南省新郑县沙窝李遗址中出土了炭化粟粒，公元前5850年的甘肃省秦安县大地湾遗址发现了炭化黍。

1.2.2 本草期

进入文明社会以后，先民对植物的研究以食用、药用和观赏植物为主，服务于农业、医学、园艺等实用目的。因药用植物以草为主，故称“本草”。在欧洲，这一时期开始于古希腊时代，结束于“地理大发现”时期。公元前3世纪，古希腊人泰奥弗拉斯图斯（Theophrastus，前370～前285年）发表《植物原

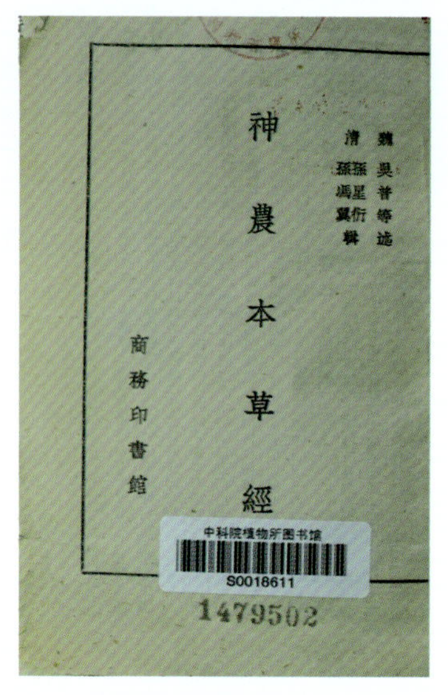

图1.1 《神农本草经》（冯广平 摄）

由》（De Causis Plantarum）、《植物志》（De Historia Plantarum）等著作，记录了500多种植物，开创了植物形态描述的先河，并提出了显花植物和隐花植物、常绿植物与落叶植物、单子叶植物与双子叶植物等概念。以老普利尼（Pliny the Elder，23～79）为代表的罗马博物学家用拉丁文著述了大量植物，使得植物学拉丁文得以发展成为国际通行的学术语言。公元64年，古罗马人迪奥斯科里斯（Dioscorides）完成《本草》（Materia Medica），这部著作曾沿用许多世纪。此后，在15世纪的地理大发现以前的10个多世纪中，欧洲植物学没有什么大的进展，成为植物学的"停滞时期"。

在我国，植物学研究的"本草期"非常漫长，开始于夏代，一直延续至清代晚期。《大戴礼记》中收录的《夏小正》一篇，推测为夏代的农历，其中记载了梅（*Prunus mume*）、桃（*Prunus persica*）、杏（*Prunus vulgaris*）等十多种植物的开花和结实时间。商代的甲骨文在字体结构上已明确地将木本植物和草本植物分开，如梅、杏、桑（*Morus alba*）、麻（*Cannabis astiva*）等都从木旁，芍（*Paeonia lactiflora*）、菲（*Raphanus sativus*）、荇（*Nymphoides peltatum*）、荑（*Imperata cylindrica*）等都从草旁。成书于周代的《诗经》记载了136种植物，出现了"乔木"、"灌木"等词语。《周礼•地官•大司徒》中最早出现了"植物"一词。公元前1世纪左右，我国第一部本草著作——《神农本草经》（图1.1）成书，书中记载了254种植物，按照上、中、下三品归类，并将植物区分为草、木、果、米、谷、菜等类。自汉以后历代均有本草著作问世，多达上千种，而且后出著作均将前人著作的相关内容全部保留，并加以增补。我国的本草著作数量巨大、内容恢宏、传承连续，堪称世界独步，其代表性著作有：三国时期吴普（约149～250）的《吴氏本草》（208～239），南北朝时期陶弘景（字通明，452～536）的《本草经集注》（500，齐东昏侯永元二年），唐代苏敬（又作苏恭，599～674）的《新修本草》（659，唐高宗显庆四年）、陈藏器（687～757）的《本草拾遗》（739，唐玄宗开元二十七年），宋代刘翰（919～990）和马志的《开宝本草》（974，宋太祖开宝七年）、苏颂（字子容，1020～1101）的《本草图经》（1061，宋仁宗嘉祐六年）、掌禹锡等的《嘉祐本草》（1061，宋仁宗嘉祐六年）、唐慎微（字审元）的《证类本草》（1082，宋神宗元丰五年），明代朱橚（1361～1425）的《救荒本草》（1406，明万历四年）、李时珍（字东璧，1518～1593）的《本草纲目》（1596，明万历二十四年，图1.2）。《本草纲目》为历代本草集大成之作，收录植

图1.2 乾隆四十九年（1784）刻本《本草纲目》（王艳辉 摄）

物1094种，创立了以植物形态、习性、生态和功用为依据的实用分类系统。以清代吴其濬（字瀹斋，号雩娄农，1789～1846）的《植物名实图考》（图1.3）和《植物名实图考长编》（图1.4）为标志，我国古代植物学成就达到巅峰，《植物名实图考》收录植物1714种，绘图1800幅，植物种类比《本草纲目》多519种，插图参考实物绘制，远超过历代本草水平。

我国植物科学在“本草期”的另外一个成就是现代植物科学概念的萌芽。春秋战国时期，已经出现了植物生态学概念的萌芽，《周礼•地官•大司徒》载“以土会之法，辨五地之物生”，根据土壤的不同，种不同的作物。至迟成书于西汉的《管子•地员篇》中已经准确描述了淡水湖泊中植物群落演替系列，提出了由沉水植物莲（*Nelumbo* sp.）到中生植物白茅（*Imperata* sp.）的“十二衰”序列。东汉时期，杨孚（字孝元）的《南裔异物志》开启了地方性动植物志书的先河。南朝•宋时期，戴凯之（字庆预）撰写《竹谱》，记竹70种（实际40种），为世界最早的植物专谱。植物生理学的概念可追溯至先秦时期，《尔雅》中称大麻（*Cannabis sativa*）的雄株为“枲”，雌株为“苴”。北朝•东魏（534～550）时期，贾思勰在其《齐民要术》中记述了大麻的授粉现象，指出只有雄株“放勃”（释放花粉）雌株才能结籽。植物化学的概念萌芽也可追溯至先秦时期，《周礼•秋官下》载庶氏除毒蛊，以“嘉草攻之”，嘉草即为蘘荷（*Zingiber mioga*）。南朝•宋时期，雷敩在其《雷公炮炙论》中提及许多植物药品的化学概念。对化石植物的记载早见于宋代，1086年（宋哲宗元祐元年），沈括（字存中，号梦溪丈人，1031～1095）在《梦溪笔谈》（图1.5）中记载延州永宁关（今延川县延水关）发现“竹笋一林”，即中生代木贼类新芦木的髓模，这是世界上最早对化石植物的记载。

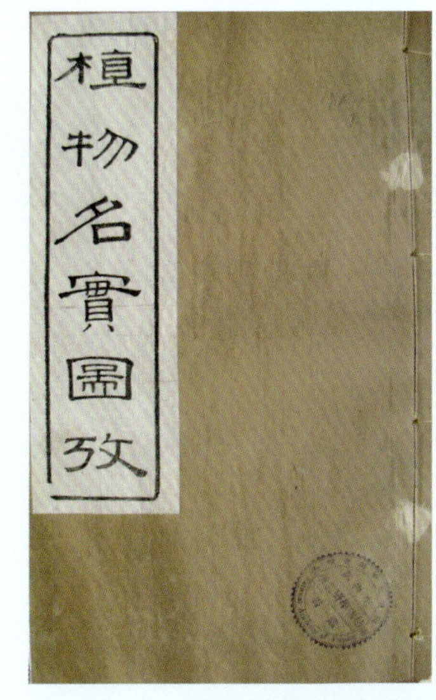

图1.3 1918版《植物名实图考》（王艳辉 摄）

图1.4 《植物名实图考长编》（冯广平 摄）

图1.5 光绪三十二年（1906）刻本《梦溪笔谈》（王艳辉 摄）

1.2.3 经典期

1583年（明万历十一年），意大利人凯萨尔皮诺（Andrea Cesalpino，1519～1603）在其著作《植物》（De Plantis）中以植物生殖器官作为分类依据，使得植物学与实用的本草学区别开来，开始发展成为独立的学科。17～18世纪，随着植物标本的大量采集和积累，植物学研究对象转为所有植物类型，逐渐建立了植物的命名规则和分类体系。瑞典人林奈（Carl von Linné，1707～1778）在其1753年（清乾隆十八年）出版的《植物种志》（Species Plantarum，图1.6）以及1758年（清乾隆二十三年）出版的《自然系

CAROLI LINNÆI
S:æ R:giæ M:tis Sveciæ Archiatri; Medic. & Botan.
Profess. Upsal; Equitis Aur. de Stella Polari;
nec non Acad. Imper. Monspel. Berol. Tolos.
Upsal. Stockh. Soc. & Paris. Coresp.

SPECIES PLANTARUM,

EXHIBENTES
PLANTAS RITE COGNITAS,
AD
GENERA RELATAS,
CUM
Differentiis Specificis,
Nominibus Trivialibus,
Synonymis Selectis,
Locis Natalibus,
Secundum
SYSTEMA SEXUALE
DIGESTAS.
Tomus I.

Cum Privilegio S. R. M:tis Sueciæ & S. R. M:tis Poloniæ ac Electoris Saxon.

HOLMIÆ,
Impensis Laurentii Salvii.
1753.

C. Appelgren

图1.6　1753年版《植物种志》（王艳辉 摄）

统》（Systema Naturae，图1.7）中确立了双名命名制（binomial nomenclature）和植物分类系统，并建立了一种简化的拉丁文作为国际语言，用于植物的命名和描述。19世纪，植物科学在基础理论探索方面取得重大突破。1813年（嘉庆十八年），瑞士人德堪多（A.P. de Candolle）出版《植物学基本原理》（Theorie Elemintaire de la Botanique），最早引入分类学（taxonomy）术语。1859年（咸丰九年），英国人达尔文（Charles Darwin，1809～1882）出版《物种起源》（Origin of Species，图1.8），提出进化论（theory of evolution）的观点，使得建立自然分类系统成为可能。1897年（光绪二十三年），德国人恩格勒（A. Engler）和柏兰特（K. Prantl）发表《植物自然分科志》（Die natürlichen Pflanzenfamilien），建立了第一个比较完整的自然分类系统，将植物界分为13门、2纲、45目、280科。从西沙尔比诺提出以植物生殖器官为分类依据，到恩格勒和柏兰特建立第一个自然分类系统，植物分类学（plant taxonomy）建立起较为完善的内容体系，同时，植物科学的其他分支学科也都开始创立、分化、发展，此阶段属于植物科学发展的“滥觞阶段”。

1665年（康熙四年），英国人胡克（Robert Hook，1635～1730）出版《显微术，或放大镜下微笑物体的生理学描述，附观察和存疑》（Micrographia: or some physiological descriptions of minute bodies made by magnifying glasses: with observations and inquiries thereupon），首次提出细胞（cell）的概念，从而开创了植物显微结构的研究。1682年（康熙二十一年），英国人格鲁（N. Grew，1628～1711）出版《植物解剖学》（The Anatomy of Plants），提出“植物组织”概念。1686年（康熙二十五年），意大利人马尔比基（M. Malpighi，1628～1694）出版《植物解剖学》（Anatome Plantarum）。格鲁和马尔比基的独立发现，宣告植物解剖学的诞生。1790年（乾隆五十五年），德国人歌德（J.W. von Goethe，1749～1832）发表《植物变态的解释》（Versuch die Metamorphose der Pflanzen zu Erklàn），着重从植物发育过程中进行器官形态的比较研究而掌握其共同性，最早提出“形态学”名词，植物形态学自此独立发展。1824年（道光四年），意大利人阿米西（G. Amici）在马齿苋（*Portulaca oleracea*）柱头上发现花粉萌发，这个实验被视为植物胚胎学的开端。1838年（道光十八年）德国人施莱登（Matthias Schleiden，1804～1881）的《植物

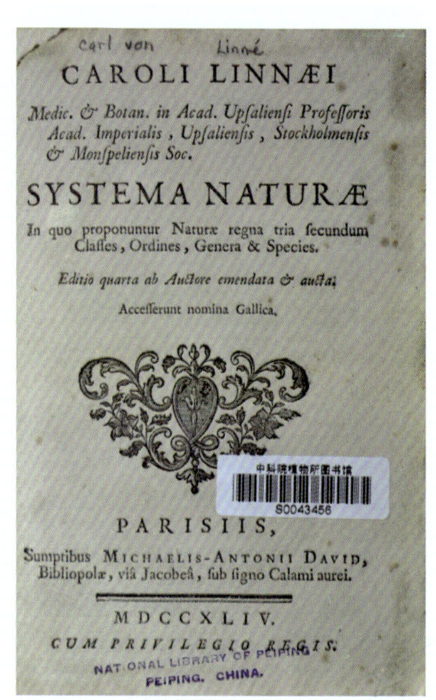
Carl von Linné

CAROLI LINNÆI
Medic. & Botan. in Acad. Upsaliensi Professoris
Acad. Imperialis, Upsaliensis, Stockholmensis
& Monspeliensis Soc.

SYSTEMA NATURÆ

In quo proponuntur Naturæ regna tria secundum
Classes, Ordines, Genera & Species.
Editio quarta ab Auctore emendata & aucta.
Accesserunt nomina Gallica.

PARISIIS,
Sumptibus Michaelis-Antonii David,
Bibliopolæ, viâ Jacobeâ, sub signo Calami aurei.
MDCCXLIV.
CUM PRIVILEGIO REGIS.

图1.7　1758年版《自然系统》（冯广平 摄）

发生论》（Beiträge zur Phytogenesis）和1839年德国人施旺（Theodor Schwann，1810～1882）的《动植物的结构和生长一致性的显微研究》（Microscopical Researches on the Similarity in the Structure and the Growth of Animals and Plants，图1.9）首次提出细胞学说（cell theory）。植物形态学（plant morphology）的分支学科如植物细胞学（plant cytology）、植物解剖学（plant anatomy）等相继得以发展。

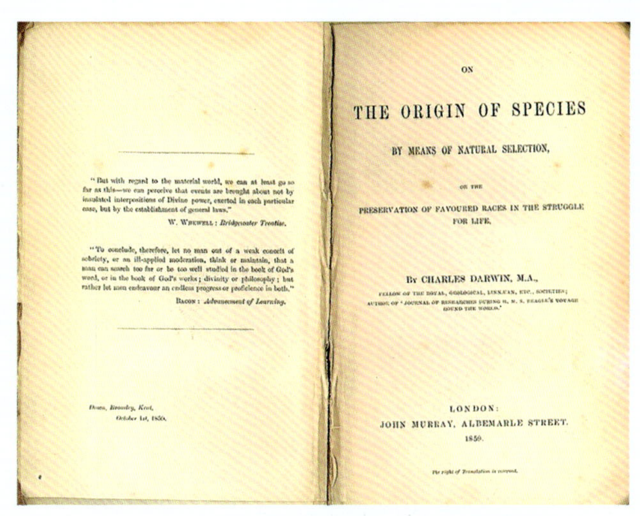
"But with regard to the material world, we can at least go so far as this—we can perceive that events are brought about not by insulated interpositions of Divine power, exerted in each particular case, but by the establishment of general laws."
W. Whewell: *Bridgewater Treatise*.

"To conclude, therefore, let no man out of a weak conceit of sobriety, or an ill-applied moderation, think or maintain, that a man can search too far or be too well studied in the book of God's word, or in the book of God's works; divinity or philosophy; but rather let men endeavour an endless progress or proficience in both."
Bacon: *Advancement of Learning*.

Down, Bromley, Kent,
October 1st, 1859.

ON
THE ORIGIN OF SPECIES
BY MEANS OF NATURAL SELECTION,
OR THE
PRESERVATION OF FAVOURED RACES IN THE STRUGGLE FOR LIFE.

BY CHARLES DARWIN, M.A.,
FELLOW OF THE ROYAL, GEOLOGICAL, LINNÆAN, ETC., SOCIETIES;
AUTHOR OF 'JOURNAL OF RESEARCHES DURING H. M. S. BEAGLE'S VOYAGE ROUND THE WORLD.'

LONDON:
JOHN MURRAY, ALBEMARLE STREET.
1859.

The right of Translation is reserved.

图1.8 1859年版《物种起源》（冯广平 摄）

1691年（康熙三十年），德国人卡默拉留斯（J. R. Camerarius，1665～1721）发现雌性桑树（*Morus* sp.）和山靛（*Mercurialis annua*）在附近没有雄树情况下不能产生种子；1694年（康熙三十三年），他根据详细观察和移去雄花实验，在欧洲首次证实植物具有性别之分，花药为雄性器官，子房与花柱为雌性器官。卡默拉留斯的工作开启了植物生理学（plant physiology）的研究。

1865年（同治四年），奥地利人孟德尔（G.J. Mendel，1822～1884）总结8年豌豆杂交试验结果，发表《植物杂交试验》（Versuche über Pflanzen-Hybride，图1.10），提出遗传学的两个基本定律。植物遗传学（wplant genetics）由此发端。

1807年（嘉庆十二年），德国人洪堡（Alexander von Humboldt，1769～1859）出版《植物地理知识》（Essai sur la géographie des plantes），奠定了植物生态学的基础。1866年（同治五年），德国人黑克尔（E. Haekel，1834～1919）出版《生物的一般形态》（Generelle Morphologie der Organismen：allgemeine Grundzüge der organischen Formen-Wissenschaft, mechanisch begründet durch die von C. Darwin reformirte Decendenz-Theorie），首次提出生态学（oecologie，ecology）概念。1895年（光绪二十一年），瓦尔明（E. Warming，1845～1923）出版《以植物生态地理为基础的植物分布学》（Plantesamfund-Grundtrak of den ökologiske Plantegeografi），标志着植物生态学科的诞生。

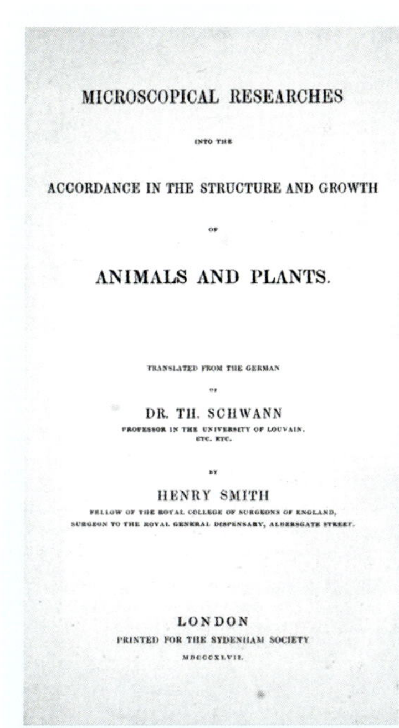
MICROSCOPICAL RESEARCHES
INTO THE
ACCORDANCE IN THE STRUCTURE AND GROWTH
OF
ANIMALS AND PLANTS.

TRANSLATED FROM THE GERMAN
OF
DR. TH. SCHWANN
PROFESSOR IN THE UNIVERSITY OF LOUVAIN, ETC. ETC.
BY
HENRY SMITH
FELLOW OF THE ROYAL COLLEGE OF SURGEONS OF ENGLAND,
SURGEON TO THE ROYAL GENERAL DISPENSARY, ALDERSGATE STREET.

LONDON
PRINTED FOR THE SYDENHAM SOCIETY
MDCCCXLVII.

图1.9 1839年版《动植物的结构和生长一致性的显微研究》（王艳辉 摄）

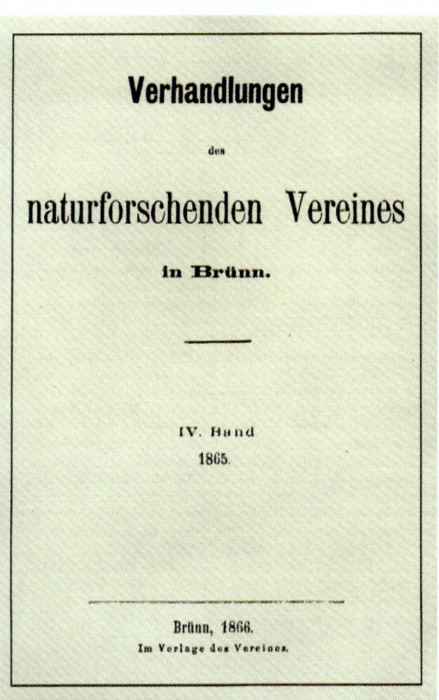
Verhandlungen
des
naturforschenden Vereines
in Brünn.

IV. Band
1865.

Brünn, 1866.
Im Verlage des Vereines.

图1.10 1865年版《植物杂交试验》（王艳辉 摄）

植物化学发端于18世纪，1784年（乾隆四十九年），瑞典人舍勒（C.W. Sheele，1742～1786）从柠檬汁中分离出了柠檬酸（citric acid）；翌年，从苹果和其他水果中分离出苹果酸（malic acid）。1877年（光绪三年），德国人霍佩-赛勒（Ernst Felix Hoppe-Seyler，1825～1895）最早提出生物化学（Biochemie，Biochemistry）的概念。1894年（光绪二十年），德国人费舍尔（H.E. Fischer，1852～1919）在《德国化学联合会报告》（Berichte der Deutschen Chemischen Gesellschaft，Vol.27，No.2）上发表《结构组成对酶效果的影响》（Einfluss der konfiguration auf die Wirkung der Enzyme），首先提出酶的专一性及酶作用的“锁-钥”学说，生物化学自此成为独立学科。

古植物的研究在欧洲可上溯至文艺复兴时期，意大利人达•芬奇（Leonardo da Vinci，1452～1519）最早判定化石为生物遗迹。1804年（嘉庆九年），施拉特格玛（F. Shlotgejma）在《Merckwürdige Krauterabdrücke》中首次提出植物化石的命名规则，将植物化石分为5纲12目，古植物学的研究也由此进入一个新的阶段。

在我国，植物学作为一门独立学科，直到19世纪晚期才逐渐发展起来。1858年（咸丰八年），李善兰（字壬叔，号秋纫，1811～1882）与英国人威廉森（A. Williamson，1829～1890）等编译《植物学》（图1.11）一书，标志着我国的植物科学“经典期”开始。李善兰首次将“botany”译为“植物学”。我国植物标本的采集可上溯至17世纪中叶。1643年（明崇祯十六年），波兰人卜弥格（Michael. Boym，1612～1659）在黔、滇地区采集植物标本，并于1656年（清顺治十三年）将《本草纲目》的植物部分译成拉丁文，以《中国植物志》（Flora Sinensis）的名称发表（图1.12）。此后，英、葡、法、俄、美等国学者纷纷来华采集标本。1911年（宣统三年），钟观光（K.K. Tsoong, 字宪鬯，1868～1940）开始在北京西山地区采集植物标本，成为我国正规、大量采集植物分类标本的第一人。1876年（光绪二年），旅华英人傅兰雅（John Fryer，1839～1928）主编的《格致汇编》（The Chinese Scientific Magazine）在上海创刊，最早刊载近代植物学文章。1893年（光绪十九年），湖北自强学堂开设博物科，教授动植物课程，成为我国最早从事植物学教学的机构。1923年，邹秉文（字应崧，1893～1985）、胡先骕（Hsen Hsu Hu，字步曾，1894～1968）、钱崇澍合编了我国较早一部大学生物系教科书《高等植物学》（图1.13）。1922年，中国科学社（Science Society of China）在南京创建生物研究所（Biological Laboratory），胡先骕任植物

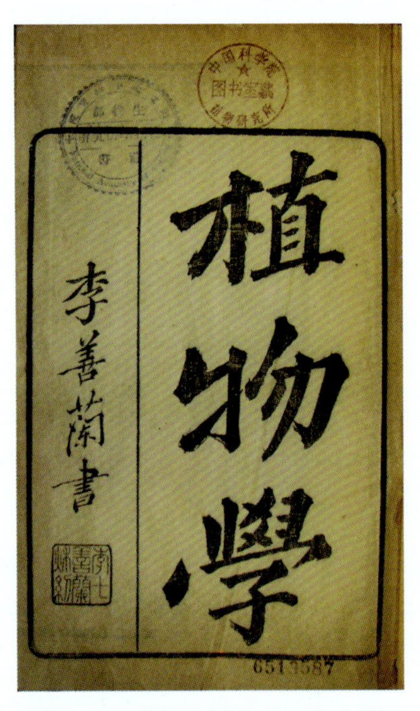

图1.11　咸丰八年（1858年）刻本《植物学》（王艳辉 摄）

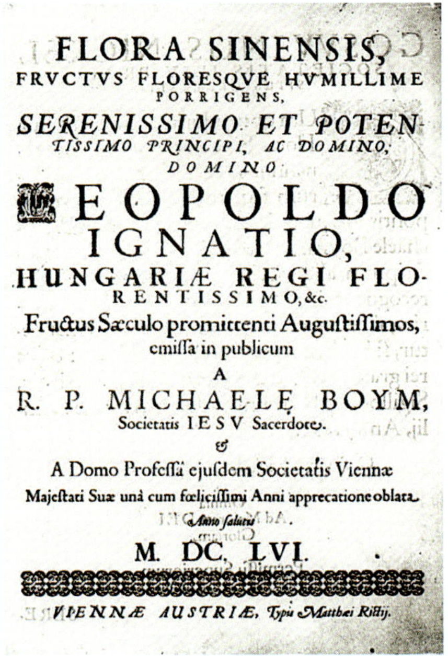

图1.12　1656年版《中国植物志》（王艳辉 摄）

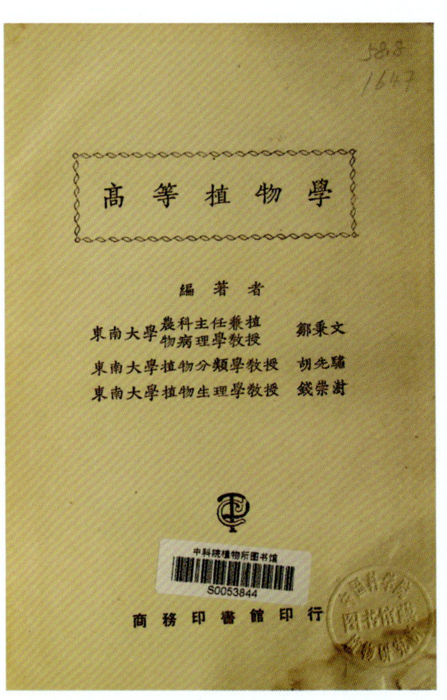

图1.13　1923年版《高等植物学》（王艳辉 摄）

部主任，成为我国最早的植物学研究机构。

1903年（光绪二十九年），虞和钦（名铭新、字和钦、又字自勋，1879～1944）在《科学世界》（创刊号）发表《植物受精说》，最早开始植物胚胎学研究。1909年（宣统元年），王焕文在日本《药学杂志》上发表《关于茯苓的成分》，可视为我国最早的植物化学研究论文。1914年，吴家煦（字冰心）在《博物杂志》（创刊号）上发表《江苏植物志略》，成为我国最早一篇植物名录。1914年，张珽（字镜澄，1883～1950）在武昌高等师范学院教授植物生理学，开始引入植物生理学。1917年，钱崇澍与奥斯特豪特（W. J. Osterhout）在美国《植物学公报》（Botanical Gazette，Vol.63）上发表《钡、锶及铈对水绵的特殊作用》（Peculiar Effects of Barium, Stronicium and Cerium of Spirogyta），为我国最早的一篇植物生理学论文。1923年，周赞衡（1892～1967）在中央地质调查所《地质汇报》（Vol.5，No.2）发表《山东白垩纪之植物化石》，为我国最早的一篇古植物学论文。1926年，张景钺（Ching Yueh Chang，字岘侪，1895～1975）在《中国科学社生物研究所研究报告》（Contribution from the Biological Laboratory of Science Society of China, Vol.2，No.4）上发表《蕨茎组织之研究》，成为我国最早的一篇植物形态学论文。1927年，钱崇澍发表《南京钟山之森林》，成为我国首篇植物生态学论文。同年，发表《安徽黄山植被区系的初步记述》，成为我国第一篇地植物学论文。1928年，冯泽芳发表《新世界棉与旧世界棉之异种杂交及其第一代杂种花粉母细胞之染色体行为》，可能是我国较早一篇植物遗传学论文。1930年，段续川（1902～1989）改革植物制片技术，用苦味酸作为脱色剂克服海氏苏木精染色过程的脱色和分色困难，开创了我国植物细胞学的研究。

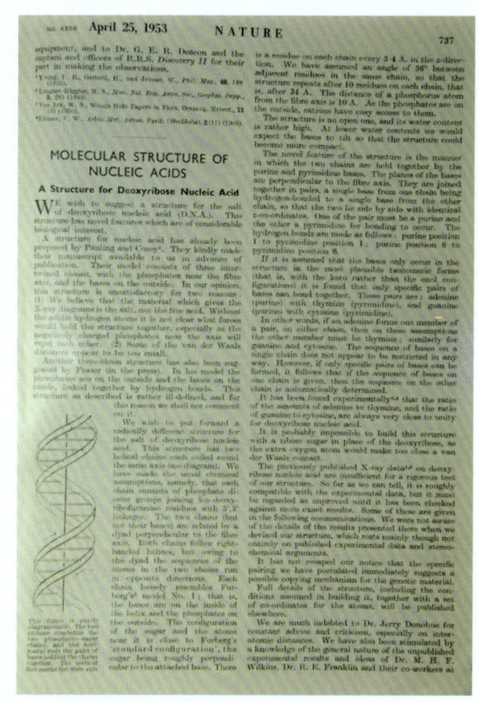
April 25, 1953 NATURE 737

MOLECULAR STRUCTURE OF NUCLEIC ACIDS

A Structure for Deoxyribose Nucleic Acid

图1.14 1953年《自然》上发表的《脱氧核糖核酸的结构》（冯广平 摄）

1.2.4 现代期

20世纪，植物科学逐渐进入实验验证和量化研究的发展阶段，现代物理学和化学的原理与方法的引入、数学手段的使用和精密仪器尤其是扫描电子显微镜和计算机的广泛使用，大大促进植物科学由定性描述向定量研究的转变，出现了实验分类学、实验形态学、实验胚胎学、实验生理学、实验植物群落学等学科类型。1920年，Turesson通过移栽实验发现植物种内存在可遗传的变化。植物分类学研究由此进入实验分类学阶段。20世纪50年代以后，扫描电子显微镜开始用于探索植物更微细的结构，计算机也被用于处理大量的植物统计数据，使得植物进化树构建成为可能，从而产生分支系统学（cladistics）。1929年，奥地利人施拉夫（K. Schnarf）出版《被子植物胚胎学》（Embyrologie der Angiospermen），标志着植物胚胎学（plant embryology）的诞生。植物资源学(plant resourses)也随着自然保护思想的兴起而发源，从而形成了现代植物科学的完备体系。1953年，美国人沃森（J.D. Watson）和英国人克里克（F.H.C. Crick）发表了《脱氧核糖核酸的结构》（A Structure for Deoxyribose Nucleic Acid，图1.14），揭示了DNA双螺旋结构的分子模型。植物科学也由此进入一个全新的分子生物学阶段，研究手段进入分子水平，诞生了分子植物学（molecular botany）。

进入21世纪后，植物科学的研究手段越来越多样化，研究范围和尺度不断扩大，宏观和微观的结合越来越紧密，学科交叉的趋势越来越明显，如系统和进化植物学（systematic and evolutionary botany）即是建立在植物分类学、形态学、解剖学、胚胎学、孢粉学、细胞学、遗传学、植物化学、生态学、古植物学等学科基础上的一门综合性的学科。同时，人们对植物的资源属性和文化价值的深入探索，又强烈地推动了资源植物学和文化植物学的发展。

主要参考文献

[1] 白寿彝. 1999. 中国通史：第十二卷. 上海：上海人民出版社.

[2] 北京市地方志编纂委员会.2005. 北京志：科学卷 科学技术志. 北京：北京出版社.

[3] 陈德懋. 1993. 中国植物分类学史. 武汉：华中师范大学出版社.

[4] 高明乾，佟玉华，刘坤. 2002. 诗经植物释诂. 西安：三秦出版社.

[5] 韩兴国，崔金钟. 2001. 植物科学的回顾与展望. 中国科学院院刊(5)：329-333.

[6] 何家庆. 2007. 经典植物分类学的时代契合：纪念林奈诞辰300周年. 科学(5)：49-52.

[7] 姜玉平. 2003. 北平研究院植物学研究所的二十年. 中国科技史料，24(1)：34-46.

[8] 李约瑟. 2006. 中国科学技术史：第六卷 第一分册. 北京：科学出版社.

[9] 孔昭宸，刘长江，张居中等. 2003. 中国考古遗址植物遗存与原始农业. 中原文物(2)：4-13.

[10] 罗桂环，汪子春. 2005. 中国科学技术史：生物学卷. 北京：科学出版社.

[11] 陆时万，徐祥生，沈敏建. 1991. 植物学. 2版. 北京：高等教育出版社.

[12] 穆祥桐. 1987. 农工商部农事试验场. 中国科技史料，8(4)：22-27.

[13] 潘江. 1995. 中国最早研究古植物的学者：周赞衡. 中国科技史料，16(2)：40-44.

[14] 斯特恩W. T. 1980. 植物学拉丁文. 秦仁昌译. 北京：科学出版社.

[15] 王毓瑚. 1964. 中国农学书录. 北京：农业出版社.

[16] 《张景钺文集》编辑委员会. 1995. 张景钺文集. 北京：北京大学出版社.

[17] 张银玲，姚远. 2001. 中央地质调查所及其地质期刊发轫. 编辑学报，13(4)：192-194.

[18] 中国植物学会. 1994. 中国植物学史. 北京：科学出版社.

[19] 中国科学院植物研究所志编辑委员会.2008.中国科学院植物研究所志. 北京：高等教育出版社.

[20] 祝廷成，钟章成，李建东. 1988. 植物生态学. 北京：高等教育出版社.

[21] 爱德华・卡伊丹斯基. 2001.中国的使臣：卜弥格. 张振辉译.郑州: 大象出版社.

[22] Krishtofovich A. P. 1957. Paleobotanika. Lenigrad: Gostotstekhizdat.

第2章

发展历程

辽金以前，北京是我国北方地区的中心城市；从金代开始，北京一直保持着国家首都的地位，是全国的政治、经济、文化中心，也是我国对外交流的首要口岸。近代植物科学知识，随着从明代开始的“西学东渐”运动，渐次传入我国。北京地区，因其富集了全国的文化教育资源，从而成为西学引入、内化最强烈的区域。北京地区植物科学的发展历程，是我国植物科学发展的高位旋律，代表了我国植物科学发展的大方向和总趋势。从先秦以来，北京地区的植物科学发展大体经历了萌芽期、本草期、经典期、现代期等4个阶段，前两个阶段是服务于农、医等实用目的，且由本土发生、不受外力干扰的原生科学阶段；后两个阶段是引入西方近现代植物科学知识，继承和发展本民族优秀科技成果，形成独立自主、与世界同步的植物科学体系的阶段。

2.1 萌芽期

北京地区的植物学知识萌芽可追溯至旧石器时代，周口店（图2.1）北京直立人洞中出土了紫荆（*Cercis* sp.）木炭块和朴树（*Celtis barbouri*）种子，说明距今约78万年前的北京直立人已经认识并利用这些植物了。依据美国古植物学家钱耐（R.W. Chaney，1890～1971）的研究，朴树种子是被当作食物利用的。门头沟斋堂镇东胡林村的东胡林人遗址中也发现了黑弹朴（*Celtis bungeana*）和大叶朴相似种（*Celtis* cf. *koraiensis*），表明距今8540年的东胡林人，也采集这些植物作为食物或药物。

武王灭商，封召公于燕（今北京房山琉璃河董家林），封黄帝后人于蓟（今北京城区广安门一带）。约公元前7世纪，燕并蓟；前222年，燕亡于秦。燕自建国后，与中原各国来往甚少，文化较中原落后，但燕国的农耕业还是有一定发展，当时种植的主要农作物有：黍（*Panicum miliaceum*）、稷（*Setaria italica*）、麦（*Triticum sestivum*）、豆（*Glycine max*）、稻（*Oryza sativa*）、麻（*Cannabis sativa*），栽培的果树主要有：柿（*Diospyrus kaki*）、枣（*Ziziphus jujuba*）、栗（*Castanea mollissima*）。

图2.1 周口店龙骨山远眺（冯广平 摄）

2.2 本草期

古典植物学主要服务于农、医实用目的。元代以前，国家的政治、经济重心均在北京以南，无论官方组织，还是民间自由探索，涉及本草的农医著作均出自华北以南地区。入元以后，大都（今北京市）成为国家首都，汇聚了全国的农、医人才，开始进行较为系统的本草研究，取得了一批重要成果。1273年（元至元十年），元政府司农司编著《农桑辑要》七卷，涉及瓜菜、果实、竹木、草药等实用植物内容。这是北京地区最早的一部植物学著作，也是现存最早的官修农书。1318年（延祐五年），司农丞苗好谦撰《栽桑图说》。

明清两代，尤其是清代，在中央政府的主持下，开始系统整理前代的农、医方面的本草研究成果，取得了一批集大成性的鸿篇巨著。

1590年（明万历十八年），李时珍（字东璧，1518～1593）撰成《本草纲目》（Compendium of Materia Medica）五十二卷（图1.2），1593年（万历二十一年），金陵胡承龙刊刻成书；1596年（万历二十四年），李时珍之子李建元将《本草纲目》献给朝廷。《本草纲目》集历代本草学之大成，收录植物1095种，采用较系统、明晰的“析族区类”分类法，以形态、习性、生态、成分和用途作为分类依据，将植物分为草部、谷部、莱部、果部、本部五部，每部又分若干类。此实用主义的分类方法与现代植物学分类方法基本相同，比林奈的自然分类法早130多年。此外，《本草纲目》在药物、分类、进化论、博物等方面均处于世界领先地位，一经刊刻立即受到国际学术界的重视。1607年（万历三十年）传入日本。1656年（清顺治十三年），波兰人卜弥格（Michael Boym）首次将《本草纲目》的植物内容译成拉丁文，以《中国植物志》（Flora Sinensis）为名在维也纳出版。至1774年（清乾隆三十九年），《本草纲目》已被部分译成日、拉、法、英、德、俄、意等7种文字，成为影响世界药物学、植物学、博物学、生物学的巨著。

1591年（万历十九年），高濂（字深甫，号瑞南）撰《遵生八笺》，收录蔬菜64种、野菜100种、草花128种（含别种）、树木22种，为牡丹、芍药、菊花、兰和竹另立专谱，合称“花竹五谱”，记载其栽培方法和品种。此前，他还撰写《三径怡闲录》二卷，为菊花专谱。高濂曾在京供职鸿胪寺，创作传奇戏曲《玉簪记》、《节孝记》，散曲小令十余支，套曲十余套。

1633年（崇祯六年），徐光启（字子先，号玄扈，1562～1633）撰写《农政全书》六十卷未竟，至1639年（崇祯十二年），陈子龙删定后刊印成书。分农本、田制、水利、农田、树艺等12目，其树艺、桑蚕广类等目收录经济植物159种，荒政目下收录《救荒本草》植物413种，野菜谱植物60种。植物分类沿用实用主义的农林植物分类法。徐光启为崇祯朝礼部尚书兼殿阁大学士，入天主教，从意大利人利玛窦学习西学。

清代，集成性研究成果更为丰富。1708年（康熙四十七年），康熙皇帝命汪灏（字文漪，一字天泉）等依据明代王象晋《群芳谱》扩充而成《广群芳谱》一百卷，原名《御定佩文斋广群芳谱》，以医、农实用植物为主线，对原著进行大幅度改编，是一部官修的经济植物志书。全书分为天时谱、谷谱、桑麻谱、蔬谱、茶谱、花谱、果谱、木谱、竹谱、卉谱、药谱等11谱。汪灏为康熙朝内阁学士、礼部侍郎。

1742年（乾隆七年），鄂尔泰（姓西林觉罗，字毅庵，1677～1745）、张廷玉（字衡臣，号研斋，1672～1755）等奉敕撰《授时通考》七十八卷，全书分八门，其中“谷种”和“农余”门涉及作物、蔬菜、果树、经济树木的品种考证，这是清代官修的一部大型农书。鄂尔泰为保和殿大学士，太子太傅，翰林院掌院事，国史馆、三礼馆、玉牒馆总裁，兼军机大臣、领侍卫内大臣、议政大臣、经筵讲官。张廷玉为文渊阁大学士、军机大臣、太子太保，兼户部尚书、吏部尚书、翰林院掌院学士、国史馆总裁、康熙实录总裁。

1746年（乾隆十一年），爱新觉罗•弘皎（？～1764）撰《菊谱》一卷，收录菊花品种100种，序言引种驯化南方菊花品种。弘皎为和硕怡亲王允祥之子，雍正八年（1780年）受封多罗宁郡王。书序中说他好艺菊，从南方引进上百品种，在北方驯化成功，“入苦寒能勒其花”。

1756年（乾隆二十一年），邹一桂（字元褒，号小山，1686～1772，一说1766）奉敕画宫中洋菊36种，并辑录其名品、形状成《洋菊谱》一卷。中日两国此时已经开始菊花品种的交流。邹一桂善画，任礼部侍郎。

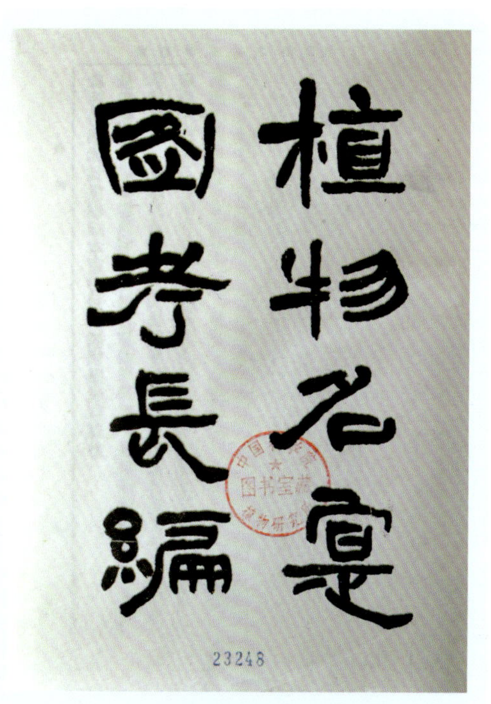

图2.2　《植物名实图考长编》
（冯广平 摄）

1848年（道光二十八年），吴其濬（字瀹斋，号吉兰，别号雩娄农，1789～1874）编著的《植物名实图考长编》22卷（图2.2）和《植物名实图考》38卷刊刻出版（图1.3），前者收录植物838种、11类；后者收录植物1714种、12类、图1800余幅，收录的植物种类比《本草纲目》多619种。《植物名实图考》详考植物古今名称异同，记述植物的形色、性味、产地和用途，并附有插图，达到我国本草学的巅峰。它汲取了历代本草学中应用植物学的精髓，但已经具有摆脱实用主义的倾向，可以称得上是一部真正的植物学巨著。在植物学术语的运用和以“族”归类方面，比《本草纲目》更接近近代植物分类学。尤其对第二十八卷群芳类的植物处理和安排上，按根、茎、叶等营养器官的相似性来归类，按照花的相似性来模拟、归纳，已经具备了自然分类的思想。吴其濬历任翰林院纂修官、礼部尚书、兵部右侍郎、湖广总督、福建和山西巡抚等职，公余时研习本草。

1889年（光绪十五年），邵承熙撰《东篱纂要》十卷，分集论、辨名等十门，详论艺菊方法。邵承熙为大兴人，此书也因此而成为北京地区原居民编著的第一部园艺植物学著作。

1928年，于照（字非厂，别署非闇、非庵，1887～1959）撰《都门艺兰记》，分类别、忌避等八目，专讲北京地区种兰方法。这是北京地区在传统谱录类方面的收官之作。于照生于北京，清末贡生，长于工笔花鸟画。

2.3 经典期

2.3.1 标本外流期

16世纪以后，西方植物学发展迅速，为满足学科迅速发展的需求，西方各国开始把目光瞄准中国丰富的植物资源。进入清朝以后，西方各国植物学、博物学工作者通过探险、传教、访问等各种方式大举到中国采集标本，大量珍贵的植物标本、种质资源流失到国外。正如台湾师范大学李亮恭在其《中国生物学发展史》中感慨："（西方）历数十年之采集，从未留一份标本予中国；其无视中国之主权，如入无人之境。"

外国人在北京地区采集植物标本始于乾隆初年，一直持续到民国年间。最先来北京地区采集植物的是法国人，然后是英国人、俄国人、美国人、日本人。至20世纪20年代，瑞典人作为最后一批来北京采集植物，外国人在北京进行植物采集工作才真正结束。1911年（宣统三年）钟观光任教育部参事，在北京地区采集标本，从而揭开了国人独立采集、认识我国植物资源的新篇章。

1742年（乾隆七年），法国人汤执中（Pierre Nicolas le Cheron d'Incarille，1706～1757）来华传教，曾供职于乾隆帝御花园。1745年（乾隆十年），汤执中在北京地区采集植物标本149种寄给在巴黎的植物学家朱西厄（Antonine Laurent de Jussieu,1748～1836），后由弗拉杰（A. Frachet）定名。他是最早来北京进行植物野外调查采集的外国植物采集家之一，曾收集了许多中国特有植物种苗，包括苏铁（*Cycas revoluta*）、侧柏（*Platycladus orientalis*）、莲（*Nelumbo nucifera*）、槐树（*Sophora japonica*）、合欢（*Albizia julibrissin*）、皂荚（*Gleditsia sinensis*）、角蒿（*Incarvillea sinensis*）、臭椿（*Ailanthus altissima*）、翠菊（*Calllistephus chinensis*）等。为纪念汤执中，朱西厄于1789年（乾隆五十四年）以汤执中的名字命名角蒿属（*Incarvillea*）。

1760年（乾隆二十五年），法国人韩国英（Pierre Martial Cibot，1727～1780）来京在耶稣会传教，受乾隆皇帝聘任布置御花园。此间，他收集植物标本，并撰写大量的植物报告，涉及牡丹（*Paeonia suffruticosa*）、杏（*Prunus vulgaris*）、桃（*Prunus persica*）、合欢（*Albizia julibrissin*）、紫薇（*Lagerstroemia indica*）等。

1862年（同治元年），法国天主教传教士谭卫道（Armand David，1826～1900）来华，在北京近郊和西山采集植物。至1874年（同治十三年），谭卫道共在中国采集植物3000多种，新种300多个，新属9个。

英国人来北京采集植物主要集中在乾嘉年间。1793年（乾隆五十八年），英国马戛尔尼（George Macartney，1737～1806）使团秘书斯汤顿（G.L. Staunton）在河北、山东等六省采集400种植物回国。1817年（嘉庆二十二年），阿默斯特使团成员阿贝尔（C.Abel，1780～1826）在北京、山东等地采集标本。

俄国人来京采集植物始于道光年间，一直延续到光绪年间，成为外国人在北京地区采集植物规模最大、人数最多、标本数量最多的群体。1830年（道光十年），邦奇（Alexander von Bunge，1803～1890）

在北京一带采集植物标本。1835年（道光十五年）出版《邦奇在中国北部采集的植物名录》（Enumeratio Plantarum Quas in China Boreali Collegit A. Bunge），记载华北植物420种，新种189个，新属17个。邦奇建立的新属大多得到承认，例如杭子梢属（*Campylotropis*）、诸葛菜属（*Orychophragmus*）、赤瓟属（*Thladiantha*）、独根草属（*Oresitrophe*）、莸属（*Caryopteris*）、文冠果属（*Xanthoceras*）、蓝雪属（*Ceratostigma*）、斑种草属（*Bothriospermum*）、蚂蚱腿子属（*Myripnois*）、知母属（*Anemarrhena*）等。1830年，基里洛夫（P.Y. Kirilov，1801～1864）来华，旅居中国10年，调查了北京平原及西山的植物，在百花山发现狭叶红景天（*Rhodiola kirilowii*）。1837年（道光十七年），基里洛夫采集的第一批植物标本由图尔赞尼诺夫（N. S. Turczaninow，1796～1863）做了描述。1842年（道光二十二年），俄国使团团长留宾诺夫（Zh. Ljiubinov）将在北京和蒙古采集的植物标本和60种植物，转交给圣彼得堡植物园。1851年（咸丰元年），其使团成员泰塔尔诺夫（A. Tatarinov，1796～1865）将在北京、蒙古采集的570多种植物标本运回圣彼得堡；在华期间，他还雇人制作了一套北京地区452种植物彩色图。1849年（道光二十九年），俄国使团成员斯卡奇可夫（K.A. Skachkov）旅居北京10年，专门研究中国农业和经济作物，至1858年（咸丰八年），将500多种谷物、蔬菜、水果和其他经济作物种子运回俄国。1866年（同治五年）至1883年（光绪九年），布雷茨尼捷利尔（E Bretschneider, 1833～1901）在北京地区采集植物，并研究中国古代植物文献和外国人采集和研究中国植物史。1882年（光绪八年）发表《中国古代植物文献》（Botanicon Sinicum）。1898年（光绪二十四年）发表《欧洲人研究中国植物历史》（History of European Botanical Discoveries in China）。1870～1873年（同治九年至十二年），普尔热瓦尔斯基（N.M. Przhevalskij，1839～1888）在乌苏里、北京一带采集植物，至1885年（光绪十一年），共获得新种300多个，新属9个。1884～1886年（光绪十年至十二年），波塔宁（G.N. Potanij）第三次带队来华，在川北、甘南、天津、北京等地采集植物4000多种，运回俄国。1914年，斯克福尔茨乌（B.V. Skvortzov）在北京地区采集藻类标本，成为北京地区最早从事藻类学采集和研究的外国人。

美国人来北京采集植物也始于道光年间。1833年（道光十三年），美国人卫溷（S. Williams）来华，在北京、张家口一带采集植物，直至1867年（同治六年），采集了大量植物标本，写了不少农业方面的文章。

1911年（宣统三年），日本人矢部吉桢（Y. Yabe）来北京采集植物，写成《百花山植物纪要》。

1921年，瑞典人史密斯（Harry Smith，1879～？）在北京西山采集植物标本。

2.3.2 西学引入期

1840年（道光二十年）鸦片战争，西方列强用大炮敲开中国的大门，西方先进的科学知识包括植物学知识也随之而来，通过各种形式传播，国人开始被动地接受外来的新知识。1860年（咸丰十年），清政府开始推行“洋务运动”，以“中学为体，西学为用”的态度主动地引进吸收西方的学术思想。1862年（同治元年）8月24日，洋务派领袖恭亲王奕䜣、桂良和文祥奏请设立同文馆，成为我国最早培养译员的洋务学堂和从事翻译出版的机构。1898年（光绪二十四年），光绪皇帝实施“戊戌变法”，学习西方，提倡科学文化。变法虽遭失败，科学的思想却逐渐深入人心，近代自然科学知识得以更快地传播。我国逐步建立了较为完善的自然科学教育体系、研究体系和科学普及体系。1898年7月3日，光绪皇帝批准梁启超代总理衙门草拟的《筹议京师大学堂章程》，在景山马神庙（今沙滩后街人民教育出版社院内）创办京师大学堂（Imperial University of Peking，图2.3），成为我国最早的国立综合性大学。

1858年（咸丰八年）海墨海书馆的李善兰与英国人威廉森（A. Williamson）编译《植物学》，以此为标志，现代植物知识开始引入我国。在北京地区，现代植物科学的引入则始于同治年间，1867年（同治六年），同文馆增设格致课程，开始传授少量植物学知识。1868年（同治七年）李善兰受聘同文馆任教习。自此以后，北京地区开始大量引进西方现代植物科学知识，逐步建立了高等教育和科学研究体系，开始独立自主地调查本土的植物资源。至1933年中国植物学会成立，标志着我国独立自主的植物科学科研和教育体系形成。在半个多世纪时间里，以引进和学习西方植物科学知识为主，这一时期称为“西学引入期”。

图2.3　京师大学堂仅存的数理楼（冯广平 摄）

1．开办高等教育

北京地区的植物学教育始于同治年间的同文馆（图2.4），至1929年，北京地区的高等院校大都建立了生物学系，比较完备的教育体系开始形成。1902年（光绪二十八年），京师大学堂设立师范馆，其第四学系包含植物学，植物学的正规教育自此开始。1907年（光绪三十三年），第四学系24名学生毕业，成为我国第一批系统接受生物学教育的高校毕业生。

图2.4　东堂子胡同同文馆旧址（冯广平 摄）

至20世纪20年代末，北京地区的高等院校大多已建立生物学系，生物学高等教育初具规模。1923年，国立北京师范大学（前身为京师大学堂师范馆）（图2.5）设立生物学系。同年，燕京大学（1912年创立）设立生物学系。1926年，国立北京大学（前身为京师大学堂）设立生物学系。同年，清华大学（前身为1911年创立的清华学校）设立生物学系，钱崇澍任系主任。1929年，私立北京辅仁大学创立生物学系。

1912年，北洋政府教育部颁布《大学令》，成为第一份规定大学院（相当于研究生院）建制的规范文件。1924年，燕京大学成立生物学研究所，成为全国最早的研究生培养机构，导师为博爱理（Alice M. Boring，1883～1955），她是美国遗传学家摩尔根（T.H. Morgan，1866～1945）的弟子。

图2.5　和平门国立北京师范大学旧址（冯广平 摄）

1919年，北京高等师范学校创刊《博物杂志》，是北京地区最早刊载植物学文章的杂志。1923年，该杂志改由北京师范大学博物学会编印。

2. 翻译编著教材

1908年（光绪三十四年），叶基桢翻译日文《植物学》，首页有“译学馆博物科讲义植物学”字样，成为北京地区最早的植物学教材。叶基桢时任京师译学馆博物学教授和农工商部农事试验场（今北京动物园内）场长。

1923年，邹秉文、胡先骕、钱崇澍合编《高等植物学》（图1.13），成为我国较早一部国人编写的大学生物系教科书。钱崇澍时为清华学校教授，邹秉文时为东南大学教授，胡先骕时为中国科学社生物研究所植物部主任。

3. 创建研究机构

1906年（光绪三十二年）3月，清政府农工商部奏请在乐善园继园、广善寺、惠安寺旧址及其东南官地79余亩（今北京动物园，西直门外大街137号）设立农工商部农事试验场（图2.6），法部郎中陈棣堂、农工商部主事叶基桢任场长。农事试验场主要开展水稻、谷类、桑树、蔬菜、果树、花卉、牧草、工艺植物等试验，成为全国最早的农学研究机构。

1912年，中华民国政府农林部在天坛创建林艺试验场（Forest Experimental Farm），其办公地点在神乐署（图2.7），成为全国最早的林学研究机构。翌年，林艺试验场在西山设立林苗圃。

1913年9月4日，工商部矿政司创建地质调查所（Institute of the Geological Survey），地址在兵马司胡同9号（图2.8），丁文江（字在君，1887～1936）任所长。翌年，工商部矿政司地质调查所改称农商部矿政司地质调查所。1928年地质调查所设立古生物学研究室，开展植物化石研究，成为全国最早的古植物研究机构；周赞衡为首任主任。

1928年10月1日，中国科学社生物研究所的秉志（原名翟秉志，字农山，1886～1965）、胡先骕和东南大学教授邹秉文，在尚志学会和中华教育文化基金会的支持下，在原北洋政府教育部总长、原国立北京师范大学校长范源濂（号静生，1876～1927）的石驸马大街83号（今新文化街86号）故宅上创建私立“北平静生生物调查所”（简称“静生所”，Fan Memorial Institute of Biology）以“纪念范静生先生”。

图2.6a 清农事试验场旧址（冯广平 摄）

图2.6b 清农事试验场旧址（冯广平 摄）

图2.7 天坛公园内神乐署（冯广平 摄）

图2.8 兵马司胡同地质调查所旧址（冯广平 摄）

静生所设植物部和动物部，秉志任所长，胡先骕任植物部主任。研究员有胡先骕、唐进（字瑶，号英如，T. Tang，1897～1984）、汪发缵（字奕武，F. T. Wang，1899～1985）。静生所对北京地区和东北、华北、西南等地区的动植物进行了较为广泛的调查、采集和研究工作，至1937年已收集制作动物标本36万件和植物标本42万余件，并出版《静生生物调查所汇报》（Bulletin of the Fan Memorial Institute of Biology）。1931年，静生所迁入新建办公楼，地址在西安门内文津街（今老北京图书馆西侧，图2.9）。

1929年9月9日，北平研究院（National Academy of Peiping）成立，在天然博物院来远楼（今北京动物园，西直门外大街137号）创建植物研究所（Institute of Botany）（简称“北研”，图2.10）；刘慎谔（字士林，T. N. Liou，1897～1975）任所长；研究员有刘慎谔、林镕（Y. Ling，1903～1981，兼职），助理研究员有夏纬瑛（W. Y. Hsia，1896～1987）、孔宪武（1887～1984）2人。孔宪武时为省立河北大学教授，弃贵从微到北研作练习员。夏纬瑛时供职于北平大学农学院，协助刘慎谔创办北研。1931年，北研创办《国立北平研究院植物研究所丛刊》（Contributions from the Institute of Botany, National Academy

图2.9　文津街静生所办公楼（今已拆毁）（翻拍自1929年《静生生物调查所年报》）

图2.10　动物园内来远楼（冯广平 摄）

图2.11　动物园内陆谟克堂（冯广平 摄）

of Peiping）。1934年，北平研究院、中法文化基金会与天然博物院共建陆谟克堂（图2.11），北研迁入新址。

4．分支学科奠基

（1）植物分类学

北京地区的植物调查工作始于20世纪初。1911年（宣统三年），钟观光开始在北京地区采集标本，开启了国人独立调查本国植物资源的历史。1916年，钟观光被聘为北京大学生物学系副教授；1918～1921年，钟观光等在北京、河北、河南等11个省区广泛采集、鉴定植物标本，制作腊叶标本16000多种，计15万余号；采集木材、果实、根茎、竹类300多种，创建了我国第一个植物标本室。

1920～1921年，雷荣甲发表《西山大觉寺邻近的植物种类调查》，可能是国人完成的最早一份北京地区植物名录。1927年，胡先骕与中山大学陈焕镛（Chun Woon-Young，1890～1971）出版《中国植物图谱》（第一册），标志着北京地区植物分类学科的确立，并开始着眼全国植物资源的研究。

1910年（宣统二年），日本人三宅市郎（I. Miyake）受聘京师大学堂农科，研究华北、华中真菌，首开北京地区的菌物学研究。1916年，京师大学堂的章祖纯（字子山）发表《北京附近发生最盛之植物病害调查报告》（见《农商部中央农事试验场第三期成绩报告》），成为北京地区国人进行真菌学研究的最早成果，也是最早的植物病理学研究成果。

1922年，协和医学院考德里（N.H. Cowdry，1849～1925）在《皇家亚洲学会中国北部分会杂志》（Journal of the North China Branch of the Royal Asiatic Society，No.53）上发表《北戴河藻类》（Algae in Plants of Peitaiho），成为北京地区最早的海藻报道。1932年，静生所李良庆（L. Q. Li，1900～1952）在《俄亥俄州立大学博士论坛摘要》（Abstracts of Doctorial Discussion of the Ohio State University，No.9）上发表《中国淡水藻类》（The freshwater algae of China），成为北京地区国人进行藻类研究的最早成果。

（2）植物形态学

1929年，静生所李建藩（C. F. Li）在《科学》（No.6）上发表《玉簪花胚胎之初期发育》，最早开始北京地区的植物胚胎学研究。

1932年，静生所唐耀（1905～1998）在《静生生物调查所汇刊》（Vol.1）发表《华北阔叶树材的鉴定（44种）》，最早开始我国木材解剖学研究。同年，还在静生所创建了我国第一个木材实验室。

1932年，清华大学李继侗（Tsi Tung Li，1897～1961）在《国立清华大学理科报告乙种》（The Science Reports of National Tsinghua University，Ser.B，No.2）上发表《"泛酸"对酵母生长及银杏胚根在人工培养基中生长的效应》（The Effect of "Panthothenicacid" on the Growth of the Yeast and on the Growth of the Redical of Gingko Embryo in Artificial Media），首开我国实验胚胎学研究。

（3）植物生理学

1929年，清华大学李继侗在英国的《植物学年报》（Annals of Botany，Vol.43）上发表《光照改变对光合作用速率的瞬间效应》（The Immediate Effect of Change of Light on the Rate of Photosynthesis，图2.12），成为发现光化学反应——"光色瞬变效应"（transient effect）的先驱。30年后，美国人Blinks才提出"光色瞬变效应"的概念。1961年，美国科学家C．F．French指出："李继侗论文中发表的瞬间效应曲线和后来十几到二十几年用更精密仪器测定绘制的同一效应的曲线图（如Blinks）相比较，两者极为相似。"

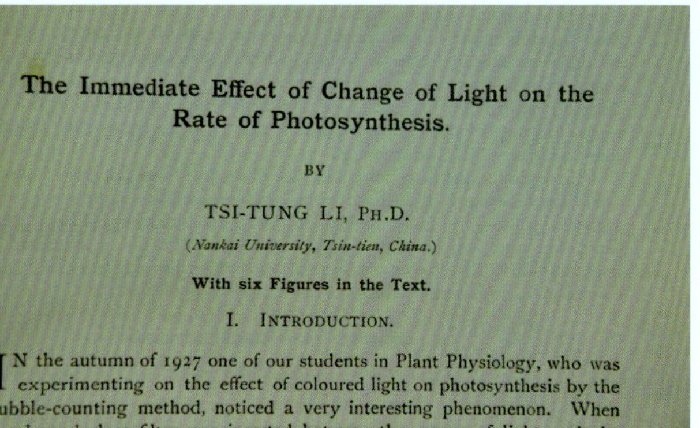
The Immediate Effect of Change of Light on the Rate of Photosynthesis.

BY

TSI-TUNG LI, PH.D.

(Nankai University, Tsin-tien, China.)

With six Figures in the Text.

I. INTRODUCTION.

IN the autumn of 1927 one of our students in Plant Physiology, who was experimenting on the effect of coloured light on photosynthesis by the bubble-counting method, noticed a very interesting phenomenon. When a coloured-glass filter was inserted between the source of light and the

图2.12　光照改变对光合作用速率的瞬间效应（冯广平 摄）

（4）植物遗传学

1925年，国立北京农业大学汪厥明（字叔伦，1897～1978）在《中华农学会报》（No.48）上发表《中国农业之缺陷与农学界之责任》，提出农学的重点方向为农产品的改良，较早开始北京地区的植物遗传研究。

（5）植物生态学

1929～1930年，静生所李建藩发表《小五台山植物生态》和《东陵植物及其生态》，首开北京地区的植物生态学研究。1930年，清华大学的李继侗在《清华周刊》（第12、13期合刊）上发表《植物气候组合论》，为我国植被区划的最早尝试。

1929年，静生所胡先骕在《中国科学社生物研究所从刊》（Contributions of Biologica Labarotary of Science Society of China，Vol.5，No.5）发表《中国植物区系初编》（Prodromus Flora Sinensis），开创了北京地区的植物地理和植物区系研究。

（6）植物化学

1924年，北京协和医学院（Peking Union Medical College）的陈克恢（Chen K. K.，1898～1988）与C. F. Schmidt在美国的《药理学与实验治疗学杂志》（Journal of Pharmacology and Experimental Therapeutics, No.24）上发表《麻黄碱的作用：中药麻黄的作用机理》（The Action of Ephedrine, the Active Principle of the Chinese Drug Ma Huang），开创了北京地区的植物化学和中药药理研究。同时，陈克恢用麻黄碱治疗疾病，在国际上首次用人做实验获得了成功，引起了国际同行的高度重视，也颠覆了当时国际上对中药的看法。

（7）植物资源学

1925年，北京协和医学院的刘毅然（原名汝强，1895～1987）较早开始药用植物研究。1927年，他与伊博恩（Bernard Emms Read，1887～1949）合作出版《本草新注》（Chinese Medicinal Plants from the Pen Ts' ao Kang Mu），收载药用植物898种。

（8）古植物学

1923年，农商部矿政司地质调查所周赞衡在《中央地质调查所地质汇报》（Vol.5，No.2）上发表《山东白垩纪之植物化石》，成为我国第一篇古植物学研究论文。1927年，受聘地质调查所的瑞典人赫勒（Thore Gustaf Halle，1884～1964）在《中国古生物志》（Series A. Vol I，Fascicle 2）发表《中国西南古植物化石》（Fossil Plants from south-western China），成为我国较早的古植物专论。

（9）植物史学

1919年，龚启鋆在《博物杂志》发表《中华植物学进步史》，成为国人论述我国植物学史的首篇文章。

2.3.3 独立自主期

1931年，中国植物学会成立，我国植物学界开始走向独立发展的道路，以有组织、有系统的形态参与国际学术活动。北京地区的植物科学研究呈现兴旺发展的局面，达到近代植物科学的第一个高峰。当时，独立研究机构主要有国立北研、静生所2家，高等院校包括国立北京大学、国立清华大学（图2.13）、北京师范大学、北平大学农学院、私立燕京大学（图2.14）、私立辅仁大学（图2.15）等6家。植物科学相关的杂志包括《北平静生生物调查所报告》（1929年创刊）、《国立北平研究院植物研究所丛刊》（1931年创刊）、《中国植物学汇报》（Bulletin of the Chinese Botanical Society，英文，1934年创刊）、《中国植物学杂志》（1933年创刊）、《国立北京大学自然科学刊》（1929年创刊）、《国立清华大学理科报告》（The Science Reports of National Tsing-Hua University，1931年创刊，1947年更名《清华大学科学报告》）、《北平博物杂志》（1927年创刊）、《中国生理杂志》（1927年创刊）、《中华医学杂志》（1915年创刊）等。北京地区的研究机构和高等院校采集了大量的植物标本，1931～1946年间，仅北研所长刘慎谔一人就采集25000号标本。植物科学各个分支学科的研究进一步深入，植物分类学、古植物等领域开始出现总结性的成果。1937～1945年，抗日战争时期，研究机构和高等院校被迫迁移，研究活动受到较大影响。至1949年，虽然战争频仍，植物学界仍然克服重重困难，坚持开展研究和教学工作，科研成果总体数量上虽不能称得上丰富，但水杉的发现和蕨类植物分类系统的建立都成为至今仍有广泛影响的成果。

1. 成立植物学会

中国植物学界在国际植物学界获得认可，发端于20世纪20年代。1926年，东南大学教授张景钺参加第四届国际植物学会议（International Botanical Congress，IBC，USA，New York），成为我国第一位参加世

图2.13　清华园（冯广平 摄）

图2.14　燕园（冯广平 摄）

图2.15　定阜街辅仁大学旧址（冯广平 摄）

界植物学大会的代表。1930年，静生所研究员胡先骕（图2.16）、中山大学教授陈焕镛、金陵大学史德蔚（Albert N. Steward，1897～1959）在第五届国际植物学会议（UK，London）上，被选为国际植物命名法规（International Code of Botanical Nomenclature，ICBN）委员会的委员，中国科学家开始进入国际植物学组织。同时，中国植物也成为此次大会的重要议题。

图2.16　胡先骕

1933年8月21日，胡先骕作为主要发起人，与辛树帜（S. S. Sin，1894～1977，国立编译馆）、李继侗（清华大学）、张景钺（北京大学）、裴鉴（字季衡，1902～1969，中国科学社）、李良庆（静生所）、严楚江（字君白，1900～1978，中央大学）、钱天鹤（字安涛，1893～1972，中央农事试验所）、董爽秋（原名桂阳，1895～1980，国立中山大学）、叶雅各（字雅谷，1894～1967，武汉大学）、秦仁昌（R. C. Ching，字子农，1898～1986，静生所）、钱崇澍（中国科学社）、陈焕镛（国立中山大学）、钟心煊（字仲襄，1892～1961，武汉大学）、刘慎谔（北研）、吴韫珍（号振声，1898～1942，清华大学）、陈嵘（字宗一，1888～1971，金陵大学）、张珽（武汉大学）、林镕（北研）等19人共同发起，于重庆北碚中国西部科学院成立中国植物学会，作为全国植物学界的联络组织和科普组织，"爰于民国二十二年仲夏发起组织中国植物学会，以为互通声气之机关，且以普及植物学知识于社会"（《中国植物学杂志》第一卷第一期）。第一届中国植物学会吸纳个人会员105名、团体会员11个。第一任会长（理事长）为钱崇澍，副理事长为陈焕镛。同年，中国植物学会创办《中国植物学杂志》，为中文季刊，胡先骕任总编辑；杂志以半通俗式体裁登载纯粹科学研究、植物学应用以及植物教学法等文章，"提倡专业外之研究，育成一般社会对于斯学之兴趣"。（胡先骕《中国植物学杂志》发刊词）。1935年，中国植物学会创刊《中国植物学汇报》，以英、德、法文专载国内植物学研究论著，并附载已在国内发表的研究论文摘要。

中国植物学会的成立，是我国植物科学发展的重要里程碑，中国植物学界开始以组织形态有序地、独立地组织科学研究，同时创办了发表我国植物学研究成果的专门刊物，"遂使斯学之进步，大有一日千里之势"（胡先骕《中国植物学杂志》发刊词），我国植物科学的发展开始形成独立自主、全面发展的整体格局。

1935年9月7日，中国植物学会委派李继侗、陈焕镛出席第六届国际植物学会议（Netherlands，Amsterdam），陈焕镛被推举为大会分类学组执行委员，这是中国植物学家首次担任国际会议执委。

2. 扩展科研体系

（1）研究领域的扩展与深入

植物分类学：1936年，北研陈伯川（Chen Pe Chuan）在《国立北平研究院植物学研究所丛刊》（Vol.4，No.6）上发表《中国苔藓植物初论》（Note Preliminaire Seur Les Bryophytes de Chine），首开北京地区的苔藓植物研究。

1931～1937年间，静生所胡先骕、中山大学陈焕镛合作出版《中国植物图谱》第三册（1933年）、第四册（1935年）、第五册（1937年）。静生所胡先骕、秦仁昌合作出版《中国蕨类植物图谱》第一卷（1931年）、第二卷（1934年）、第三卷（1935年）、第四卷（1937年）。北研刘慎谔出版《中国北部植物图志》第一册至第五册（1931年）。

1936～1937年，清华大学戴芳澜（字观亭，1893～1973）在《国立清华大学理科报告》（Ser.B，No.1；No.2）发表《中国真菌名录》（A List of Fungi hitherto Known from China, Part I Phycomycetes；Part II-IV, Ascomycetes, Basidiomycetes, Funigi Imperfecti and Host Index）收录了国内已报道的真菌2600种，成为首部收录最丰的真菌志书。

植物形态学：1935年，静生所王宗清（1906～1984）开展了对黑穗菌的细胞学观察，首开北京地区的植物细胞学研究。

1937年，北京大学张景钺在《科学》（Vol.21，No.4）上发表《黄豆茎叶在不同日光强度中的生长和分化》，最早开始我国生理解剖学和实验形态学研究。

1935年，静生所唐耀出版《中国木材学》，论述我国300多种木材的解剖特征，成为我国首部木材学专著。

植物病理学：1939年，清华大学俞大绂（T.F. Yu，字叔佳，1901～1993）在《植物病理学》（Phytopathology，No.29）上发表《中国植物病毒名录》（A List of Plant Viroses Observed in China），成为北京地区最早的植物病毒研究成果。

古植物学：1940年，静生所胡先骕与美国加州大学（University of California）古植物学家钱耐合作出版《山东山旺中新世植物群》（A Miocene Flora from Shantung Province, China）（《中国古生物志》新甲种第一号总号112号），成为较早一部从植物学角度研究化石的专著。

（2）形成有影响的研究机构

在中华教育文化基金董事会（简称“中基会”）的支持下，经过近十年的发展，静生所壮大成为当时全国最大的生物学研究机构。研究队伍的扩张明显，1928年成立时，职员11人，至1937年，职员总数达到50余人，是北研职员总数（20人）的两倍半。标本收集增加迅猛，1931年，静生所有植物标本40513号，至1937年增加至43万号，而同期北研只有6万号标本。静生所发表了大量植物学研究成果，至1941年，《静生生物所调查汇报》共刊出植物学11卷，其后又刊出3期新集，共发表植物学论文136篇，此外还出版了一批专著，取得了建立新的蕨类植物分类系统、发现活化石水杉等震惊世界植物界的重大成果。静生所成为当时全国最具影响力的研究机构之一。1940年6月1日，江西省创办“中正大学”，静生所所长胡先骕被任命为校长。

（3）对外合作共建研究机构

1930年，北平研究院与北平天然博物院合作创办植物园，为北京地区最早的植物园，至1935年，已种植重要植物1000余种、5000余株。可惜1935年毁于北平市市长袁良。其植物遗存有美国山核桃（*Carya iuinoensis*）、葫芦枣（*Ziziphus jujuba*）、钻天杨（*Populus nigra* var. *italica*）、黑弹朴（*Cectis bungeana*）等。

1934年，静生所与江西农业院共建庐山森林植物园，由胡先骕主持，定名为“静生生物调查所、江西农业院庐山森林园”简称“庐山植物园”，静生所秦仁昌任园长。庐山植物园占地1万亩，至1937年引种植物3100多种、栽植珍贵树种50余万株、造林400余亩，是当时我国最大的植物园，也是我国唯一的亚高山植物园，可惜因日寇入侵而沦为废墟。

1936年，北研与西北农林专科学校在陕西武功合作创办“西北植物调查所”，刘慎谔兼任所长，并创办植物园，占地300亩。抗日爆发，北研全部迁入西北植物调查所，直至1946年。1938年，北平大学农学院南迁，与西北农林专科学校合并成“西北农学院”。

1938年，因日寇入侵，静生所派遣蔡希陶（1911～1981）与云南教育厅在昆明市创办昆明云南农林植物研究所（今中科院昆明植物研究所前身）。抗日战争期间，静生所和庐山植物园南迁昆明，部分职员进入云南农林植物研究所，部分职员创建了庐山植物园丽江工作站。

1940年，北平研究院在昆明设立北平研究院植物研究所，从西北植物调查所分出部分人员南迁昆明。

1937年，北平沦陷，抗日战争爆发，北京大学、清华大学、南开大学南迁湖南长沙，组成长沙临时大学。翌年又西迁昆明，改称国立西南联合大学，李继侗任生物系主任。1938年，清华大学创建农业研究所，分植物生理组、昆虫学组及病害组，分别由汤佩松、刘崇乐、戴芳澜主持。

3. 取得惊世成果

（1）建立蕨类植物新分类系统

1940年，静生所的秦仁昌在《国立中山大学农林植物研究所专刊》[Sun Yat-Sen University（Sunyatsenia），No.4]上发表《水龙骨科自然分类系统》（On Natural Classification of the Family "Polypodiaceae"），将分类混杂的水龙骨科划分为33个科249个属，理清了各科属之间的演化关系，建立全新的蕨类植物分类系统。1978年，秦仁昌在《植物分类学报》（ACTA Phytotaxonomica Sinica，Vol.16，No.3、4）上发表《中国蕨类植物科属的系统排列和历史来源》，将蕨类植物门分为5个亚门、63科、223属，阐明了科、属的起源及其演化关系，建立了比诸旧的蕨类植物分类系统更合理的蕨类植物分类系统，被称为"秦仁昌系统"（图2.17）。1993年，此项研究成果获得国家自然科学一等奖。

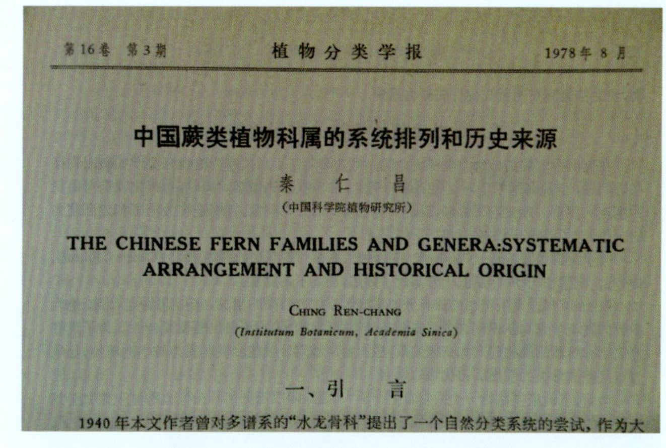
第16卷 第3期 植物分类学报 1978年8月

中国蕨类植物科属的系统排列和历史来源

秦 仁 昌

（中国科学院植物研究所）

THE CHINESE FERN FAMILIES AND GENERA:SYSTEMATIC ARRANGEMENT AND HISTORICAL ORIGIN

CHING REN-CHANG

(Institutum Botanicum, Academia Sinica)

一、引 言

1940 年本文作者曾对多谱系的"水龙骨科"提出了一个自然分类系统的尝试，作为大

图2.17 秦仁昌系统（冯广平 摄）

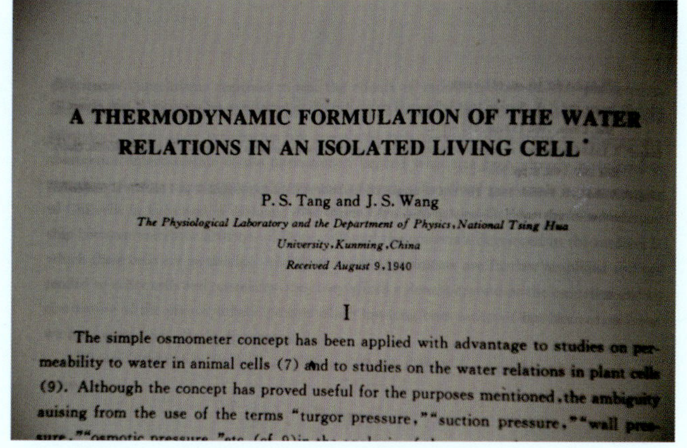
A THERMODYNAMIC FORMULATION OF THE WATER RELATIONS IN AN ISOLATED LIVING CELL*

P. S. Tang and J. S. Wang

The Physiological Laboratory and the Department of Physics, National Tsing Hua University, Kunming, China

Received August 9, 1940

I

The simple osmometer concept has been applied with advantage to studies on permeability to water in animal cells (7) and to studies on the water relations in plant cells (9). Although the concept has proved useful for the purposes mentioned, the ambiguity arising from the use of the terms "turgor pressure," "suction pressure," "wall pressure," "osmotic pressure," etc.

图2.18 活细胞吸水的热力学处理（冯广平 摄）

（2）首次提出细胞水势概念

1941年，西南联合大学的汤佩松（P. S. Tang，1903～？）和王竹溪（Jwu Shi Wang，名治淇，号竹溪，1911～1983）在美国《物理化学学报》（Journal of Physical Chemistry，Vol.45）上发表《活细胞吸水的热力学处理》（A Thermodynamic Formulation of the Water Relations in Anisolated Living Cell，图2.18），在世界上首次提出植物细胞水分关系的热力学解释，被国际公认为植物生理学中的一个重要理论贡献。1966年，美国人克莱默尔（P.J. Kramer）才提出了"细胞水势"（cell water potential）的概念。1985年，克莱默尔指出："当人们早已讨论并认为已经在1960年解决了这个问题后方发现这篇论文……（希望此文能）弥补我们对汤和王关于细胞水分关系热力学的先驱性论文的长期忽视的遗憾。"

（3）发现"活化石"水杉

1946年，胡先骕在《农商部地质调查所地质汇报》上发表《记古新世期之一种水杉》，将中央大学郑万钧（1904～1983）寄来的"水杪"植物标本，与日本大阪大学古植物学家三木茂（S. Miki）于1941年发表的水杉属（*Metasequoia*）植物化石相比较，首次揭示“活化石”水杉（*Metaseqouia glybtostroboides* Hu et Cheng）。“水杪”植物的枝叶和球花、幼球果的标本由南京中央大学森林系薛纪如从四川万县磨刀溪采到。1948年，胡先骕与郑万钧在《静生生物调查所汇报》（New Series Vol.1，No.2）上发表《水杉新科及生存之水杉新种》（On the new family Metasequoiaceae and on *Metasequoia glyptostroiboides*, a living species of the genus *Metasequoia* found in Szechuan，图2.19）。同年，在《美国纽约植物园园刊》（Bulletin of the New York Botanical Garden）上发表《中国是怎样发现“活化石”水杉的》（How *Metasequoia*, the “Living Fossil”, was Discovered in China）。首次正式把在四川万县所采集的标本命名为“水杉”，并另立水杉新科（Metasequoiaceae Hu et Cheng）。水杉的发现与正式命名，引起全世界植物学家的震惊。1948年3月25日，美国《旧金山纪事报》称：“科学上的惊人发现——1亿年前称雄世界而后消失了2000万年的东方红杉，在中国内地一个偏僻的小村仍然活着！”美国古植物学家钱耐专程来中国对水杉进行实地考察。亚洲、欧洲、美洲和非洲各国植物园纷纷来函索要水杉种子或派人来中国考察。至1949年，已有50余国家、近200处植物园先后从中国引种水杉。1961年，胡先骕作《水杉歌》以纪念此重大发现，并将诗稿寄请陈毅副总理校正，陈毅读后很有感慨，写下读后记：“胡老此诗，介绍中国科学上的新发现，证明中国科学一定能够自主且有首创精神，并不需要俯仰随人。诗末结以‘东风伫看压西风’，正足以大张吾军。此诗富典实，美歌咏，乃其余事，值得讽诵。一九六二年二月八日”。《人民日报》于1962年2月17日将《水杉歌》和陈毅副总理的“读后记”全文发表。

图2.19　水杉新种图版（冯广平 摄）

水杉歌

余自戊子与郑君万钧刊布水杉，迄今已十有三载，每欲形之咏歌，以牵涉科学范围颇广，惧敷陈事实，坠入理障，无以彰诗歌咏叹之美。新春多暇，试为长言，典实自琢，尚不刺目，或非人境庐持摭名物之比耶。

纪追白垩年一亿，莽莽坤维风景丽。特西斯海亘穷荒，赤道暖流布温煦。
陆无山岳但坡陀，沧海横流沮洳多。密林丰薮蔽天日，冥云玄雾迷羲和。
兽蹄鸟迹尚无朕，恐龙恶蜥横駊娑。水杉斯时乃特立，凌霄巨木环北极。
虬枝铁干逾十围，肯与群株计寻尺。极方季节惟春冬，春日不落万卉荣。
半载昏昏黯长夜，空张极焰光朦胧。光合无由叶乃落，习性余留犹似昨。
肃然一幅三纪图，古今冬景同萧疏。三纪山川生巨变，造化洪炉恣鼓扇。
巍升珠穆朗玛峰，去天尺五天为眩。冰岩雪壑何庄严，万山朝宗独南面。
冈达弯拿与华夏，二陆通连成一片。海枯风阻陆渐干，积雪冱寒今乃见。
大地遂为冰被覆，北球一白无丛绿。众芳逋走入南荒，万果沦亡稀剩族。
水杉大国成曹郐，四大部洲绝侪类。仅余川鄂千方里，遗子残留弹丸地。

劫灰初认始三木，胡郑擎几继前轨。亿年远裔今幸存，绝域闻风剧惊异。
群求珍植遍遐疆，地无南北争传扬。春风广被国五十，到处孙枝郁莽苍。
中原饶富诚天府，物阜民康难比数。琪花琼草竞芳妍，沾溉万方称鼻祖。
铁蕉银杏旧知名，近有银杉堪继武。博闻强识吾儒事，笺疏草木虫鱼细。
致知格物久垂训，一物不知真所耻。西方林奈为魁硕，东方大匠尊东壁。
如今科学益昌明，已见泱泱飘汉帜。化石龙骸夸禄丰，水杉并世争长雄。
禄丰龙已成陈迹，水杉今日犹葱茏。如斯绩业岂易得，宁辞皓首经为穷。
琅函宝笈正问世，东风伫看压西风。

4．造就杰出人才

20世纪三四十年代，我国植物学界处于近代第一个繁荣时期，出现了一批宗师式的人才。1948年，中央研究院选举产生81位院士，分数理、生物、人文三组。植物科学领域总计有11位院士，其中北京地区有6位，分别是：

（1）植物学领域：静生所胡先骕、北京大学张景钺；

（2）植物生理学领域：清华大学汤佩松、北京大学殷宏章（Hung Chang Yin，1908～1992）；

（3）真菌学领域：清华大学戴芳澜；

（4）植物病理学领域：北京大学俞大绂。

胡先骕，江西省新建县人，1925年获得美国哈佛大学（Harvard University）博士学位。1915年，加入中国科学社（Science Society of China）。1918～1923年，执教于南京高等师范学校（1921年并入国立东南大学、1928年更名国立中央大学、1949年更名国立南京大学）农科。1922年8月18日，与秉志等人在南京共同创建中国第一个生物学研究机构——中国科学社生物研究所（Biological Laboratory of Science Society of China），任植物部主任。1928年，参与创建静生生物调查所，任植物部主任；1932年任所长。1930年，当选为国际植物命名法规委员会委员。1933年，发起成立中国植物学会；1934年任中国植物学会会长，建议编著《中国植物志》。1934年，创建庐山森林植物园。1938年，创建云南省农林植物研究所（今中国科学院昆明植物研究所前身）。1940年，任国立中正大学（National Chung Cheng University，1949年更名国立南昌大学）首任校长。在植物学、教育等领域均有建树。1921年，与梅光迪（字迪生，一字觐庄，1890～1945）等人在国立东南大学（Southeast University）创办《学衡》杂志，以“昌明国粹，融化新知”。1925年，完成《中国有花植物属志》（The Genera of Flowering Plants of China）博士论文，首次全面系统地整理中国植物，共记述1950属、3700种中国本土植物。1927～1937年，与国立中山大学陈焕镛编纂完成《中国植物图谱》第一册（1927年）、第二册（1929年）、第三册、第四册、第五册；与静生所秦仁昌编纂完成了《中国蕨类植物图谱》第一卷、第二卷、第三卷、第四卷。1946年，与国立中央大学郑万钧发现并命名“活化石”水杉。

张景钺，湖北省光化县人；1925年获得美国芝加哥大学（The University of Chicago）博士学位。1925年，执教于国立东南大学（National Southeast University）生物学系。翌年，任系主任。1932年，任国立北京大学生物系主任。1946年，北京大学回迁北京，任北京大学生物系主任，兼任理学院院长。1933年，参与筹建中国植物学会，任书记。主要成就在植物形态学领域。1926年，在《中国科学社生物研究所研究报告》（Contribution from the Biological Laboratory of Science Society of China，Vol.2，No.4）上发表《蕨茎组织之研究》，在国内最早开始植物形态学研究。1929年，在《中央地质调查所地质汇报》（Bulletin of Chinese Geological Society，Vol.8，No.3）上发表《河北新异木》（A New Xenoxylon from North China），最早开始化石植物的形态学研究。1937年，在《科学》（Vol.21，No.4）上发表《黄豆茎叶在不同日光强度中生长与分化》；翌年，在《巴塞尔自然科学家协会会刊》（Verhandlungen der Naturforschenen Gesselschapt in Basel，Band XLIX）上发表《光强度对白芥菜苗的生长和分化的影响》（Der Einfluss der Lichtintensitat auf Wachstum und Differenzierung des Sprosses von Sinapis alba L.），最早开始生理解剖学和实验形态学研究。

汤佩松，湖北省浠水县（原蕲水县）人；1930年获得美国约翰•霍普金斯大学（Johns Hopkins University）博士学位。1933年，执教于武汉大学生物系。1938年，在西南联合大学农业研究所创建国内首个植物生理研究室，并任主任。1946年，任清华大学农学院院长。在植物生理学、生物化学、生物力能学领域均有建树。1932年，在美国《遗传与生理学报》（Journal of Genetics and Physiology，Vol.15，No.6）发表《一氧化碳和光对羽扇豆种子萌发的氧吸收和二氧化碳释放的影响》（The Effects of CO and Light on the Oxygen Consumption and on the Production of CO_2 by the Germinating Seeds of *Lupinus albus*），首次发现植物体内的细胞色素氧化酶。1941年，与王竹溪合作发表《活细胞吸水的热力学处理》（A Thermodynamic Formulation of the Water Relations in Anisolated Living Cell），首次提出植物细胞水分关系的热力学解释。

殷宏章，山东省兖州市人；1937年获得美国加州理工大学（California Institute of Technology）博士学位。1938年，执教于西南联大，兼任清华大学农业研究所研究员。1944～1945年以第一批“交换教授”身份赴英国剑桥大学（University of Cambridge）进行磷酸化酶的研究。1946年，执教于北京大学。1948年，任职于联合国教科文组织南亚科学合作馆。主要成就在植物化学、植物生理领域。1929年，和导师李继侗共同发现光合作用的瞬时效应。1935年，在《国立武汉大学理科季刊》（Vol.6，No.2、3）上发表《植物之生长素》，在国内最早开始植物生长素（auxin）研究。1938年，在《美国植物学报》（American Journal of Botany，Vol.25，No.1）发表《锦葵叶的横向光性云动》（Diaphototropic Movement of the Leaves of *Malva neglecta*），证明锦葵叶的横向光运动是由于叶柄上端细胞吸水不同涨缩所致，与生长素无关，此文常被植物生理学家所引用。1941年，在《美国植物学报》（Vol.28，No.3）上发表《番木瓜叶的感夜运动研究》（Studies on the Nyctinastic Movement of the Leaves of *Caria papaya*），发现番木瓜叶的昼起夜垂受生长素控制，在世界上较早开展生长素与叶片运动关系研究。

戴芳澜，湖北省江陵市人；1919年，获得美国哥伦比亚大学（Columbia University）硕士学位。1923年，执教于东南大学。1927年，任金陵大学植物病理系主任。1935年，任清华大学农业科学研究所植物病理研究室主任。1946年，清华大学回迁北京，任农学院植物病理学系主任。1929年，参与筹建中国植物病理学会。主要成就在真菌学领域。1936～1937年，发表的《中国真菌名录》收录了国内已报道的真菌2600种。

俞大绂，浙江省绍兴市人；1928年获得美国依阿华州立大学（University of Iowa）博士学位。1933年，执教于金陵大学。1938年任职于清华大学农业研究所。1946年任北京大学农学院院长。1928年与美国人Porter在《植物病理学》（No.18）上发表《种子消毒剂对小麦黑穗病和小麦产量的影响》（The Effect of Seed Disinfecants on Smut and on Yield of Millet），报道成功培育抗黑穗病小麦。1933年在《金陵学报》（Vol.3，No.1）上发表《对小麦秆黑粉菌有抗性和易感性的小麦品种》，最早发现小麦秆黑粉菌的生理分化性，开创了我国生理小种研究的先河。1939年在《植物病理学》（No.29）上发表《中国植物病毒名录》（A List of Plant Viroses Observed in China），最早开始作物病毒病害研究。

2.4　现代期

1949年10月1日，中华人民共和国成立，开辟了中国历史的新纪元。我国开始学习“苏联模式”，对于民营的研究和教育资源进行接受、改造和重组，建立国有的研究体系和教育体系，奠定了我国现代科学研究和教育体系的基本框架。北京地区的植物科学研究体系、教育体系和科普体系正是在此背景下产生的。1956年1月14日，中共中央召开“关于知识分子问题会议”，周恩来总理作《关于知识分子问题的报告》，发出 “向现代科学进军”的号召。此次会议极大地鼓舞了全国科技界的创新热情，科技事业蓬勃发展，北京地区的植物科学研究空前发展，取得了丰硕的成果，但这一兴旺的局面因“文化大革命”而遭受重创。

1978年3月18日，全国科技大会在北京召开，邓小平发表重要讲话，提出了“科学技术是生产力”的著名论断。郭沫若作了题为《科学的春天》的讲话，指出“我们民族历史上最灿烂的科学的春天到来了”。我国的科学技术事业开始摆脱苏联模式，逐步与国际接轨，走上独立自主的发展道路。北京地区快速消化吸收了现代植物科学研究成果，尤其是分子生物学成果，进入到一个全新的发展时期。以1978年为界，北京地区的植物科学发展可分为前后两个阶段，前一阶段的突出特点是照搬苏联模式，新建、重组了一批研究机构和高等院校，植物科学各个分支学科处于快速发展阶段，但仍然以经典研究手段为主，可称为“资源整合期”。后一阶段的突出特点是在消化吸收国际先进研究成果的基础上，植物科学引入了实验生物学和分子生物学手段，研究机构和高等院校纷纷建立生物技术、生命科学研究和教学机构，此期称为“国际接轨期”。

2.4.1　资源整合期

2.4.1.1　研究机构的新建与重组

20世纪五六十年代，中国科学院、中国农业科学院、中国林业科学研究院、中国医学科学院、中国地质科学院等5家中央独立研究机构相继建立，设立了15家专门从事植物科学相关领域研究的研究机构（表2.1），开展了植物科学各个分支学科的研究。北京市接收和新建了3家研究机构（表2.1），涉及植物科学相关领域的研究。

表2.1　1978年植物科学相关领域研究机构

上级部门	研究机构	成立时间	首任负责人	相关研究方向
中国科学院	植物分类研究所	1950	钱崇澍	植物分类、植物区系、植物化学、植物生态、植物细胞、植物生理、植物引种驯化
	生物物理研究所	1958	贝时璋	分子生物学、生物物理
	微生物研究所	1958	戴芳澜	真菌分类、生态、生化等
	遗传研究所	1959	钟志雄	植物遗传工程、分子遗传、细胞遗传、群体及进化遗传
	北京植物园	1956		植物引种、迁地保护、科普
卫生部				
中国医学科学院	药物研究所	1958	–	药用植物、天然产物
中医研究院	中药研究所	1955	–	药用植物
农业部				

（续表）

中国农业科学院	植物保护研究所	1957	沈其益	植物病害、真菌
	土壤肥料研究所	1957		真菌
	作物遗传育种研究所	1957		作物遗传
	蔬菜研究所	1958	朱明凯	蔬菜
	作物品种资源研究所	1978		作物品种
林业部				
中国林业科学研究院	林业研究所	1953		林业生产
地质矿产部				
地质部地质科学研究院	地质矿产研究所	1956	–	标准化石（植物）、孢粉研究
	地质部地质博物馆	1958	高振西	植物化石的收藏、研究、科普
北京市	北京自然博物馆	1962	杨钟健	植物化石和现代植物标本的收藏、研究、科普
	北京市农业科学院	1958	徐督	粮、果、菜新品种选育
	北京教学植物园	1957	李谦	植物引种

1. 中央研究机构

1949年11月1日，中国科学院（Chinese Academy of Sciences）成立，原址在文津街静生所旧址（原北京图书馆西侧，图2.20）；郭沫若任院长。其重组的植物分类研究所、新建的生物物理研究所、微生物研究所、遗传研究所等5家机构均涉及植物科学相关方向的研究。1956年国务院批准成立北京植物园，由中科院与北京市共同领导，主要从事植物引种驯化、迁地保护、科学普及等相关工作。

1950年10月，南京中央卫生实验院与中央卫生实验院北京分院重组为中央卫生研究院。1956年 8月，卫生部正式命名其为中国医学科学院（简称“医科院”）（Chinese Academy of Medical Sciences），地址在协和医学院院内（图2.21）；翌年，中国协和医学院并入；沈其震（1907～1993）任院长。其新建的药物研究所和药用植物研究所涉及药用植物的研究、保护和利用。

图2.20　北京图书馆原址（冯广平 摄）

图2.21　中国医学科学院协和医学院（冯广平 摄）

1955年12月19日，卫生部成立中医研究院，原址在广安门内北线阁，鲁之俊（1911～1999）任院长。其新建的中药研究所涉及药用植物的研究。1985年，更名为中国中医研究院。2000年，更名为中国中医科学院（China Academy of Chinese Medical Sciences）。

1957年3月1日，农业部在现址创建中国农业科学院（简称“农科院”）（Chinese Academy of Agricultural Sciences，图2.22），丁颖(1888～1964)任院长。其新建的植物保护研究所开展与农业相关的植物科学研究。

图2.22　中国农业科学院（冯广平 摄）

1958年10月27日，原林业部（今国家林业局）在现址创建中国林业科学研究院（简称“林科院”）（Chinese Academy of Forest，图2.23）；张克侠（1900～1984）任院长。其原有的林业研究所、新建的热带林业研究所、亚热带林业研究所等3家研究机构均开展与林业生产相关的植物科学研究。

1959年6月，原地质部（今国土资源部）在现址创建地质部地质科学研究院，许杰（字兴吾，1901～1989）任院长；1966年，改称地质科学研究院；1975年，改称中国地质科学院（Chinese Academy of Geological Sciences，图2.24）。其原有的地质研究所涉及古植物研究。1958年，原地质矿产部在现址建立“地质博物馆”，从事包括古植物在内的地质科学研究与科学普及，1960年，改隶属地质科学院。1986年改称中国地质博物馆（The Geological Museum of China）。

图2.23　中国林业科学研究院（孙珍全 摄）

图2.24　中国地质科学院（冯广平 摄）

2. 地方研究机构

1951年4月2日，文化部和中国科学院共同成立中央自然博物馆筹备委员会，丁西林（原名丁燮林，字巽甫，1893～1974）任主任委员。1959年，中央自然博物馆筹备处下放到北京市，隶属北京市文化局。1962年，中央自然博物馆筹备处正式命名为北京自然博物馆（图2.25），杨钟健（1897～1979）任馆长。北京自然博物馆开展古植物和现代植物研究和科普工作。

图2.25 北京自然博物馆（冯广平 摄）

1958年9月，北京市农业科学院（图2.26）成立，隶属北京市农业局，徐督（1958～）任院长。其下属农业研究所、蔬菜研究所、果林研究所主要开展粮食、蔬菜和果树的种植资源研究和新品种培育。

1957年3月，北京市创建北京市龙潭植物园，教育局和园林局共同领导，从事植物引种工作。1963年2月25日改名“北京教学植物园”，隶属教育局，李谦任主任。

图2.26 冰窖口北京农林科学院旧址（冯广平 摄）

2.4.1.2 高等院校的调整和新建

20世纪50年代，教育部仿照苏联模式，通过接受、调整、新建等方式，对北京地区的高等院校进行资源重组整合，建立了现代高等教育体系。在综合性、农、林等高等院校中，植物科学相关领域的教育和研究分布于生物系、农学系、林学系、园林系、园艺系、中药系、地质系等学系内，其中生物系涵盖植物学及其相关领域研究，农学系以作物研究为主，林学系以森林植物为研究对象，园林系研究园林植物，中药系研究药用植物，地质系涉及古植物研究。至1978年，北京地区共有5所教育部及其他部委所属高等院校、10个系，2所北京市属高等院校、3个系，涉及植物科学相关领域研究（表2.2）。

表2.2　1978年高等院校植物科学相关院系

<table>
<tr><th>大学/学院</th><th>系</th><th>成立时间</th><th>合并部门</th><th>合并时间</th><th>相关研究</th></tr>
<tr><td>教育部和其他部委</td><td colspan="5"></td></tr>
<tr><td>北京师范大学</td><td>生物系</td><td>1923</td><td>辅仁大学生物学系</td><td>1952</td><td>植物学、生态学</td></tr>
<tr><td rowspan="3">北京大学</td><td rowspan="2">生物系</td><td rowspan="2">1925</td><td>燕京大学生物学系</td><td rowspan="2">1952</td><td rowspan="2">植物学</td></tr>
<tr><td>清华大学生物学系</td></tr>
<tr><td>地质地理系</td><td>1955</td><td></td><td></td><td>地层古生物</td></tr>
<tr><td rowspan="3">北京农业大学</td><td>农学系</td><td rowspan="3">1905</td><td>北京大学农学院</td><td rowspan="3">1949</td><td>农学</td></tr>
<tr><td>植物保护与农业微生物系</td><td>清华大学农学院</td><td>植物病害</td></tr>
<tr><td>园艺学系</td><td>华北大学农学院</td><td>蔬菜果树</td></tr>
<tr><td rowspan="5">北京林学院</td><td rowspan="3">林学系</td><td rowspan="3">1952</td><td>北京农业大学森林系</td><td rowspan="3">1952</td><td rowspan="3">林学、森林资源</td></tr>
<tr><td>河北农学院森林系</td></tr>
<tr><td>平原农学院森立系</td></tr>
<tr><td rowspan="2">园林系</td><td rowspan="2">1956</td><td>北京农业大学造园系</td><td rowspan="2">1956</td><td rowspan="2">园林植物</td></tr>
<tr><td>清华大学建筑系（部分）</td></tr>
<tr><td>北京中医学院</td><td>中药系</td><td>1958</td><td></td><td></td><td>中药生药、中药资源</td></tr>
<tr><td>北京市</td><td colspan="5"></td></tr>
<tr><td>北京师范学院</td><td>生物系</td><td>1954</td><td></td><td></td><td>植物学</td></tr>
<tr><td rowspan="2">北京农学院</td><td>农学系</td><td>1965</td><td></td><td></td><td>农学</td></tr>
<tr><td>园艺系</td><td>1978</td><td></td><td></td><td>蔬菜果树</td></tr>
</table>

1．部属高等院校

1949年，北京大学农学院、清华大学农学院、华北大学农学院相关院系合并组建为北京农业大学（图2.27）。

图2.27　中国农业大学（冯广平 摄）

1951年11月，教育部发布《关于全国工学院调整方案》，清华大学改为多科性工业高等学校，北京大学工学院、燕京大学工科各系并入清华大学；北京大学保留为综合性大学，撤销燕京大学，清华大学文、理、法三个学院及燕京大学的文、理、法各系并入北京大学。依据此次调整方案，北京大学、燕京大学和清华大学的生物系于1952年合并成新的北京大学生物系（图2.28）。

1952年，教育部按照中共中央“以培养工业建设人才和师资为重点，发展专门学校，整顿和加强综合性大学”方针，发布《关于全国高等学校1952年的调整设置方案》，仿照原苏联高等院校模式，以华北、华东和东北三区为重点，实施全国高校院系调整。至1952年底，全国3/4的院校实施了院系调整，形成了20世纪后半叶我国高等教育系统的基本格局。依据此次调整方案，北京师范大

图2.28　北京大学生物系主楼（冯广平 摄）

学生物系和辅仁大学生物系合并成新的北京师范大学生物系；北京农业大学、河北农学院、平原农学院森林系合并成立北京林学院（今北京林业大学，图2.29）。

1956年，清华大学建筑系（部分）与北京农业大学造园系合并组建北京林学院园林系。

1958年，北京中医学院创建中药系。

2．市属高等院校

1954年，北京师范学院生物系成立。

1965年1月，北京市在原河北省通县农业学校的基础上创办北京农业劳动大学，崔旭东任校长；设农学系、果林系。1978年12月28日，北京农业劳动大学改名北京农学院。

2.4.1.3　确立现代植物科学体系

图2.29　北京林业大学（孙珍全 摄）

1949～1978年，北京地区积聚了全国最丰富的植物标本、研究装备、研究人员等资源，以服务国民经济发展、摸清全国植物本底资源为主要任务，植物科学的各个分支学科展开工作，开始进入大发展时期，完成了《中国高等植物图鉴》、《中国植被》、《中国植物志》等重大工程的布局谋篇工作，各个分支学科取得了丰硕的成果。1966年，“文化大革命”开始，植物科学兴旺发展的景象一度凋敝。

1．植物分类学

（1）提出被子植物起源多元论

1950年，胡先骕在《中国科学》（Scientia Sinica，Vo1.1， No.11）上发表《被子植物的一个多元的新分类系统》（图2.30），提出被子植物多元起源，出自15个支派的原始被子植物，并整理出一幅“被子植物亲缘关系系统图”。 这是中国植物分类学家首次创立的一个较新的被子植物分类系统。

中國科學
第1卷第1期，243—253頁，圖版1，1950年8月

被子植物的一個多元的新分類系統*

胡先驌

（中國科學院植物分類研究所）

今日各國通用的植物分類系統有兩個：一爲邊沁(Bentham)與虎克(Hooker)在其植物誌屬(Genera Plantarum)書中所用的分類系統，將高等植物分爲雙子葉植物(Dicotyledonae)裸子植物(Gymnospermae)與單子葉植物(Monocotyledenae)

图2.30　被子植物多元起源（冯广平 摄）

（2）反对“李森科主义”

1955年，胡先骕出版《植物分类学简编》，书中明确反对原苏联农业科学院院长李森科（T．D. Lysenko，1898～1976）“小麦变黑麦”的获得性遗传论调，指出其不符合现代遗传学实际，是反达尔文演化学说的非科学理论。这是中国学术界首次明确批判李森科的伪科学理论。

（3）开创多学科综合研究植物进化先例

1955年，中科院植物所钟补求（1906～1981，钟观光之子）在《植物分类学报》（ACTA Phytotaxonomica Sinica，Vol.4，No.2）上发表《马先蒿属的一个新系统（上）》（图2.31）；翌年，又发表《马先蒿属的一个新系统（二续）》（Vol.5，No.4），根据马先蒿属（*Pedicularis* L.）花冠形态、叶序的变化及物种分布式样，论证了物种的形成、该属起源中心及种间亲缘关系；根据形态、亲缘和地理分布资料，利用生物统计学证据，提出了马先蒿发生中心，建立了马先蒿属的新系统；开创了多学科综合研究植物进化的先河。1956年，此项成果获得国家自然科学二等奖。英国皇家邱园（Kew Botanical Garden）植物学家称誉钟补求为“世界马先蒿权威”。

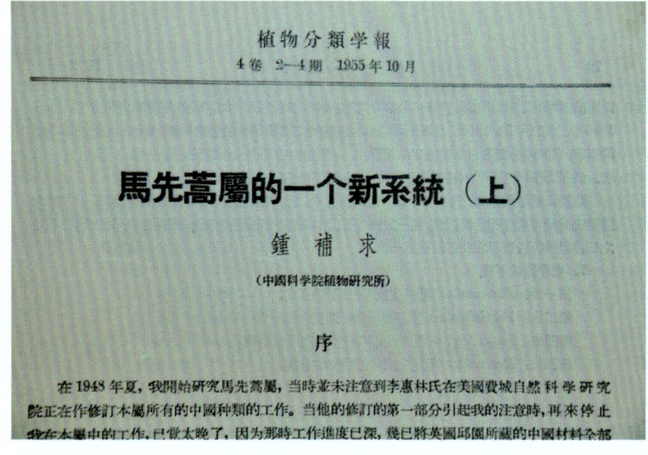

植物分類學報
4卷 2—4期 1955年10月

馬先蒿屬的一个新系統（上）

鍾補求

（中國科学院植物研究所）

序

在1948年夏，我開始研究馬先蒿屬，当時並未注意到李惠林氏在美國費城自然科学研究院正在作修訂本屬所有的中國種類的工作。当他的修訂的第一部分引起我的注意時，再來停止我在本屬中的工作，已覺太晚了，因為那時工作進度已深，幾已將英國邱園所藏的中國材料全都

图2.31　马先蒿属的新系统（冯广平 摄）

（4）启动《中国植物志》重大工程

1934年8月，中国植物学会第一届年会在庐山召开，胡先骕首倡编纂《中国植物志》。1959年9月，中国科学院正式决定成立“中国植物志编辑委员会”；同年11月在京召开中国植物志编辑委员会成立大会，第一届编辑委员会由23人组成，北京地区的委员有中科院植物所匡可任（1914～1977）、汪发缵、林镕、胡先骕、姜纪五（原名姜宪周，字纪武，化名吕宗望，1903～1975）、俞德浚（1908～1986）、秦仁昌、唐进、钱崇澍、钟补求、简焯坡（1916～2003）；常委7人，分别为钱崇澍、陈焕镛、秦仁昌、

林镕、俞德浚、钟补求、简焯坡；主编为钱崇澍、陈焕镛2人；秘书为秦仁昌。1959年9月，中国植物志编辑委员会发表《中国植物志 第二卷 蕨类植物》，成为《中国植物志》系列丛书的开山之作（图2.32）。

（5）出版《北京植物志》

1960年，北京师范大学贺士元、乔曾鉴（1911～1970）、邢其华、王慧、尹祖棠等人，中科院植物所俞德浚、关克俭、王文采、陆玲娣、邢公侠等人，多次到北京西山、松山、东灵山、百花山、上方山、八达岭、喇叭沟门等处进行植物调查和采集，以“北京师范大学生物系”名义出版《北京植物志》（上册、中册）。1984年修订第一版，1992年修订第二版，共收录了北京地区维管植物143科、618属、1 439种，发现了91个变种和变型。

（6）编纂《中国高等植物图鉴》

1971年，中科院植物所组织全国30家单位、130位研究人员、30多位绘图人员，以王文采、汤彦承等为主编，编纂《中国高等植物图鉴》（Iconographica Cormophytorum Sinicorum）（一至五册）、《中国高等植物检索表》、《中国高等植物图鉴补编》（一、二册）。1972年，以“中国科学院植物研究所”名义出版《中国高等植物图鉴》（第一册、第二册）（图2.33）；1983年，出版《中国高等植物图鉴补编》（第一册、第二册），全套丛书共7册，1057万字，收录苔藓、蕨类和种子植物9 082种，是第一部全面记载我国植物区系的著作，也是世界上最大的一部图鉴。1987年，此项成果获得国家自然科学一等奖。

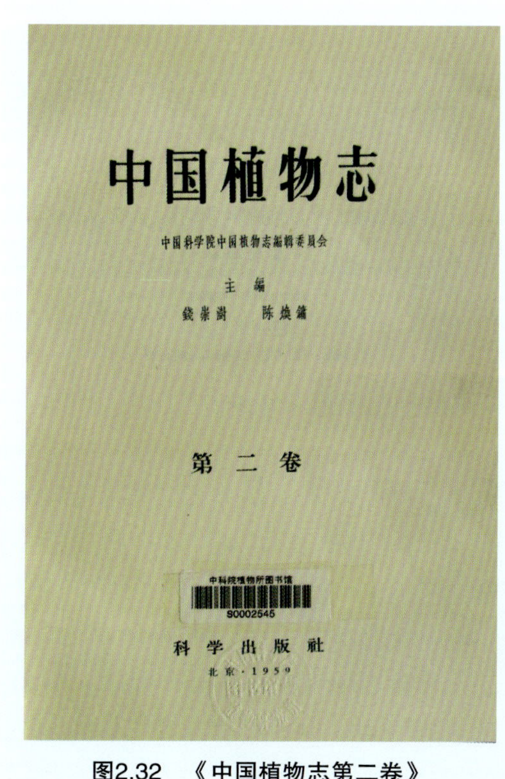

图2.32 《中国植物志第二卷》（王艳辉 摄）

图2.33 1972年版《中国高等植物图鉴》（冯广平 摄）

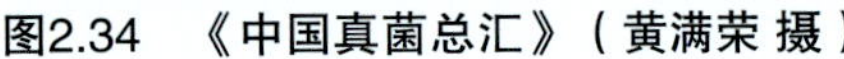

图2.34 《中国真菌总汇》（黄满荣 摄）

图2.35 《中国植物花粉形态》（冯广平 摄）

（7）探索新的分类依据

除了形态学证据之外，在孢粉、染色体、生物化学等多个方面都进行了较深入的探索，寻找更多可靠的分类依据。

1）植物化学证据：1963年，中科院植物所王宗训在《药学通报》（Vol.9，No.6）上发表《高等植物的化学成分与其系统发育的关系》一文，最早提出“化学分类学”（chemotaxonomy）的概念。1978年，杨崇仁、周俊在《植物分类学报》（Vol.16，No.1）上发表《从植物化学成分的比较看单子叶植物的起源问题》，依据生物碱、甾体化合物、三萜化合物等成分的相似性，提出单子叶植物的“毛茛-百合起源”观点，支持英国人哈钦松（J. Hutchinson，1884～1972）和日本人田村道夫的假设，不同意俄国人塔赫塔间（A.G. Takhtajan，1910～2009）的“莼菜-泽泻起源”的观点。

2）孢粉证据：1979年，中科院植物所张金谈（1929～1992）在《植物分类学报》（Vol.28，No.2）发表《从孢粉形态特征试论植物某些类群的分类与系统发育》一文，依据枫香属（*Liquidambar*）、阿丁枫香属（*Altingia*）的多孔花粉与金缕梅科其他属的3沟花粉区别明显，建议把两属从金缕梅科中分出，另立阿丁枫科（Altingiaceae）；支持Hayne（1830）、Endlicher（1836～1840）和Lindly（1836）关于将金缕梅属和阿丁枫属归入阿丁枫科的观点。

3）数量证据：1980年，中科院植物所徐克学在《生物科学动态》（No.1）上发表《数量分类学的发展》一文，最早介绍“数量分类学”（numerical taxonomy）的概念。1982年，中国医学科学院药用植物研究所肖培根、徐克学、宋晓明在《中西医结合杂志》（No.4）上发表《大黄属植物的外形、成分与泻下作用间联系性的多元分析》一文，成为国内最早应用数量分类方法的研究成果。

（8）启动《中国真菌志》工程

1973年，中科院微生物所戴芳澜的学生整理遗稿，发表《中国真菌志 第一卷 白粉菌》，收录白粉菌22属253种，成为孢子植物志书的领航作。1979年，戴芳澜的学生整理遗稿，发表《中国真菌总汇》（Sylloge Fungorum Sinicorum）（图2.34），收录了截至1974年已报道的真菌类型7000多个分类单位，768篇文献摘要，成为迄今最重要的真菌学参考书。

2. 植物形态学

（1）维管组织结构比较研究

1953年，中科院植物所喻诚鸿（1922～1993）在《植物学报》（ACTA Botanica Sinica，Vol.2，

No.1）发表《中国东北木材解剖 Ⅰ. 双子叶植物木材》（Xylotomy of the Timbers of Northeastern China. Ⅰ. Dicotyledonous Wood）。翌年，又在《植物学报》（Vol.3，No.2）发表《中国东北木材解剖 Ⅱ. 松科木材》（Xylotomy of the Timbers of Northeastern China. Ⅱ. Pinaceae Wood），开启了被子植物、裸子植物的比较解剖学研究。1992年，中国林业科学院周山金、姜笑梅在《植物分类学报》（Vol.30，No.5）上发表《裸子植物木材结构特征及其系统学意义》（Characteristics of Wood Structure in Gymnosperms and Their Systematic Significance）把中国产4纲、8目、11科、42属、100种裸子植物的具缘纹孔分为8类。1960年，北京大学李正理（1918～2009）、靳紫宸在《植物学报》（Vol.8，No.1）上发表《几种国产竹材的比较解剖观察》（Comparative Anatomical Studies of Some Chinese Bamboos）；1962年，李正理、靳紫宸、腰希申又在《植物学报》（Vol.10，No.1）上发表《国产竹材的比较解剖观察续报》（Further Anatomical Studies of Some Chinese Bamboos），研究了浙江产9属12种、广东产8属12种竹材，提出将中心维管束一侧增生纤维股的现象作为划分丛生竹与散生竹的主要依据，首次将竹杆维管束形态应用于分类。

（2）植物花粉形态研究

1954年，中科院植物所王伏雄、喻诚鸿在《植物学报》（Vol.3，No.1）上发表《花粉形态的研究 Ⅰ.术语及研究方法》一文，首开现代植物花粉形态研究。1960年，王伏雄（1913～1995）、喻诚鸿、钱南芬、张金谈等人以"中国科学院植物研究所形态室孢粉组"名义发表专著《中国植物花粉形态》，详细记述118科、900属、1400多种种子植物的花粉形态特征，成为我国第一部花粉形态专著（图2.35）。1989年，中国科学院植物研究所形态室孢粉组又出版《中国热带亚热带被子植物花粉形态》，成为世界首部描述热带亚热带植物花粉特征的专著。1989年，张金谈、张玉龙、席以珍的"中国亚热带被子植物花粉形态"项目获得国家自然科学奖四等奖。

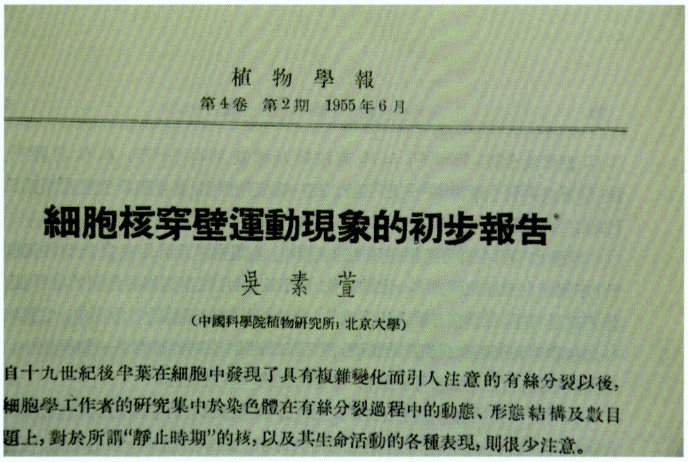
植物學報
第4卷　第2期　1955年6月

细胞核穿壁運動現象的初步報告*

吳素萱

（中國科學院植物研究所；北京大學）

自十九世紀後半葉在細胞中發現了具有複雜變化而引人注意的有絲分裂以後，
細胞學工作者的研究集中於染色體在有絲分裂過程中的動態、形態結構及數目
題上，對於所謂"靜止時期"的核，以及其生命活動的各種表現，則很少注意。

图2.36　细胞核穿壁运动的发现（冯广平 摄）

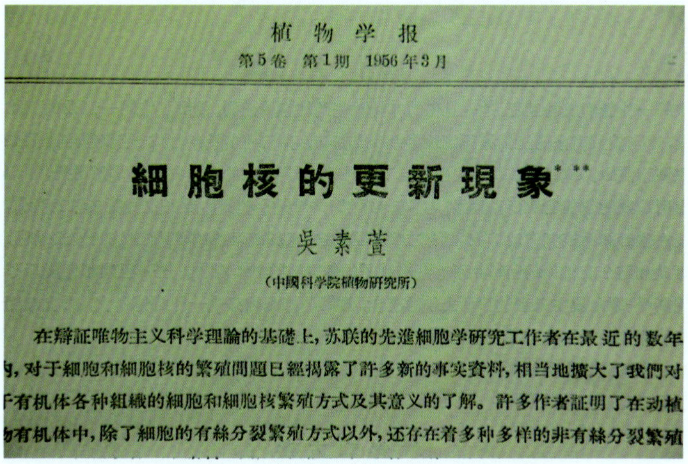
植物学报
第5卷　第1期　1956年3月

细胞核的更新現象* **

吳素萱

（中國科学院植物研究所）

在辯証唯物主义科学理論的基礎上，苏联的先進細胞学研究工作者在最近的数年
内，对于細胞和細胞核的繁殖問題已經揭露了許多新的事实資料，相当地擴大了我們对
于有机体各种組織的細胞和細胞核繁殖方式及其意义的了解。許多作者証明了在动植
物有机体中，除了細胞的有絲分裂繁殖方式以外，还存在着多种多样的非有絲分裂繁殖

图2.37　细胞核更新现象的发现（冯广平 摄）

（3）发现单核花粉胚性细胞核

1974年，中科院植物所王伏雄、陈祖铿在《植物学报》（Vol.16，No.1）上发表《银杉的胚胎发育》一文，报道了中国特有植物银杉（*Cathaya argyrophylla*）的胚胎发育过程及特点，首次发现了单核花粉的胚性细胞核。基于银杉花粉中两个次生原叶细胞起源，以及其他胚胎学证据，证明银杉属（*Cathaya*）在松科（Pinaceae）可独立一属。

3. 植物细胞学

(1) 发现细胞核穿壁运动

1955年，中科院植物所吴素萱（又名吴淑萱，Wu Su Hsuen，1908～1979）在《植物学报》（Vol.4，No.2）上发表《细胞核穿壁运动现象的初步报告》（图2.36）；同年，兰州大学郑国锠在《植物学报》（Vol.4，No.2）上发表《百合花粉母细胞中染色质在细胞内的转移及核新形成工程》，分别发现了细胞核穿壁运动现象。1957年，吴素萱与北京农业大学娄成后（1911～2009）、张伟成等在《中国科学》（Vol.6，No.1）上发表《大蒜中原生质的细胞间运动与有机物质的运输》（Intercellular Movement of Proto-Plasma as a Means of Translocation of Organic Material in Garlic）一文，阐明细胞核穿壁运动在植物细胞间有机物质的运输上起着重要作用，是一定生理状态下胞间有机物质运输的一种方式。

(2) 发现细胞核更新现象

1956年，中科院植物所吴素萱在《植物学报》（Vol.5，No.1）发表《细胞核的更新现象》（图2.37），根据大蒜鳞片脱离休眠后鳞片细胞释放的核物质形成新核的过程，推论出核糖核酸RNA可以向脱氧核糖核酸DNA转化，细胞核出现老核消失、新核形成的更新过程。此后，国际上发现了反转录座子和反转录酶基因，才证实高等植物中存在RNA向DNA的转变。1999年，《植物学报》发表了题为《一个超前和具胆识的科学推论——吴素萱先生关于“细胞核的更新现象”及其科学意义》的文章，肯定了吴素萱的推论为RNA向DNA转化的超前实验证据。

(3) 革新植物细胞显微技术

1959年，中科院植物所段续川（1902～1989）在《植物学报》（Vol.8，No.1）上发表《植物细胞和细胞器的固定、水解、分离和染色的革新》，用重铬酸钾、重铬酸铵和甲醛为固定液，用特殊的染色、脱水和封片方法，一举解决了此前石蜡切片不能观察到细胞三维立体形态和细胞内两种细胞结构不能同时染色的难题，成为植物细胞形态学研究的重要方法创新。

(4) 发现植物抗寒机理

1965年，中科院植物所简令成、吴素萱在《植物学报》（Vol.13，No.1）上发表《植物抗寒性的细胞学研究——小麦越冬过程中细胞结构的变化》一文，揭示了冬小麦抗寒性的机理。1986年，简令成的《植物的寒害与抗寒性》专著，系统总结了植物抗寒性的机制机理。1964年简令成等用矮壮素（CCC）作为抑制剂进行春小麦和抗寒性较弱的冬小麦的抗寒力提升实验。至1966年，经过两个越冬过程，发现CCC确有抑制麦苗冬前生长、提高小麦抗寒力的作用。而国际上直至20世纪70年代初才出现CCC提高植物抗寒力的报道。

(5) 发明高效禾谷类细胞组织培养基

1976年，中科院植物所朱至清在《科学实验》（No.2）上发表《介绍一种较好的水稻花药培养基》，发现了低浓度铵离子和单糖对禾谷类花粉胚形成和植株再生有促进作用，在此基础上成功了研制高效N6花药培养基。1988年，又成功研制了以葡萄糖为碳源的CHB培养基。目前，N6和CHB花药培养基已被国内外普遍用于植物细胞工程和基因工程研究。1992年，朱至清、王敬驹、孙敬三等的“禾谷类高效细胞组织培养基”项目获得中国科学院科技进步奖一等奖。1993年，朱至清、王敬驹、孙敬三等的“禾谷类高效细胞组织培养基”项目获得国家发明奖二等奖。

4. 植物生理学

(1) 发现原生质的连续性

1955年，北京农业大学娄成后在《植物学报》（Vol.4，No.3）发表《植物体中原生质的连续性》

（图2.38），根据外加电流在植物组织中的分布，在国际上最先发现和论证了植物细胞间电偶联现象，指出胞间连丝是矿质离子和动作电位传递的有效通道，因此植物原生质是连续的。此项成果是我国对世界植物生理学界的一个重大理论贡献。20世纪80年代以前，美国的《植物生理百科全书》一直刊引此文。1973年，娄成后、邵莉楣、段静霞在《植物学报》（Vol.22，No.15）上发表《高等植物衰老叶片中原生质的撤退现象及原生质运动在有机物运输中可能具有的作用》，发现“大分子物质胞间转移”，衰老叶片细胞内含物的撤退转移是靠局部解体的原生质本身的胞间运动汇集到叶脉维管束，向外转移到生长旺盛的部位。

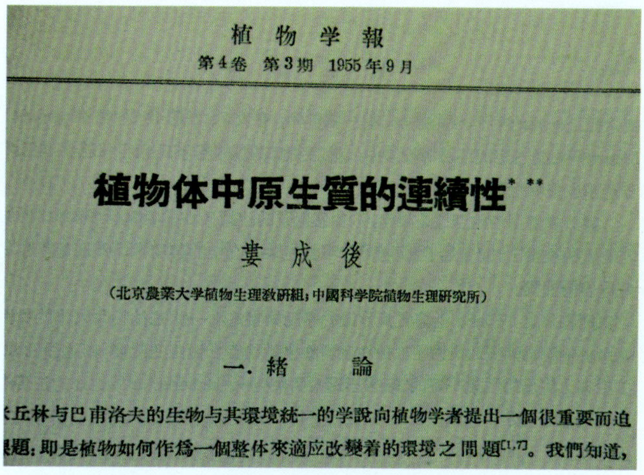
植 物 学 報
第4卷 第3期 1955年9月

植物体中原生質的連續性* **

婁 成 後

（北京農業大學植物生理教研組；中國科學院植物生理研究所）

一. 緒 論

丘林与巴甫洛夫的生物与其環境統一的學說向植物學者提出一個很重要而迫題：即是植物如何作爲一個整体來適应改變着的環境之問題[1,7]。我們知道，

图2.38 植物体内原生质连续性的发现
（冯广平 摄）

（2）发现高等植物的无氧呼吸系统

1956年，中科院植物所汤佩松、戴云玲、李佳格在《植物学报》（Vol.5，No.1）上发表《水稻幼苗的呼吸作用及其生理适应》，在国际上首次发现水稻除了有氧呼吸途径外，还有一个强烈的EMP无氧呼吸酶系统。此项研究成果成为水稻苗期因保证氧气供应而采用半旱育秧方法提供了理论依据，成功地解决了水稻烂秧难题。

（3）提出高等植物呼吸代谢多条路线理论

1957年，汤佩松、北京大学吴相钰在英国的《自然》（Nature，Vol.179）上发表《水稻幼苗中硝酸还原酶的适应形成》（Adaptive Formation of Nitrate Reductase in Rice Seedlings，图2.39），在国际上最早发现了硝酸还原酶在高等植物中的适应性形成。同年，汤佩松、吴相钰在《科学通报》（Chinese Science Bulletin，No.2）上发表《水稻幼苗中硝酸还原酶的适应形成》，明确提出了呼吸代谢存在多条途径的观点。此后，汤佩松主持了植物呼吸及代谢系列研究，证实了高等植物呼吸代谢多条路线的论点。1978年，汤佩松的“高等植物呼吸代谢多途径”论点获得1978年全国科学大会奖。1979年，汤佩松在《植物学报》（Vol.21，No.9）上发表《高等植物呼吸代谢途径的调节控制和代谢与生理功能间的相互制约》，完整提出了“植物呼吸代谢多条路线”理论，又称“植物呼吸代谢的控制与被控制”理论，提出高等植物的呼吸代谢途径是多条的，且是被基因通过酶活动来控制的；反之，功能的改变一定程度上调节着代谢。

（4）首次成功分离收缩蛋白

1963年，北京农业大学阎龙飞、石德权在《生物化学与生物物理学报》（ACTA Biochimica et Biophysica Sinica，No.3）上发表《高等植物中的收缩蛋白》，用从烟草、南瓜叶片剥离出来的维管束以及有原生质环流的黑藻叶片作材料，首次从高等植物分离、提纯得到收缩蛋白。该蛋白具有ATP酶活性，理化性质与肌球蛋白相似，其折叠与伸展可能在有机物沿着高等植物韧皮部运输中起着推动作用。

5. 植物遗传学

（1）开创植物染色体研究

1954年，北京大学李正理在《美国植物学报》（Vol.41）发表《银杏的性染色体》（Sex Chromosomes

in *Ginkgo biloba*），开始了我国的植物染色体研究。

（2）小麦远缘杂交育种

1960年，李振声以中国科学院西北生物土壤研究所远缘杂交小组名义在《遗传学集刊》（No.1）发表《小麦与偃麦草杂交的研究（一）》，开始小麦（*Triticum sestivum*）与偃麦草（*Elytrigia repens*）的远缘杂交研究。1980年，用小麦和长穗偃麦草（*Elytrigia elongata*）杂交育成小偃6号。小偃6号衍生品种50余个，成为我国小麦育种的重要骨干亲本，是我国北方麦区的两个主要优质源之一。1985年，李振声、陈漱阳等的“远缘杂交小麦新品种小偃6号”获得国家发明奖一等奖。1982年，李振声、穆素梅、蒋立训等在《遗传学报》（ACTA Genetica Sinica，Vol.9，No.6）上发表《蓝粒单体小麦研究(一)》，创建了蓝粒单体小麦和染色体工程育种新系统。2006年，李振声等的“小麦远缘杂交育种研究 ”项目获得国家最高科学奖。

（3）培育首例高粱不育系

1962年，中国农科院徐冠仁（1914～2004）、项文美在《中国农业科学》（Scientia Agricultra Sinica，No.2）上发表《利用雄性不育系选育杂种高粱》，利用雄性不育系、保持系和恢复系材料成功培育出我国首例高粱不育系和杂交高粱。

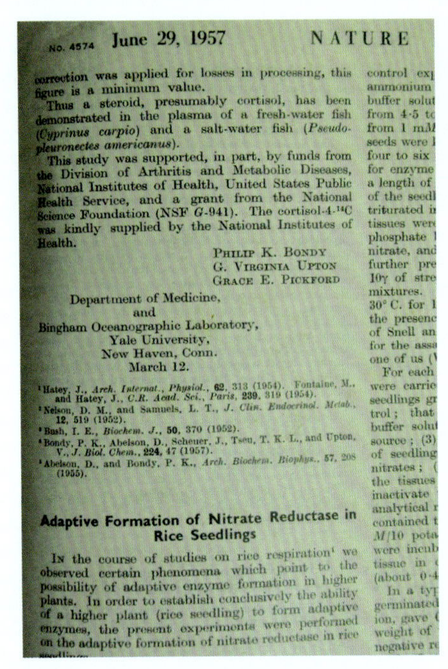
No. 4574 June 29, 1957 NATURE

correction was applied for losses in processing, this figure is a minimum value.

Thus a steroid, presumably cortisol, has been demonstrated in the plasma of a fresh-water fish (*Cyprinus carpio*) and a salt-water fish (*Pseudopleuronectes americanus*).

This study was supported, in part, by funds from the Division of Arthritis and Metabolic Diseases, National Institutes of Health, United States Public Health Service, and a grant from the National Science Foundation (NSF *G*-941). The cortisol-4-^{14}C was kindly supplied by the National Institutes of Health.

PHILIP K. BONDY
G. VIRGINIA UPTON
GRACE E. PICKFORD

Department of Medicine,
and
Bingham Oceanographic Laboratory,
Yale University,
New Haven, Conn.
March 12.

[1] Hatey, J., *Arch. Internat., Physiol.*, **62**, 313 (1954). Fontaine, M., and Hatey, J., *C.R. Acad. Sci., Paris*, **239**, 319 (1954).
[2] Nelson, D. M., and Samuels, L. T., *J. Clin. Endocrinol. Metab.*, **12**, 519 (1952).
[3] Bush, I. E., *Biochem. J.*, **50**, 370 (1952).
[4] Bondy, P. K., Abelson, D., Scheuer, J., Tseu, T. K. L., and Upton, V., *J. Biol. Chem.*, **224**, 47 (1957).
[5] Abelson, D., and Bondy, P. K., *Arch. Biochem. Biophys.*, **57**, 208 (1955).

Adaptive Formation of Nitrate Reductase in Rice Seedlings

IN the course of studies on rice respiration[1] we observed certain phenomena which point to the possibility of adaptive enzyme formation in higher plants. In order to establish conclusively the ability of a higher plant (rice seedling) to form adaptive enzymes, the present experiments were performed on the adaptive formation of nitrate reductase in rice

图2.39 水稻幼苗中硝酸还原酶的适应形成（冯广平 摄）

（4）建立原生质分离及再生技术

1971年，中科院遗传所李向辉建立遗传操作实验室，成为国内第一个生物技术实验室。1974年，李向辉等以“中国科学院遗传研究所502组”名义在《遗传学报》（Vol.4，No.2）发表《酶法游离几种豆科植物原生质体》，在国内最早成功分离豆科植物原生质体。

（5）引领禾谷类原生质体培养

1975年，中科院植物所吴素萱、蔡起贵等以“中国科学院北京植物研究所细胞杂交组”名义在《中国科学》（No.6）上发表《水稻原生质体的分离和培养》，以水稻花药培养起源的未分化愈伤组织作材料，进行原生质体培养，获得细胞壁再生、能分裂到30个细胞的细胞团等结果，成为当时国际上禾谷类作物原生质体再生培养的最好结果。1978年，中科院植物所蔡起贵、钱迎倩等在水稻原生质体再生方面获得大量再生愈伤组织，依然是国际领先。1986年，中科院遗传所雷鸣、李向辉等在《科学通报》（Chinese Science Bulletin，No.22）上发表《水稻原生质体的植株再生》，成功从水稻原生质体诱导出再生植株，使我国成为继日本、法国之后，第三个掌握此项技术的国家。

（6）培育世界首例小麦花粉植株

1971年，中科院遗传研究所欧阳俊闻、李良材等人成功培育出世界上首例小麦花粉植株，并在水稻的花粉培育方面也取得成功。1973年，欧阳俊闻、胡含、庄家骏、曾君祉在《中国科学》（Vo1.16，No.1）上发表《小麦花粉植株的诱导及其后代的观察》，正式报导了世界上首例小麦花粉植株。1972年，中科院植物所王敬驹、朱至清等人也通过花药培养成功获得小麦花粉植株。1973年，中科院植物所王敬驹、朱至清、孙敬三、吴素萱等在《中国科学》（Vo1.16，No.2）上发表《小麦离体花药中的雄核发育》。1978年，中科院遗传所的“稻麦花粉单倍体育种”项目获国家重大科技成果奖；中科院植物所形态细胞室的“花粉单倍体育种”项目获得全国科学大会奖。

6. 植物生态学

（1）发现土壤指示植物

1942年，侯学煜（Hou Hsioh-Yu，1912～1991）就提出土壤指示植物的概念。1944年，在《中国地质调查》（土壤专版）[The Geological Survey of China (Special Soil Publication)，No.5]上发表《贵州南部酸性土和钙质土的植物群落》（The Plant Communities of Acid and Calcium Soils in Southern Kweichow），进一步说明植物群落的形成不是单纯取决于气候，而土壤因素有同样重要性。1954年，侯学煜出版《中国境内酸性土钙质土和盐碱土的指示植物》（图2.40），列举了我国境内68种酸性土指示植物、38种钙质土指示植物、51种盐碱土指示植物。1978年，此项成果获得1978年全国科学大会奖。1951年，美国人怀梯克（R.H. Whittaker）在美国《生态学专报》（Ecological Monography）上发表的《论植物群丛和顶极群落概念》（A Criticism of Plant Association and Climax Concepts）一文将侯学煜的观点归为“土壤顶极学派”。

（2）完成中国植被调查

1956年，中科院植物所钱崇澍、吴征镒与北京大学陈昌笃在《地理学报》（ACTA Geographica Sinica，No.22）上联合发表《中国植被的类型》，最早全面揭示中国植被的类型和特征。1956年，钱崇澍、吴征镒、陈昌笃完成《中国植被区划草案》；1960年，以“中国科学院自然区划工作委员会”名义出版《中国植被区划》（初稿）。1960年，侯学煜出版《中国的植被》（Chinese Vegetation），介绍全国植被及其区划。1980年，《中国植被》编辑委员会出版《中国植被》（图2.41），此项工作系中科院植物所组织全国53家研究机构、高等院校和相关部门，以及250多位研究人员，在对全国植被分布状况进行“家底”清查的基础上完成的，共论述了我国561个自然植被群系，将全国植被划分为8个植被区域和85个植被区，系统完整地总结了1949年以来的植物生态学方面研究成就，在国内外影响很大。1988年，吴征镒、侯学煜、朱彦丞等的“中国植被”项目获得国家自然科学奖二等奖。

（3）开展北京地区植被调查

1959年，北京师范大学生物系调查队在《北京师范大学学报》（自然科学版，No.1）上发表《上方山植被调查及其利用》，最早开始北京地区植被本底调查。1959～1989年，通过对北京地区的实地考察，北京大学完成了

图2.40 《中国酸性土钙质土和盐碱土的指示植物》（田自强 摄）

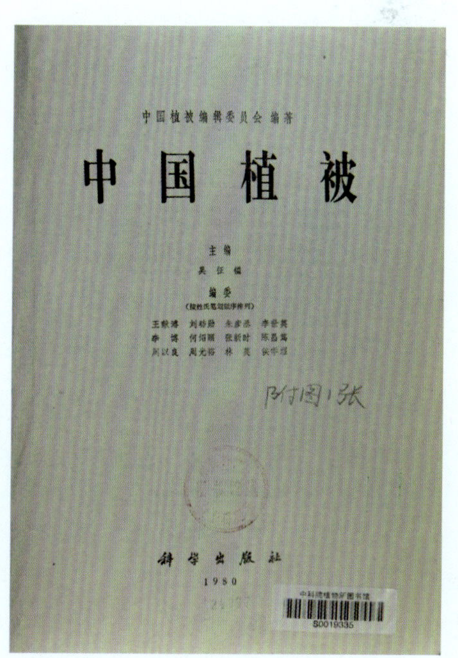

图2.41 《中国植被》（田自强 摄）

北京市的植被课题，北京师范大学完成了“上方山植被调查及其利用”课题，中科院植物所完成了“怀柔县山区植被基本特点及其有关林副业发展问题”课题，北京师范学院完成了“北京西山植被组成及其群落演替”课题，中国林科院完成了“北京九龙山区植被及其对生态环境”的指示意义课题等。这些研究工作探讨了北京原始植被类型与演替过程，各种群落类型与生态环境条件的关系，以及植被改造利用途径。

（4）研究中国特殊植被类型

1963年，中科院植物所胡式之（1930～1985）在《植物生态学与地植物学丛刊》（No.1-2）上发表《中国西北地区的梭梭荒漠》，最早开始荒漠植被研究。1965年，中科院植物所姜恕、王金亭在《植物生态学与地植学丛刊》（No.2）上发表《青海草场植被调查通讯》，最早开始高寒植被研究。

（5）开始生态系统定点观察

1979年，中科院在内蒙古锡林郭勒盟和北京门头沟区分别建立了生态系统定位站，成为中国对生态系统结构、功能与提高生产力途径，进行多学科长期综合定位研究的基地。1984年，中科院植物所陈灵芝等人对北京地区人工油松、栓皮栎林、刺槐林、侧柏林的生物量和化学元素含量进行研究，揭示了各植物群落的发育状况及利用价值。

7. 植物化学和资源学

（1）研制国产降压灵

1957年，中国医学科学院药物研究所傅丰永（1914～1979）、姜达衢（1905～1987）、黄量等人从中国萝芙木（*Rauwolfia verticillata*）、海南萝芙木（*R. verticillata* var. *hainanensis*）和云南萝芙木（*R. yunnanensis*）总碱中分离出利血平（Reserpine）。1958年，卫生部正式批准萝芙木总碱药物生产，并命名其为“降压灵”，成为我国自主研发和生产的首例降压药，从而打破国际对利血平的垄断。此项成果是医学科学院药物研究所向新中国成立十周年献礼的项目之一，获得了1978年全国科技大会奖。1963年，姜达衢、黄量、陈淑凤等在《药学学报》（ACTA Pharmaceutica Sinica，Vol.10，No.10）上发表《国产萝芙木成分的研究 I》，公布了国产萝芙木的有效成分。

（2）完成《中国经济植物志》

1961年，中华人民共和国商业部土产废品局、中国科学院植物研究所出版《中国经济植物志》（上下册），收录原料植物2411种，其中纤维类468种、淀粉类及糖类278种、油脂类430种、鞣料类301种、芳香油类320种、树脂及树胶类25种、药用类466种、土农药类50种、其他类43种。此书系我国第一部经济植物志，是依据国务院1958年发布的《关于利用和收集我国野生植物原料的指示》，组织全国52家单位、3万余人，对全国野生植物资源的本底性调查成果。

（3）首次发现青蒿素

1971年，中医药研究院中药研究所屠呦呦课题组通过在大量临床证明黄花蒿(*Artemisia annua*）粗提取物抗疟有效，并进一步分离提纯出有效单体——“青蒿素”（Artemisinin）。1977年3月，以“青蒿素结构研究协作组”名义在《科学通报》（No.4）上发表《一种新型的倍半萜内酯——青蒿素》（图2.42），首先发现青蒿素这一速效、低毒的抗疟药物。青蒿素的发现和研制，是人类防治疟疾史上的一件大事，也是继喹啉类抗疟药后的一次重大突破。2004年12月21日，世界卫生组织（WHO）驻中国代表处代表贝汉卫（Henk Bekedam）博士在北京祝贺复方蒿甲醚片（Coartem）研发成功10周年，感谢中国对世界疟疾治疗的重大贡献。蒿甲醚（Artemether）为青蒿素衍生物，复方蒿甲醚片是蒿甲醚与本芴醇的复方制剂。

（4）发现三尖杉属植物的抗肿瘤成分

1972年，中科院植物所马忠武、朱太平等从粗榧（*Cephalotaxus sinensis*）总生物碱中分离出三尖杉酯碱和高三尖杉酯碱混合物。马广恩等从三尖杉（*Cephalotaxus fortunci*）枝叶中分离出三尖杉酯碱（*harringtonine*）和高三尖杉酯碱（*homoharringtonine*），经临床试用对急性非淋巴型白血病有较好疗效。1977年，朱太平、马忠武等从三尖杉属的三尖杉、蓖齿三尖杉（*Cephalotaxus oliveri*）、粗榧、海南粗榧等植物中分离出具有抗肿瘤活性的三尖杉酯碱、高三尖杉酯碱。经成果鉴定，确认三尖杉酯碱和高三尖杉酯碱是一类新型抗白血病（血癌）的有效药物。1978年，正式应用于临床，发现其对急性粒细胞白血病和急性单核型细胞白血病有满意的治疗效果。1978年，“三尖杉属植物中抗癌有效成分的药理、药化和临床研究”项目获得全国科学大会奖。目前，三尖杉酯碱和高三尖杉酯碱已经被美国癌症研究中心（NCI）确认为我国首创的新型抗癌药物。

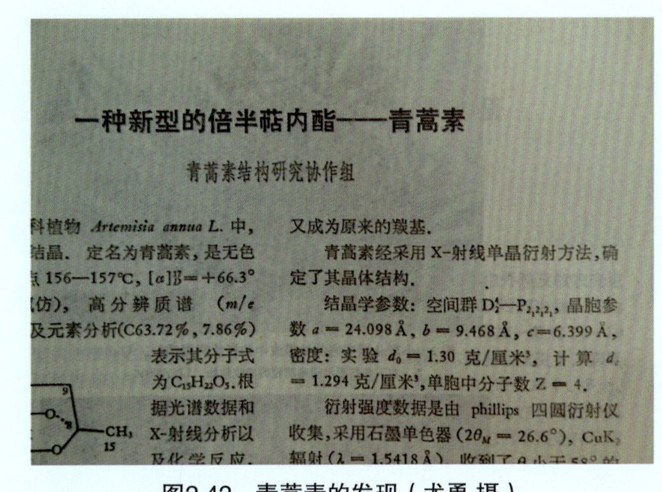

一种新型的倍半萜内酯——青蒿素

青蒿素结构研究协作组

科植物 *Artemisia annua L.* 中，结晶．定名为青蒿素，是无色点 156—157℃，$[\alpha]_D^{17}=+66.3°$ 仿），高分辨质谱 (*m/e* 及元素分析(C63.72%，7.86%) 表示其分子式为 $C_{15}H_{22}O_5$．根据光谱数据和 X-射线分析以及化学反应．

又成为原来的羰基．

青蒿素经采用 X-射线单晶衍射方法，确定了其晶体结构．

结晶学参数：空间群 $D_2^4—P_{2_12_12_1}$，晶胞参数 $a=24.098$ Å，$b=9.468$ Å，$c=6.399$ Å，密度：实验 $d_0=1.30$ 克/厘米³，计算 $d_c=1.294$ 克/厘米³，单胞中分子数 Z = 4．

衍射强度数据是由 phillips 四圆衍射仪收集，采用石墨单色器 ($2\theta_M=26.6°$)，CuK 辐射 ($\lambda=1.5418$ Å)

图2.42 青蒿素的发现（尤勇 摄）

1973年，中国医学科学院药物研究所与解放军第187医院合作，开始研究海南粗榧（*Cephalotaxus hainanensis*）中有效成分的抗肿瘤作用。1976年，中国医学科学院药物研究所等在《化学学报》（No.34）上发表《海南粗榧中抗肿瘤有效成分的研究》，从海南粗榧树皮中分离出11种生物碱。药理试验证明4种结构的酯碱均有明显的抗肿瘤活性，其中以三尖杉酯碱和高三尖杉酯碱的作用最强。临床研究表明，三尖杉酯碱和高三尖杉酯碱对急性粒细胞白血病病人有明显疗效，完全缓解率达27%。在国际上首先完成了有效酯碱的半合成及药理研究，建立了海南粗榧生物碱及三尖杉酯碱的薄层及高效液相色谱分析方法。1978年，中国医学科学院药物研究所的“海南粗榧抗癌有效成分的研究”项目获得全国科学大会奖。1985年，薛智、黄量、韩锐、王慕邹等的“海南粗榧抗癌有效成分的研究”获得国家科学技术进步奖一等奖。

（5）发明田菁胶

1973年，中科院植物所化学研究室承担石油部“寻找瓜尔胶（guargum）代用品”项目，从田菁（*Sesbania cannabina*）中分离出田菁胶（Sesbania Gum），并发现田菁胶与瓜尔胶化学结构相同（研究结果发表于1978年的《植物学报》20卷4期上）。1974年，经过材料改性的羧甲基田菁胶在大庆油田用作石油井水基压裂液获得成功，从而开始替代进口瓜尔胶。1978年，植物化学室胶组的“田菁胶水基压裂液”获得全国科学大会奖。1980年，李欣、黄启华、王宗训等的“半乳甘露聚糖胶新材料——田菁胶及其应用”项目获国家发明奖三等奖。1982～1990年，通过“六五”攻关项目“优良胶用田菁品种的研究和应用”和“七五”攻关项目“田菁胶改性与产品系列化研究及应用”，田菁胶完全替代瓜尔胶，广泛应用于石油井压裂液、矿山水炸药、选矿、造纸、陶瓷、电池板纸、纺织、印染、食品、渔用黏合剂等工业。1989年，黄启华、陆炳章、高文淑等的“优良胶用田菁品种和田菁胶的研究及应用”项目获得国家科技进步奖三等奖。

（6）完成《全国中草药汇编》

1973年，中医研究院中药研究所、中国医学科学院药物研究所、北京药品生物制品检验所等单位以

“《全国中草药汇编》编写组”名义出版《全国中草药汇编》（上册）；1975年出版《全国中草药汇编》（下册）。此项成果是在卫生部领导下，由中医研究院中药研究所、中国医学科学院药物研究所、北京药品生物制品检定所同全国九省、二市有关单位共同编写完成的，正文收载中草药2 202种，附录收载1 723种，连同附注中记载的中草药，总收载数在4 000种以上，并附墨线图近3 000幅，既继承了古典本草学的精髓，又融入了现代植物科学知识，是重要的新本草专著。1978年，此项成果获得全国科学大会奖。

8. 古植物学

（1）开创孢粉学研究

1954年，地质部地矿司的徐仁（字本仁，1910～1992）开办“煤岩培训班”，首开北京地区的孢粉学（palynology）研究，同时也是全国首个孢粉学讲习班。同年，中国科学院南京地质古生物研究所（简称“南古所”）孢子花粉实验室由南京迁到北京中国地质科学院，成为北京地区最早的孢粉实验室。1955年，徐仁在《中国古生物学会会讯》（No.8）上发表《植物碎片和孢子花粉的研究及其在地质学上之意义》，正式开启我国孢粉学研究和应用。

（2）提出南方含煤地层新观点

1962年，中科院植物所朱为庆、朱家柟、陈晔等系统采集云南省永仁县宝鼎地区（今四川省渡口市宝鼎区）的植物化石标本，并开始系统研究晚三叠世的植物类型。1979年，徐仁、朱家柟、陈晔等出版《中国晚三叠世宝鼎植物群》，提出中生代含煤地层主要是晚三叠世沉积，随着气候带转移和地质时代的推移，含煤地层从中国西南西部向东向北，由晚三叠世逐步过渡到早侏罗世，从而纠正了此前盛行的南方中生代含煤地层主要是早侏罗世沉积的观点，为南方煤的发现指明了方向。1985年，徐仁、朱家柟、陈晔等的“中国晚三叠世宝鼎植物群”项目获得中国科学院重大科技成果奖二等奖。

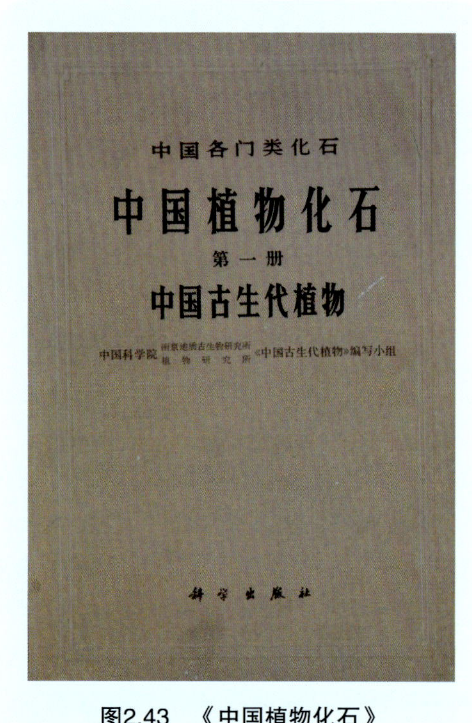

图2.43 《中国植物化石》（冯广平 摄）

（3）完成《中国植物化石》

1974年，中科院南古所、植物所合作编写《中国植物化石 第一册 中国古生代植物》（图2.43），收录了1966年以前发表的古生代植物化石121属362种。1978年，中科院南古所、植物所合作编写《中国植物化石 第三册 中国新生代植物》，收录了1974年以前发表的新生代植物149属301种。以上两部著作，与南京地质古生物研究所斯行健、李星学等编著的《中国植物化石 第二册 中国中生代植物》（1963年）成为1978年以前，我国化石植物的集成性志书。1982年，徐仁（排名第四）的“中国古生代植物”项目获得中国科学院自然科学奖二等奖。

9. 保护植物学

1956年，华南植物所陈焕镛、中科院植物所钱崇澍、秦仁昌、中科院动物所秉志、杨维义联合提出第一届全国人民代表大会92号提案，要求在全国各省区划定天然森林禁伐区，保护自然植被。同年9月，92号提案在第一届全国人民代表大会第三次会议上获得通过，在广东省肇庆市建立了我国第一个自然保护区——鼎湖山自然保护区。鼎湖山自然保护区位于北纬23°10′，东经112°31′，占地面积1 133公顷，最低海拔高度14.1米，最高海拔高度1 000.3米；有高等植物267科877属1 863种，16个自然植被类型，兽类38种，爬行类20种，鸟类178种，蝶类85种，昆虫681种。1979年，鼎湖山自然保护区成为我国第一批加入联合国科教文组织“人与生物圈”计划的保护区，被中外学者誉为“北回归线上的绿宝石”。

2.4.2 国际接轨期

1978年，中国植物学会开始恢复活动，学科发展的主要方向仍然继承了此前的主要领域，包括植物分类学、植物生态学、植物形态学、植物细胞学、植物化学、古植物学等。1980年，中国科学院新建了发育生物学研究所，标志着我国植物学科研究开始与世界接轨。此后，植物生殖、发育、细胞、分子、基因组和保护等分支学科相继兴起，并形成快速发展态势。1983年，中国植物学会增设了植物生殖生物学专业委员会（表2.3），标志着植物科学研究已经完全突破传统领域，开始进入以分子生物学和基因组学为代表的现代生命科学阶段。1984年，北京农业大学组建生物技术学院，成为国内最早的生物技术学院。1993年，北京大学组建生命科学学院，成为国内最早的生命科学学院之一。北京地区的研究机构和高等院校相继建立了生物技术、生命科学领域的研究和教学机构，至2003年，中国科学院组建北京基因组研究所，标志着我国和北京地区的现代生命科学体系已经完全形成。作为生命科学的重要组分，植物科学借鉴了相关学科的理论和技术，研究纵深不断加大，研究手段不断提升，研究队伍不断扩大，成果水平和国际影响力不断提高，逐渐成为国际植物学界的重要力量。2008年，中国植物学会会员总数突破万人，达到14 138名，除台湾省、香港和澳门特别行政区外，全国31个省、市、自治区均成立了地方的植物学会；中国植物学会目前设有植物分类与系统进化、苔藓、植物生态学、植物生理及分子生物学、植物细胞生物学、植物结构与生殖生物学、植物化学及资源学、药用植物及植物药等8个专业委员会和古植物、植物园、兰花、苏铁等4个二级学会（表2.3）。

表2.3 1978年以来中国植物学会理事会专业委员会及分会构成

<table>
<tr><th>第八届</th><th>第九届</th><th>第十届</th><th>第十一届</th><th>第十二届</th><th>第十三届</th><th>第十四届</th></tr>
<tr><td colspan="7">专业委员会</td></tr>
<tr><td colspan="2">种子植物分类学</td><td colspan="2">植物分类学（1988）</td><td colspan="3">植物分类与系统（1999），2008年改为植物分类与系统进化</td></tr>
<tr><td colspan="2">孢子植物分类学</td><td colspan="5">——</td></tr>
<tr><td colspan="3">——</td><td>苔藓植物学（1990）</td><td colspan="3">苔 藓（1999）</td></tr>
<tr><td colspan="4">植物生态学与地植物学</td><td colspan="3">植物生态学（1999）</td></tr>
<tr><td colspan="2">——</td><td colspan="2">植物生理（1988）</td><td colspan="3">植物生理及分子生物学（1999）</td></tr>
<tr><td colspan="2">——</td><td colspan="2">植物分子生物学（1989）</td><td colspan="3"></td></tr>
<tr><td colspan="4">植物形态学</td><td colspan="3">——</td></tr>
<tr><td colspan="2">植物细胞学</td><td colspan="2">植物组织及细胞培养（1988）</td><td colspan="3">植物细胞生物学（1999）</td></tr>
<tr><td>——</td><td colspan="3">植物生殖生物学（1983）</td><td colspan="3">植物结构与生殖生物学（1999）</td></tr>
<tr><td colspan="4">植物化学</td><td colspan="3">植物化学及资源学（1999）</td></tr>
<tr><td colspan="3">——</td><td>植物资源学（1992）</td><td colspan="3">——</td></tr>
<tr><td colspan="4">古植物学</td><td colspan="3">——</td></tr>
<tr><td>植物引种驯化</td><td colspan="6">——</td></tr>
<tr><td colspan="2">——</td><td colspan="2">植物画（1988）</td><td colspan="3">——</td></tr>
<tr><td colspan="4">——</td><td colspan="3">药用植物及中药（1999），2008年改为药用植物及植物药</td></tr>
<tr><td colspan="7">二级学会</td></tr>
<tr><td>——</td><td>植物引种驯化协会</td><td colspan="2">植物园协会（1988）</td><td colspan="3">植物园分会（1999）</td></tr>
<tr><td colspan="2">——</td><td colspan="2">真菌学会（1988）</td><td colspan="3">——</td></tr>
<tr><td colspan="4">——</td><td colspan="3">古植物分会（1999）</td></tr>
<tr><td colspan="3">——</td><td>兰花学会（1990）</td><td colspan="3">兰花分会（1999）</td></tr>
<tr><td colspan="4">——</td><td colspan="3">苏铁分会（1999）</td></tr>
<tr><td colspan="3">——</td><td>人参协会（1989）</td><td colspan="3">——</td></tr>
</table>

2.4.2.1 研究机构的新建和重组

进入20世纪80年代，生物技术、分子生物学、保护生物学等相关领域的快速发展，带动了植物科学的发展，中央和地方科研机构相继组建了以现代生命科学技术为主要研究内容的机构。至2009年，北京地区共有22家研究所（博物馆、植物园），研究方向涉及植物学、药用植物、遗传发育、基因组、蔬菜花卉、园林植物等领域（表2.4）。

表2.4 2009年植物科学相关领域研究机构

上级部门	研究机构	成立时间	合并机构	相关研究方向
中国科学院	植物研究所	1950		植物分类、植物区系、植物化学、植物生态、植物细胞、植物生理、植物引种驯化
	生物物理研究所	1956		分子生物学、生物物理
	微生物研究所	1958		真菌分类、生态、生化等
	遗传与发育生物学研究所	2003	遗传研究所	植物遗传工程、分子遗传、细胞遗传、群体及进化遗传
			发育生物学研究所	
			石家庄农业现代化研究所	
	北京植物园	1956		植物引种、迁地保护、科普
	北京基因组研究所	2003		植物基因组
卫生部				
中国医学科学院	药物研究所	1958	–	药用植物、天然产物
	药用植物研究所	1983		药用植物保护、研究、开发利用
中医研究院	中药研究所	1955	–	药用植物
农业部				
中国农业科学院	植物保护研究所	1957		植物病害、真菌
	生物技术研究所	1986		植物基因工程、植物抗逆分子生物学、植物营养代谢和代谢工程、植物功能基因组学
	蔬菜花卉研究所	1987		生物技术、种质资源、植物保护室、花卉
	作物科学研究所	2003	作物育种栽培研究所	作物种质资源、作物遗传育种、作物分子生物学、作物栽培生理
			作物品种资源研究所	
			原子能利用研究所	
	农业资源与农业区划研究所	2003	土壤肥料研究所	植物营养学、草地资源利用、农业生态学
			农业自然资源和农业区划研究所	
林业局				
中国林业科学研究院	林业研究所	1953		林业生产
	森林生态环境与保护研究所	1998	森林生态环境研究所	森林生态、植物生殖生物学、野生动植物保护和持续利用
			森林保护研究所	
国土资源部	地质研究所	1956		标准化石（植物）、孢粉研究
中国地质科学院	中国地质博物馆	1958		植物化石的收藏、研究、科普
北京市	北京市农林科学院	1958		粮、果、菜新品种选育
	北京教学植物园	1957		植物引种
	北京市园林科学研究所	1979		园林植物
北京市科学技术研究院	北京自然博物馆	1962		古植物化石和现代植物标本的收藏、研究、科普

中国科学院：1980年3月，中科院成立中国科学院发育生物学研究所，庄孝僡任所长。2003年，中国科学院将遗传研究所、发育生物学研究所及石家庄农业现代化研究所整合组成中国科学院遗传与发育生

物学研究所，薛勇彪任所长。2003年11月28日，北京基因组研究所成立，杨焕明任所长。

中国农业科学院：1986年，中国农业科学院创建生物技术研究中心，范云六为主任；1999年更名为生物技术研究所。1987年，蔬菜所更名为蔬菜花卉研究所。2003年，将土壤肥料研究所、农业自然资源和农业区划研究所整合组建农业资源与农业区划研究所，王道龙任所长。2003年，将植物育种栽培研究所、作物品种资源研究所和原子能利用研究所整合组建作物科学研究所，万建民任所长。

中国林业科学研究院：1993年，中国林业科学研究院成立森林保护研究所。翌年，在原中国林科院分析中心基础上成立森林生态环境研究所。1998年5月4日，森林生态环境研究所和森林保护研究所合并成立森林生态环境与保护研究所，陈昌洁任所长。

中国医学科学院：1983年，中国医学科学院创建药用植物研究所，肖培根任所长。

北京市：1984年10月15日，北京市科学技术研究院（Beijing Academy of Science and Technology）成立，季延寿任院长；北京自然博物馆改隶北京市科学技术研究院。1983年5月16日，北京市农业科学院改名北京农林科学院（Beijing Academy of Agriculture and Forestry Sciences）。1979年，北京市园林局创建北京市园林科学研究所。

2.4.2.2　高等院校的院系升级与新建

20世纪80年代以后，北京地区的高等院校的在生命科学相关领域呈现快速发展的态势，依托原有的生物系组建或新建了生物学院、生命科学学院、生物技术学院等学院级研究和教学机构建置，依托原有的各个专业组建了相应的院属的系（所）级机构。1984年，北京农业大学依托原有的农学、兽医、植保、气象、畜牧等5个系的生物学相关教研组和专业组建生物学院，设立了植物科学、动物学与动物生理学、微生物学与免疫学、生物化学与分子生物学4个系和1个生命科学实验教学中心，成为国内最早设立的生物学院（图2.44）。1993年，北京大学生物系依托原有的植物生理学、动物生理学、动物遗传学、生物化学和生物物理学、细胞生物学、微生物学、环境生物学、生态学、生物技术等专业，组建了生物化学及分子生物学系、细胞生物学及遗传学系、生理学及生物物理学系、植物分子及发育生物学系、环境生物学及生态学系、生物技术系等6个系，在此基础上建立了生命科学学院，成为国内高等院校最早的生命科学

图2.44　中国农业大学生物学院（冯广平 摄）

学院之一（图2.45）。此后，北京地区的高等院校相继建立了生命科学学院、生物技术学院等教学和研究机构。至2009年，北京地区共有10所高等院校、17个院（系）从事植物学、植物生物技术、园林植物、自然保护、古植物、药用植物等领域的研究和教学工作（表2.5）。

表2.5　2009年高等院校植物科学相关领域

大学	院系	成立时间	相关学系、专业、研究所
教育部			
北京师范大学	生命科学学院	1998	细胞生物学系、生态科学系、生物化学与生物技术系、遗传与发育生物学系、细胞生物学研究所、生态学研究所
北京大学	生命科学学院	1993	生物化学及分子生物学系、细胞生物学及遗传学系、生理学及生物物理学系、植物分子及发育生物学系、环境生物学及生态学系、生物技术系
	地球与空间科学学院	2001	地质学系、史前生命与环境科学研究所
清华大学	生物科学与技术系	1984	生物物理与结构生物学研究所、生物化学与分子生物学研究所、细胞与发育生物学研究所、生物技术研究所、海洋生物技术研究
中国农业大学	生物学院	1984	植物科学系、生物化学与分子生物学系
	农学与生物技术学院	2002	农学系、植物遗传育种学系、植物病理学系、植物保护与植物检疫系、果树学系、蔬菜学系、种子科学系、观赏园艺与园林系
北京林业大学	林学院	1985	林学、森林资源保护与游憩、草业科学专业
	园林学院	1992	园林、观赏园艺专业
	生物科学与技术学院	1997	植物科学系、生物化学与分子生物学系
	自然保护区学院	2004	野生动物与自然保护区管理专业
中国地质大学（北京）	地球科学与资源学院	1999	地质学专业（古生物及地层学学科）
中央民族大学	生命与环境学学院	2002	生物化学系
北京中医药大学	中药学院	1985	中药生药系、中药资源系、中药研究所
北京市			
首都师范大学	生命科学学院	2004	植物学系、细胞生物学与遗传学系、生理生化与分子生物学系、宏观生物学系、微生物学系
北京农学院	植物科学技术学院	2002	农学系、园艺系
	生物技术系	2002	生物技术
	园林系	1983	园林植物

图2.45　北京大学生命科学学院（冯广平 摄）

2.4.2.3 植物科学研究追踪国际前沿

1. 植物分类与系统进化

（1）完成《西藏植物志》

1983年，中科院植物研究所、昆明植物研究所、西北高原生物研究所合作，吴征镒主编的《西藏植物志》第一卷正式出版。1986年，《西藏植物志》5卷全部出版完毕。该书共收录5700多种维管束植物，成为首部完整系统记载世界第三极高寒植物的大型志书。此书属于《青藏高原科学考察丛书》的一部分，是中科院青藏高原综合科学考察队于1973～1980年间对高原主体的西藏自治区进行了全面、系统的科学考察基础上，形成的系列成果之一。

（2）提出被子植物八纲分类系统

1998年，中科院昆明所吴征镒与植物所汤彦承、路安民、陈之端在《植物分类学报》（Vol.36，No.5）发表《试论木兰植物门的一级分类系统——一个被子植物八纲分类系统的新方案》（图2.46），提出了一个全新的被子植物分类系统，将木兰植物门（被子植物）分为木兰纲（Magnoliopsida）、樟纲（Lauropsida）、胡椒纲（Piperropsida）、石竹纲（Caryophyllopsida）、百合纲（Liliopsida）、毛茛纲（Ranunculopsida）、金缕梅纲（Hamamelidopsida）、蔷薇纲（Rosopsida）等8纲。2002年，吴征镒等在《植物分类学报》（Vol.40，No.4）发表《被子植物的一个“多系-多期-多域”新分类系统总览》（Synopsis of a New “polyphyletic-polychronic-polytopic” System of the Angiosperm），将被子植物分为8纲、40亚纲、202目、572科。

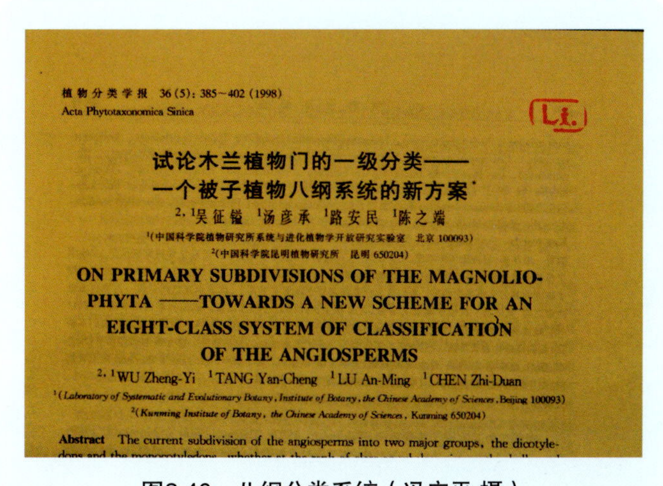
植物分类学报 36(5): 385~402 (1998)
Acta Phytotaxonomica Sinica

试论木兰植物门的一级分类——
一个被子植物八纲系统的新方案*

[2,1]吴征镒 [1]汤彦承 [1]路安民 [1]陈之端

[1]（中国科学院植物研究所系统与进化植物学开放研究实验室 北京 100093）
[2]（中国科学院昆明植物研究所 昆明 650204）

ON PRIMARY SUBDIVISIONS OF THE MAGNOLIOPHYTA ——TOWARDS A NEW SCHEME FOR AN EIGHT-CLASS SYSTEM OF CLASSIFICATION OF THE ANGIOSPERMS

[2,1]WU Zheng-Yi [1]TANG Yan-Cheng [1]LU An-Ming [1]CHEN Zhi-Duan

[1](Laboratory of Systematic and Evolutionary Botany, Institute of Botany, the Chinese Academy of Sciences, Beijing 100093)
[2](Kunming Institute of Botany, the Chinese Academy of Sciences, Kunming 650204)

Abstract The current subdivision of the angiosperms into two major groups, the dicotyle-

图2.46 八纲分类系统（冯广平 摄）

（3）完成《中国植物志》

2005年，《中国植物志》最后一卷完成出版。至此，集聚了全国80余家科研教学单位的312位科研人员和164位绘图人员的智慧，历时45年的《中国植物志》最终完成。全书80卷、126册、5 000多万字，记载了我国301科3 408属31 142种植物的科学名称、形态特征、生态环境、地理分布、经济用途和物候期等，是目前世界上最大型、种类最丰富的一部植物学巨著。2009年1月11日，中国科学院植物研究所、华南植物园、昆明植物研究所联合申报“《中国植物志》的编研”项目，获得2009年度国家自然科学奖一等奖，10位获奖人分别为中科院植物研究所钱崇澍、王文采、陈艺林、陈心启和崔鸿宾；中科院华南植物园陈焕镛和胡启明；中科院昆明植物所吴征镒和李锡文；中山大学张宏达。

2. 植物细胞生物学

（1）获得首例玉米原生质体再生植株

1986年，中科院植物所蔡起贵、郭仲琛等在《植物学报》（Vol.29，No.5）上发表《玉米原生质体的植株再生》，以玉米花粉诱导产生的胚性愈伤组织作材料，最早在国际上获得玉米的原生质体再生植株（图2.47）。1989年，蔡起贵、郭仲琛、钱迎倩等的“玉米原生质体再生植株”项目获得中国科学院自然

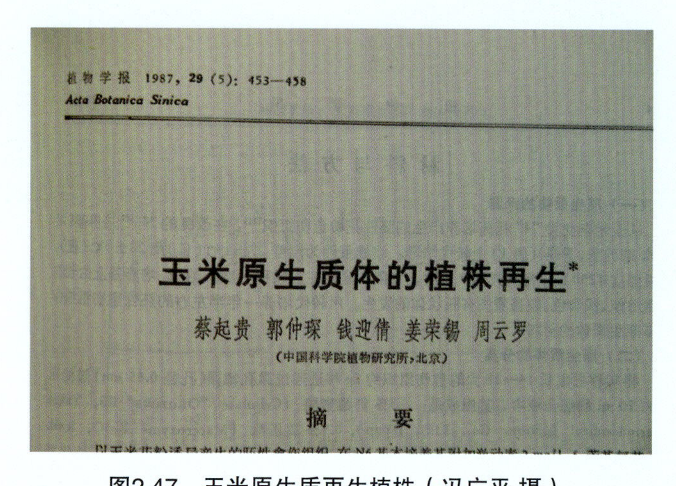
植物学报 1987，29（5）：453—458
Acta Botanica Sinica

玉米原生质体的植株再生*

蔡起贵 郭仲琛 钱迎倩 姜荣锡 周云罗

（中国科学院植物研究所，北京）

摘 要

图2.47 玉米原生质再生植株（冯广平 摄）

科学奖二等奖。1991年，中科院遗传所李向辉、夏镇澳和中科院植物所蔡起贵等的“主要农作物原生质体再生植株”项目获得国家自然科学奖三等奖。

（2）甘蔗细胞系的超低温保存

1987年，中科院植物所简令成、孙德兰等在《植物学报》（Vol.30，No.2）上发表《甘蔗愈伤组织超低温保存中一些因素的研究》，以甘蔗愈伤组织为材料，进行了慢速降温至−40℃时停留2～3小时再投入液氮（−196℃）、存储后再培养时进行暗培养的探索，获得了理想的超低温保存结果。存储3年以上的样品仍保持85%以上的存活率，并保持与存储前一样的高度分化能力。此项研究被征集到《农业和林业生物技术》（Biotechnology in Agriculture and Forestry）32卷中。在甘蔗最大生产国古巴，此项研究引起了科学家的高度重视。

（3）首次证实植物细胞中间纤维

1988年，北京大学苏菲、顾伟、翟中和在《电子显微学报》（Journal of Chinese Electronic Microscope Society，No.7）上发表《植物类角蛋白中间纤维》，在国际上首次在植物细胞内发现10nm直径的中间纤维构成精细的网络体系，证实中间纤维的主要成分是角蛋白，与动物细胞角蛋白抗体有明显交互免疫反应。1992年，杨澄、邢力、翟中和证实每种植物的中间纤维至少含有4种分子量的角蛋白，分为酸性角蛋白（52、58、64 kD）和碱性角蛋白（50 kD）两类，没有明显的种和组织特异性。高等植物中间纤维的发现是植物细胞骨架（cell skeleton）研究的重要突破之一。

（4）完成首部植物基因组染色体图谱

1994年，南开大学陈瑞阳、宋文芹、李秀兰，与北京大学李懋学等出版《中国主要经济作物染色体图谱 第一册 中国果树及其野生近缘植物染色体图谱》（Chromosome Atlas of Major Economic Plants Genome in China），开始系统整理、收集我国主要经济植物的染色体图像；至2008年出版《中国主要经济植物基因组染色体图谱 第五册 中国药用植物染色体图谱》，完成全部集录工作。《中国主要经济植物基因组染色体图谱》全套书收录了1978～2008年我国1 045种植物的核型分析资料和1 389幅染色体图像，成为世界首部植物染色体图谱。2001年，陈瑞阳、宋文芹、李秀兰、李懋学等的“中国主要植物染色体研究”项目获得国家自然科学奖二等奖。

3．植物结构与生殖生物学

（1）发现小麦精子活动机理

1979年，北京大学胡适宜、朱澂在《植物学报》（Vol.21，No.1）上发表《高等植物受精作用中雄性核和雌性核的融合》，研究小麦花粉和雄配子的超微结构，首先提出小麦精子活动的可能机制，在国际上获得很高评价。

（2）建立世界最大的根瘤菌菌库

从20世纪70年代开始，中国农业大学陈文新等人系统调查我国豆科植物结瘤情况，先后从100多属、600多种豆科植物上采集根瘤标本7 000多份，从中分离保藏根瘤菌5 000多株，菌株数量及宿主种类居国际首位，超过美国USDA 菌库保存4 016根瘤菌菌株的纪录。1988年，陈文新等在《国际细菌系统学学报》（Intentional Journal of Systematic Bacteriology，Vol.38，No.4）上发表《速生大豆根瘤菌数量分类研究及将费氏中华根瘤菌归入中华根瘤菌新属的建议》（Numerical Taxonomic Study of Fast-growing Soybean Rhizobia and a Proposal that *Rhizobium fredii* be Assigned to *Sinorhizobium* gen. nov.），建立了中华根瘤菌属（新属）(*Sinorhizobium*)。2001年，陈文新、李颖、隋新华等的“中国豆科植物根瘤菌资源多样性、分类及系统发育研究”项目获得国家自然科学奖二等奖。

（3）厘定红豆杉科系统位置

1979年，中科院植物所王伏雄、陈祖铿、胡玉熹在《植物分类学报》（Vol.17，No.3）上发表《从胚胎发育和解剖结构讨论红豆杉科的系统位置》一文，通过对比红豆杉科（Taxaceae）及松杉目各科，将红豆杉科列入松杉目，完全不同于瑞典人弗洛里（R. Florin，1894～1965）系统（On the morphology and relationships of Taxaceae，1948）中将红豆杉科从松杉目中分立出来、另立红豆杉目（Taxales）的观点。

（4）提出裸子植物系统发育新见解

1983年，中科院植物所王伏雄、陈祖铿在《植物学通报》（No.1）上发表《裸子植物系统发育的几个问题》，依据胚胎学证据，提出了银杏属（*Ginkgo*）与苏铁类比与松杉目关系更密切、红豆杉科保留于松杉目、三尖杉独立成科等观点。1990年，王伏雄、陈祖铿在《Cathaya》上发表《裸子植物胚胎学特征与系统及演化关系概论》（An Outline of Embryological Characters of Gymnosperms in Relation to Systematicas and Phylogeny）进一步论证了银杏与苏铁的相对接近的关系和在松杉目保留红豆杉科的观点。这一论述支持了德国人R. Pilger（1926）和郑万钧（1978）提出的裸子植物分类系统观点。1988年，王伏雄、陈祖铿、胡玉熹等的“裸子植物胚胎学与解剖学”项目获得中国科学院科学技术进步奖一等奖。

（5）成功克隆花被片、雄蕊和胚珠

1986年，中科院植物所陆文樑、郭仲琛、王雪洁、崔澂在《中国科学》（B辑，No.29）发表《风信子外植体直接再分化花芽的研究——Ⅰ.花芽和营养芽形态发生的控制》，在培养基中添加玉米素的条件下，取自风信子（*Hyacinthus orientalis*）花器官的花瓣、花茎等外植体可以直接培育成花芽，获得了世界首例克隆花芽，在植物生殖器官克隆上取得了突破性进展。1987年，陆文樑等在世界上首次成功克隆了风信子的花被片、雄蕊和胚珠。《Planta》主编龙安东（Anton Long）评价此项研究为杰出的工作。1988年，成果鉴定专家组认为，此项研究使我国的控制形态发生研究工作处于国际领先地位。《科学时报》（1988-3-3）和《人民日报》（1988-3-4）都在头版显著位置报道了该项研究成果。

4．植物生理及分子生物学

（1）引领光合膜结构与功能研究

1978年，中科院植物所匡廷云、段续川、汤佩松在《化学通报》（Chemistry，No.6）上发表《光合膜的结构与功能》，开始对叶绿体膜、叶绿素蛋白复合体结构和功能进行系统研究。1979年，张其德、娄世庆、李同柱等在《植物学报》（Vol.21，No.3）上发表《叶绿体膜的结构与功能II. 钾离子和镁离子对两种类型叶绿体膜吸收光谱及光系统II功能的影响》，首次证明21kD膜蛋白是光系统Ⅰ（PSⅠ）长波荧光发射的最初来源，提出Mg^{2+}促使捕光色素蛋白在类囊体膜上横向迁移的生化证据。1986年，唐崇钦、张其德、李世仪等在《植物生理学报》（Vol.12，No.1）上发表《叶绿体膜的结构与功能XVII.LHCP的蛋白磷酸化及其在膜上的横向移动》，证实了在LHCⅡ蛋白磷酸化/脱磷酸化过程中存在LHCⅡ在不同膜区横向迁移现象。1987年，匡廷云主持的“光合膜结构与功能的研究”项目被评为国家级重大成果。1988年，汤佩松、匡廷云等的“光合膜的结构和光能分配及转化效率的研究”项目，获得国家自然科学奖二等奖。2004年，匡廷云与中科院生物物理所梁栋材、常文瑞等合作在英国的《自然》（Nature）上发表《菠菜主要捕光复合物（LH-Ⅱ）2.72Å分辨率的晶体结构》（Crystal Structure of Spinach Major Light-harvesting Complex at 2.72Å Resolution，图2.48），依据高质量电子密度图构建了菠菜的捕光天线色素蛋白复合体（LHCⅡ）的精确的三维模型，此X-衍射晶体机构是国际上第一个在原子水平上进行三维机构解析的高等植物光合膜蛋白复合体，在2004年国际光合学术会议（加拿大蒙特利尔）上被誉为“中国晶体（Chinese Crystal）”。这一成果获选“2004年中国十大科技进展新闻”，引起了国际同行的高度关注，称“这是光合作用研究领域的一大突破”，“这一成果标志了光合作用研究的重大突破”，使得我国的光合作用机理与膜蛋白三维结构研究达到国际领先水平。

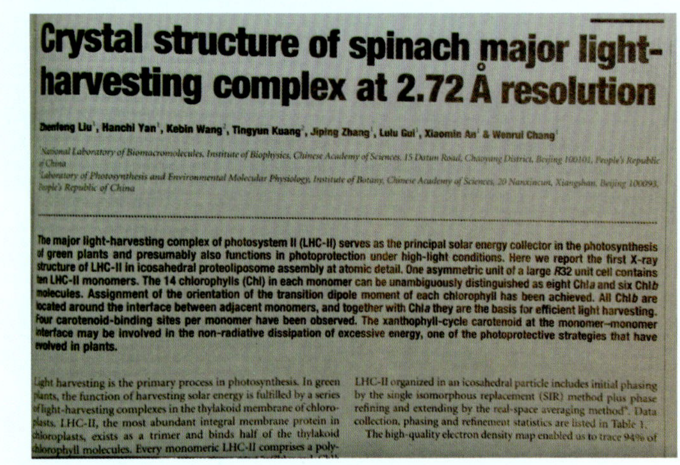

Crystal structure of spinach major light-harvesting complex at 2.72 Å resolution

Zhenfeng Liu[1], Hanchi Yan[1], Kebin Wang[2], Tingyun Kuang[2], Jiping Zhang[1], Lulu Gui[1], Xiaomin An[1] & Wenrui Chang[1]

[1]National Laboratory of Biomacromolecules, Institute of Biophysics, Chinese Academy of Sciences, 15 Datun Road, Chaoyang District, Beijing 100101, People's Republic of China
[2]Laboratory of Photosynthesis and Environmental Molecular Physiology, Institute of Botany, Chinese Academy of Sciences, 20 Nanxincun, Xiangshan, Beijing 100093, People's Republic of China

The major light-harvesting complex of photosystem II (LHC-II) serves as the principal solar energy collector in the photosynthesis of green plants and presumably also functions in photoprotection under high-light conditions. Here we report the first X-ray structure of LHC-II in icosahedral proteoliposome assembly at atomic detail. One asymmetric unit of a large *R*32 unit cell contains ten LHC-II monomers. The 14 chlorophylls (Chl) in each monomer can be unambiguously distinguished as eight Chl*a* and six Chl*b* molecules. Assignment of the orientation of the transition dipole moment of each chlorophyll has been achieved. All Chl*b* are located around the interface between adjacent monomers, and together with Chl*a* they are the basis for efficient light harvesting. Four carotenoid-binding sites per monomer have been observed. The xanthophyll-cycle carotenoid at the monomer–monomer interface may be involved in the non-radiative dissipation of excessive energy, one of the photoprotective strategies that have evolved in plants.

Light harvesting is the primary process in photosynthesis. In green plants, the function of harvesting solar energy is fulfilled by a series of light-harvesting complexes in the thylakoid membrane of chloroplasts. LHC-II, the most abundant integral membrane protein in chloroplasts, exists as a trimer and binds half of the thylakoid chlorophyll molecules. Every monomeric LHC-II comprises a poly-

LHC-II organized in an icosahedral particle includes initial phasing by the single isomorphous replacement (SIR) method plus phase refining and extending by the real-space averaging method[8]. Data collection, phasing and refinement statistics are listed in Table 1.

The high-quality electron density map enabled us to trace 94% of

图2.48 “中国晶体”的发现（冯广平 摄）

（2）马铃薯脱毒复壮和转基因马铃薯

中科院植物所陶国清主持“马铃薯良种繁育体系的研究”，通过茎尖组织培养，去毒复壮，获得无病毒植株，建立快速繁殖和高效移栽成活技术，从而解决了种薯退化问题，并在内蒙古建设了我国第一个无病毒马铃薯原种厂。1978年，“马铃薯茎尖培养去毒复壮及第一个无病毒原种场的建立”项目获得全国科学大会奖。1985年，陶国清、殷蔚薏、陈慧颖等的“马铃薯无病毒种薯生产及良种繁育体系”项目获得中国科学院重大科技成果奖一等奖。

1996年，中科院植物所宋艳茹与中科院微生物所合作，将马铃薯Y病毒（PVY）、马铃薯X病毒（PVX）、马铃薯卷叶病毒（PLRV）的单、双、三价的外壳蛋白（cp）基因导入马铃薯，增强其抗病、高产特性，在国际上首次获得PVY＋PLRV、PVY+PVX+PLRV转基因马铃薯株系；并获准农业部的抗马铃薯Y 病毒转基因马铃薯的田间释放。其相关研究成果发表在《病毒学报》（Vol.12，No.4）和《植物学报》（Vol.38，No.9）上。

（3）解析固氮酶结构及其中心模型化合物

1973年，中科院植物所王发株、李佳格、黄巨富等以“中国科学院植物研究所七室”的名义在《植物学报》（Vol.15，No.2）上发表《棕色固氮菌固氮酶钼铁蛋白组分的提纯和结晶》，以棕色固氮菌为材料，与国际同步获得了具有高活性的铁蛋白（OP Av2）和钼铁蛋白（OP Av1），并获得钼铁蛋白微晶。1978年，“固氮酶的结构与功能研究”项目获得全国科学大会奖。在卢嘉锡的主持下，中科院福建物构所与中科院植物所合作，化学合成了固氮酶中心模型化合物，与nifB-钼铁蛋白重组成钼铁蛋白，经15N同位素测定，只有少数几个化合物才能固定氮分子。1991年，中科院植物所梁寅初、蔡玉奎等在《植物学集刊》（No.5）上发表《固氮酶活性中心模型化合物的乙炔还原和分子氮固定活性》，首次测定出模型化合物重组后的生化活性，证实只有网兜形的Mo、Fe、S化合物才具有固氮活性。

5. 植物遗传和发育

（1）获得首例属间体细胞杂种植物

1980年，中科院遗传所李向辉采用不能分化但有一种生物碱酶标记的烟草冠瘿瘤细胞和一种能分化但缺乏那种生物碱酶标记的矮牵牛（Petunia hybrida）进行原生质体融合，利用D2培养基，获得属间体细胞杂种植物。1982年，李向辉、李文彬、黄美娟等在《中国科学》（B辑，No.3）上发表《烟瘤B6S3和矮牛W43属间体细胞杂种植株再生》，报道了首例属间体细胞杂种植物。1986年，李向辉等的“体细胞融合技术的建立及体细胞杂种植株再生”项目获得中国科学院科学技术进步奖三等奖。1991年，李向辉、夏镇澳等的“主要农作物原生质体再生植株”获得国家自然科学奖三等奖。

（2）创立棉属种间杂交新体系

1982年，中科院遗传所梁正兰、孙传渭在《遗传学报》（Vol.9，No.6）发表《胚乳发育对棉花种间杂种形成的关键作用》，采用对杂交铃喷（滴）植物激素（GA，NAA）、离体培养杂种胚、试管内染色体加倍三者结合的方式，成功解决了棉属（*Gossypium*）种间杂交不孕性和F 1不育性难题；并首次提出母本生殖器官生理活性物质代谢失调是导致胚和胚乳败育、亦即杂交不亲和性的主要原因。此后，相继获得了栽培种间（4n、2n）70个组合以及陆地棉（*Gossypium hirsutum*）与14个野生种间的杂交后代，育成了8个新品种。1999年，中科院遗传所梁正兰、姜茹琴、石家庄市农业科学院赵国忠、山西省农业科学院牛永章等的“棉属种间杂交育种体系的建立”项目获得国家技术发明奖三等奖。

（3）发现植物自交不亲和性决定基因（花粉S基因）

2002年，中科院遗传与发育所的赖钊、马文石、韩斌等在荷兰的《植物分子生物学》（Plant Molecular Biology，Vol.50）上发表《金鱼草属一种自交不亲和性S位点F族基因在花粉和绒粘层层表现出特异性》（An F-box Gene Linked to the Self-incompatibility (S) Locus of Antirrhinum is Expressed Specifically in Pollen and Tapetum）（图2.49），在薛勇彪的指导下，赖钊等人首次从金鱼草（*Antirrhinum majus*）中克隆了一个控制花粉自交不亲和性（self-incompatibility）因子（花粉S决定基因）*AhSLF-S2*。2006年，薛勇彪等人又首次证明AhSLF-S2可与相应雌性因子S-RNase发生特异性互作，并可能通过介导泛素/26S蛋白小体途径完成S-RNase降解。2007年，中科院遗传和发育所薛勇彪、张燕生、赖钊等的“显花植物自交不亲和性分子机理”项目获得国家自然科学奖二等奖。

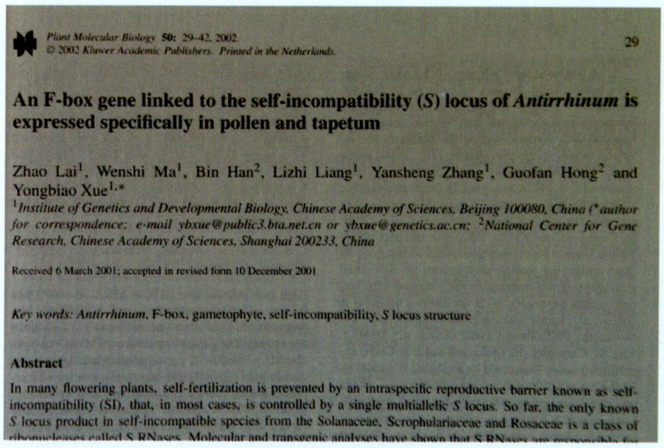

Plant Molecular Biology **50:** 29–42, 2002.
© 2002 *Kluwer Academic Publishers. Printed in the Netherlands.* 29

An F-box gene linked to the self-incompatibility (*S*) locus of *Antirrhinum* is expressed specifically in pollen and tapetum

Zhao Lai[1], Wenshi Ma[1], Bin Han[2], Lizhi Liang[1], Yansheng Zhang[1], Guofan Hong[2] and Yongbiao Xue[1,*]
[1]*Institute of Genetics and Developmental Biology, Chinese Academy of Sciences, Beijing 100080, China (*author for correspondence; e-mail ybxue@public3.bta.net.cn or ybxue@genetics.ac.cn;* [2]*National Center for Gene Research, Chinese Academy of Sciences, Shanghai 200233, China*

Received 6 March 2001; accepted in revised form 10 December 2001

Key words: Antirrhinum, F-box, gametophyte, self-incompatibility, *S* locus structure

Abstract

In many flowering plants, self-fertilization is prevented by an intraspecific reproductive barrier known as self-incompatibility (SI), that, in most cases, is controlled by a single multiallelic *S* locus. So far, the only known *S* locus product in self-incompatible species from the Solanaceae, Scrophulariaceae and Rosaceae is a class of ribonucleases called S RNases. Molecular and transgenic analyses have shown that S RNases are responsible for

图2.49　植物自交不亲和性控制基因的发现（冯广平 摄）

（4）发现水稻分蘖的分子基础

2003年，中科院遗传与发育所李学勇、中国水稻研究所钱前等人在英国《自然》（No.422）杂志上发表《水稻分蘖控制》（Control of Tillering in Rice，图2.50），在李家洋的指导下，李学勇、钱前等人克隆了控制水稻分蘖的基因*MOC* 1，其编码的GRAS蛋白家族是侧生分生组织发生的关键调控因子。2004

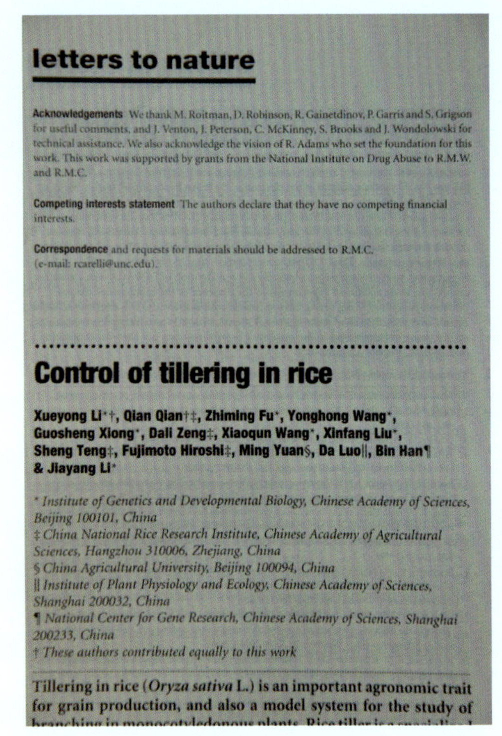

letters to nature

Acknowledgements We thank M. Roitman, D. Robinson, R. Gainetdinov, P. Garris and S. Grigson for useful comments, and J. Venton, J. Peterson, C. McKinney, S. Brooks and J. Wondolowski for technical assistance. We also acknowledge the vision of R. Adams who set the foundation for this work. This work was supported by grants from the National Institute on Drug Abuse to R.M.W. and R.M.C.

Competing interests statement The authors declare that they have no competing financial interests.

Correspondence and requests for materials should be addressed to R.M.C. (e-mail: rcarelli@unc.edu).

Control of tillering in rice

Xueyong Li*†, Qian Qian†‡, Zhiming Fu*, Yonghong Wang*, Guosheng Xiong*, Dali Zeng‡, Xiaoqun Wang*, Xinfang Liu*, Sheng Teng‡, Fujimoto Hiroshi‡, Ming Yuan§, Da Luo||, Bin Han¶ & Jiayang Li*

* *Institute of Genetics and Developmental Biology, Chinese Academy of Sciences, Beijing 100101, China*
‡ *China National Rice Research Institute, Chinese Academy of Agricultural Sciences, Hangzhou 310006, Zhejiang, China*
§ *China Agricultural University, Beijing 100094, China*
|| *Institute of Plant Physiology and Ecology, Chinese Academy of Sciences, Shanghai 200032, China*
¶ *National Center for Gene Research, Chinese Academy of Sciences, Shanghai 200233, China*
† *These authors contributed equally to this work*

Tillering in rice (*Oryza sativa* L.) is an important agronomic trait for grain production, and also a model system for the study of

图2.50　水稻分蘖基因的发现（冯广平 摄）

年，水稻分蘖研究成果被两院院士评选为“振邦杯2003年中国十大科技进展新闻”。2005年，中科院遗传发育所李家洋、中国水稻研究所钱前等的“高等植物株型形成的分子基础”项目，获得国家自然科学奖二等奖。

（5）共担国际水稻基因组测序计划

1997年，中国、日本、美国和韩国等国家在国际植物分子生物学会议（新加坡）上发起成立国际水稻基因组测序计划（IRGSP）。2000年，IRGSP在美国的C1emson召开协调会，对水稻（*Oryza sativa*）12条染色体测序任务进行分工，中国承担第4染色体全长测序。2002年，中科院上海生命科学研究院国家基因研究中心的冯旗、张玉军、郝培与中科院发育所的王声乐等在英国《自然》（No.420）上发表《水稻第四染色体测序和分析》（Sequence and Analysis of Rice Chromosome 4）（图2.51），成为国际水稻基因组测序计划最先完成的成果之一。

（6）完成中国水稻（籼稻）基因组框架图和精细图

2000年5月，中科院基因组生物信息学研究中心暨北京华大基因研究中心、遗传与发育生物学研究所、国家杂交水稻工程技术研究中心等共同承担“中国杂交水稻基因组计划”，进行超级杂交稻的父本——纯种籼稻93-11的基因图谱绘制工作。2001年10月12日，中国科学院、科技部、国家计划委员会联合宣布“中国水稻（籼稻）基因组框架图完成”，并公布数据库供无偿使用，成为世界最早的水稻93-11全基因组框架图。2002年，中科院北京基因组研究所于军、胡松年、王军等在美国的《科学》（Science，No.296）上发表《水稻（籼稻）基因组框架图》[A Draft Sequence of the Rice Genome （*Oryza sativa* ssp. *indica*）]。该项成果入选2001年度中国十大科技新闻，在2002年两院院士大会上，被国家主席江泽民称为近代中国生命科学对世界的三大贡献之一。2002年12月12日，中国科学院、科技部、国家计划委员会、国家自然科学基金委员会联合宣布“中国水稻（籼稻）基因组精细图完成”。水稻（籼稻）基因组工作框架图与精细图是世界上继人类基因组计划之后所测定完成的最大的植物基因组，也是迄今唯一用“霰弹法”（whole genome shotgun sequencing, WGS）完成的最大基因组精细图。

6. 植物生态学

（1）发现西藏植被高原地带性

1978年，中科院植物所张新时在《植物学报》（Vol.20，No.2）上发表《西藏植被的高原地带性》，最早研究青藏高

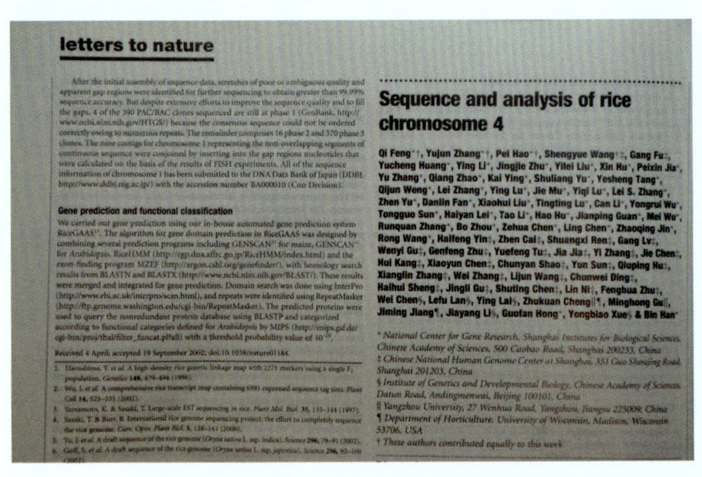

letters to nature

Gene prediction and functional classification

Sequence and analysis of rice chromosome 4

Qi Feng*†, Yujun Zhang*†, Pei Hao*†, Shengyue Wang†‡, Gang Fu‡, Yucheng Huang*, Ying Li*, Jingjie Zhu*, Yilei Liu*, Xin Hu*, Peixin Jia*, Yu Zhang*, Qiang Zhao*, Kai Ying*, Shuliang Yu*, Yesheng Tang*, Qijun Weng*, Lei Zhang*, Ying Lu*, Jie Mu*, Yiqi Lu*, Lei S. Zhang*, Zhen Yu*, Danlin Fan*, Xiaohui Liu*, Tingting Lu*, Can Li*, Yongrui Wu*, Tongguo Sun*, Haiyan Lei*, Tao Li*, Hao Hu*, Jianping Guan*, Mei Wu*, Runquan Zhang*, Bo Zhou*, Zehua Chen*, Ling Chen*, Zhaoqing Jin*, Rong Wang*, Haifeng Yin‡, Zhen Cai‡, Shuangxi Ren‡, Gang Lv‡, Wenyi Gu‡, Genfeng Zhu‡, Yuefeng Tu‡, Jia Jia‡, Yi Zhang‡, Jie Chen‡, Hui Kang‡, Xiaoyun Chen‡, Chunyan Shao‡, Yun Sun‡, Qiuping Hu‡, Xianglin Zhang‡, Wei Zhang‡, Lijun Wang‡, Chunwei Ding‡, Haihui Sheng‡, Jingli Gu‡, Shuting Chen‡, Lin Ni‡, Fenghua Zhu‡, Wei Chen§, Lefu Lan§, Ying Lai§, Zhukuan Cheng||¶, Minghong Gu||, Jiming Jiang¶, Jiayang Li§, Guofan Hong*, Yongbiao Xue§ & Bin Han*

* *National Center for Gene Research, Shanghai Institutes for Biological Sciences, Chinese Academy of Sciences, 500 Caobao Road, Shanghai 200233, China*
‡ *Chinese National Human Genome Center at Shanghai, 351 Guo Shoujing Road, Shanghai 201203, China*
§ *Institute of Genetics and Developmental Biology, Chinese Academy of Sciences, Datun Road, Andingmenwai, Beijing 100101, China*
|| *Yangzhou University, 27 Wenhua Road, Yangzhou, Jiangsu 225009, China*
¶ *Department of Horticulture, University of Wisconsin, Madison, Wisconsin 53706, USA*
† *These authors contributed equally to this work*

图2.51　水稻第四染色体测序（冯广平 摄）

原植被的“纬向、经向、垂直三向地带性”（图2.52）。1988年，中国科学院植物研究所出版《西藏植被》，阐述了喜马拉雅山南北坡植被垂直带的结构特点，以及高原植被从东南向西北的水平分异，明确提出了西藏植被的高原地带性观点。青藏高原的三向地带性被视为1949年以来植被研究方面的主要理论成就之一，被列入我国高等教材中，并引起了国际学术界的重视。此外，《西藏植被》证实藏北羌塘高原植被为高寒草原和高寒荒漠化草原，植物种类400种左右，反驳了此前国外一些学者认为羌塘高原植被属于冻荒漠或冻原、植物种类贫乏的错误观点，成为1949年以来植物生态学领域最突出的成就之一。1987年，中科院自然资源综合考察委员会的“青藏高原隆起及其对自然环境和人类活动影响的综合研究”项目获得国家自然科学奖一等奖。

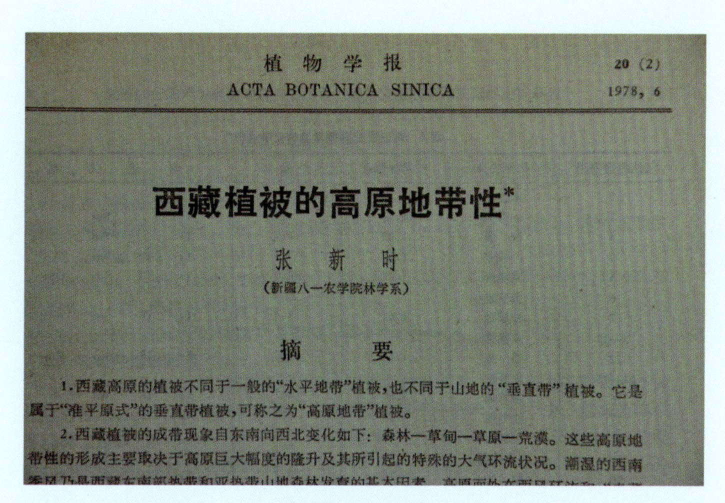
植物学报　　20 (2)
ACTA BOTANICA SINICA　　1978, 6

西藏植被的高原地带性*

张新时

（新疆八一农学院林学系）

摘要

1.西藏高原的植被不同于一般的“水平地带”植被，也不同于山地的“垂直带”植被。它是属于“准平原式”的垂直带植被，可称之为“高原地带”植被。

2.西藏植被的成带现象自东南向西北变化如下：森林—草甸—草原—荒漠。这些高原地带性的形成主要取决于高原巨大幅度的隆升及其所引起的特殊的大气环流状况。潮湿的西南

图2.52 高原地带性的发现（冯广平 摄）

（2）建立暖温带森林生态系统定位研究站

1990年，中科院植物所在太行山支脉东灵山的小龙门林场（今龙门森林公园），建立了“中国科学院北京森林生态系统定位研究站”（简称“北京森林站”），对东灵山暖温带森林的各种植被类型建立了长期观察研究样地，并建立了5公顷的生物多样性监测样地，重点研究暖温带森林生态系统的结构、功能和动态，以及生物多样性。

（3）建立全球变化中国东北样带

1991年，中科院植物所张新时依据IGBP/GCTE样带设置要求，提出建立中国东北温带森林—草原陆地样带。1993年，中国东北样带（NECT:Northeast China Transect），又称中国东北温带森林—草原样带，被列为IGBP陆地样带之一。NECT在112°～130°30′E之间，沿43°30′N设置，长约1600千米，跨越42°～46°N，宽约300千米，包括长白山森林生态系统定位研究站、内蒙古锡林郭勒草原生态系统定位研究站、毛乌素沙地草地生态系统定位研究站，成为国际地圈—生物圈计划（IGBP）提出的15条国际全球变化陆地样带之一。

（4）完成《中国植被地图集》

2001年，中科院植物所侯学煜、张新时等出版《中国植被地图集》，比例尺为1：1000000；2005年，完成说明书统编、图件修订和图件数字化。《中国植被地图集》是全国69个研究单位、250多名科研人员的集体成果，共收录植被类型图60幅，全面反映了我国11个植被类型组、55个植被型、960个群系和亚群系、2 500多个群落优势种、主要农作物和经济作物的地理分布，建立了符合我国植被特点的图例系统，开创了大型科学专题地图数字化工作。

7. 植物化学及资源学

（1）完成中国中药资源普查

1982年，国务院作出关于对全国中药资源进行系统调查研究、制定发展规划的决定。1983～1987年，

全国组织2万人对2000多个县市进行中药资源普查。1994年，中国药材公司出版《中国中药资源丛书》，包括《中国中药资源》、《中国中药资源志要》、《中国中药区划》、《中国常用中药材》、《中国药材地图集》和《中国民间单验方》，全面系统地阐述了全国的中药资源。通过此次普查，基本摸清了天然药物的种类、分布和民间应用情况，已知种类12807种，其中植物11146种，动物1581种，矿物80种，植物来源的占87%；药用植物较集中、种类超过100种的科有毛茛科、大戟科、蔷薇科、豆科、伞形科、萝藦科、茜草科、玄参科、菊科、百合科和兰科；植物药物包括藻类115种、菌类292种、地衣类52种、苔藓类43种、蕨类456种、种子植物10188种。

（2）完成《中国油脂植物》

1987年，中科院华南植物研究所、中科院昆明植物研究所和中科院植物所等以“中国油脂编写委员会”名义出版《中国油脂植物》，收录油脂植物108科、397属、814种。此项成果为12家研究单位、70多名科技人员共同协作的结果，包含2万个化学分析数据。1991年，王静萍（排名第四）参与的“中国油脂植物”项目获得国家自然科学奖三等奖。

（3）完成《中华本草》

1999年，国家中医药管理局《中华本草》编委会出版《中华本草》，全书共34卷、10册；其中前30卷为中药，后4卷为包括藏药、蒙药、维药、傣药各1卷。共收载药物8980味。插图8534幅，篇幅约2200万字，引用古今文献1万余种。按自然分类系统排列药物，考订基原、明辨品种，提示资源分布，介绍栽培、养殖，鉴别药材真伪优劣，综述化学成分、药理作用，选列炮制方法，汇集新剂型，反映新工艺，总结性味归经、功能主治、用法用量，阐发各家学说、用药经验。

8. 古植物

（1）揭示中国大陆第三纪早期植被面貌

1979年，中科院植物所孙湘君在《植物分类学报》（Vol.17，No.3）发表《中国晚白垩世—古新世孢粉区系的研究》，首次提出晚白垩世至古新世存在横贯我国的干旱植被带，该带在渐新世末的消失标志着现代东亚季风系统的形成。

（2）发现中国始苏铁

1981年，中科院植物所朱家柟和北京自然博物馆杜贤铭在《植物学报》（Vol.23，No.5）发表《中国始苏铁（新属、种）在我国早二叠世的发现及其意义》，将发现于山西太原东山煤矿早二叠世石盒子组的苏铁大孢子叶化石定名为中国始苏铁（新属、种）（*Primocycas chinensis* Zhu et Du），是目前最早的、毫无疑问的苏铁大孢子叶。此项发现证明瑞典人T.G. Halle定名的、器官类型不明、分类位置不明的器官属（*Norinia*）其实为苏铁大孢子叶，推翻了此前的“苏铁植物始现不早于晚三叠世晚期”的推论，证明苏铁植物起源于中国。

（3）发现早期陆地植物

1982年，中科院植物所李承森在《植物分类学报》（Vol.20，No.3）发表《徐氏蕨属——中国云南早泥盆世陆地植物的一个新属》（图2.53），描述了产于云南曲靖早泥盆世晚期龙华山组的顶囊蕨科（Cooksonicaceae）的徐氏蕨（*Hsüa robusta*），誉赠徐仁；徐氏蕨是我国迄今已知最早的维管植物。1986年，中科院植物所耿宝印在《植物学报》（Vol.28，No.6）上发表《贵州中志留世羽枝属（新属）的形态和解剖》一文，描述了产于贵州省凤冈县中志留世韩家店组的“具有非维管植物形态和维管植物状解剖”的灭绝植物黔羽枝（*Pinnatiramosusu qianensis*）。这种植物是迄今我国南方志留纪地层已发现的唯一可鉴定的植物，“很可能是目前世界上最早的维管植物”（李星学《中国地质时期植物群》1995）。1994年，徐仁、李承森、耿宝印的“中国华南早期维管植物的起源和演化”项目获得国家自然科学奖三等奖。

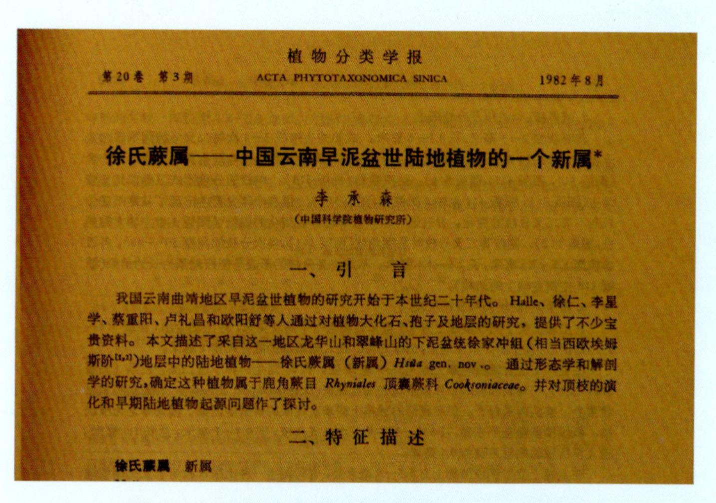

植物分类学报
第20卷　第3期　ACTA PHYTOTAXONOMICA SINICA　1982年8月

徐氏蕨属——中国云南早泥盆世陆地植物的一个新属*

李承森
（中国科学院植物研究所）

一、引　言

我国云南曲靖地区早泥盆世植物的研究开始于本世纪二十年代。Halle、徐仁、李星学、蔡重阳、卢礼昌和欧阳舒等人通过对植物大化石、孢子及地层的研究，提供了不少宝贵资料。本文描述了采自这一地区龙华山和翠峰山的下泥盆统徐家冲组（相当西欧埃姆斯阶[1,2]）地层中的陆地植物——徐氏蕨属（新属）*Hsüa* gen. nov.。通过形态学和解剖学的研究，确定这种植物属于鹿角蕨目 *Rhyniales* 顶囊蕨科 *Cooksoniaceae*。并对顶枝的演化和早期陆地植物起源问题作了探讨。

二、特征描述

徐氏蕨属　新属

图2.53　早期陆地植物的发现（冯广平 摄）

（4）厘定东亚北美植物区系的历史渊源

1983年，中科院植物所徐仁在《密苏里植物园年报》（Annals of the Missouri Botanical Garden, Vol.70, No.3）上发表《中国晚白垩世至新生代植被及其与北美的关系》（Late Cretaceous and Cenozoic Vegetation in China, Emphasizing Their Connections with North America），指出东亚、北美植物区系中存在相同的属是属于原地孑遗的结果，解决了植物地理学中140年来悬而未决的问题，得到国际古植物学界的广泛引用。

9．植物园和生物多样性

（1）引领世界红花种质资源研究

1979年，中科院植物所黎大爵在《植物杂志》上发表《新的油料作物——红花》，开始红花种质资源的综合研究。先后收集国内外红花品种2600多份。1986年，培育成功花、油兼用新品种“花油二号”，以后又相继培养成功了“TA-1”和“花油18号”等新品种。1992年，王兆木、黎大爵等出版《世界红花种质资源评价与利用》，系统地总结了对世界红花资源的收集和评价工作。1993年，在第三届国际红花会议上，黎大爵担任国际红花会议主席。2001年，在第五届国际红花会议（美国威灵顿）上，黎大爵获得“突出贡献”奖。

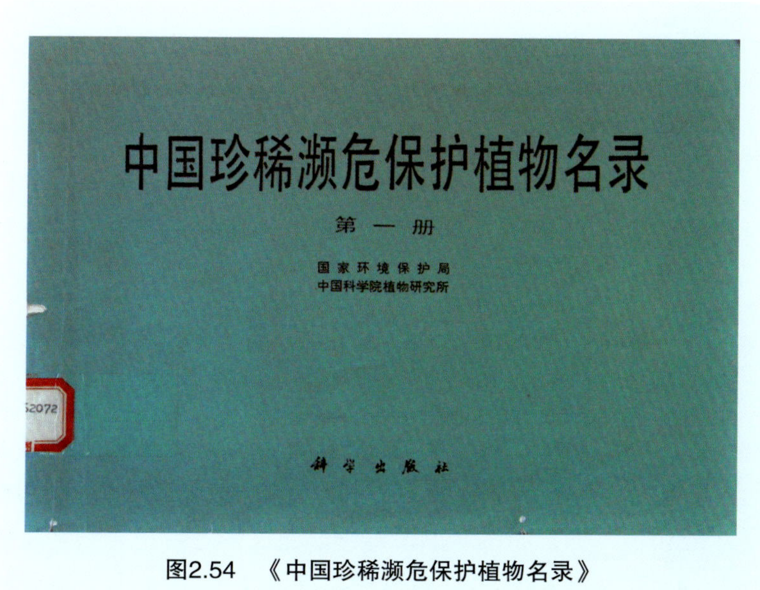

图2.54　《中国珍稀濒危保护植物名录》（冯广平 摄）

（2）发布《中国珍稀濒危保护植物名录》

1980年，环境保护部门会同中科院植物所、中国植物志编辑委员会组织全国植物、林业、农业、牧业、园林、医药等部门的专家和科技工作者，编写第一批《中国珍稀濒危保护植物名录》（图2.54）。1984年，国务院环境保护委员会公布《珍稀濒危保护植物名录（一）》（国环字第002号），共确定354种保护植物，其中一级保护植物8种，包括人参（*Panax ginseng*）、金花茶（*Camellia chrysantha*）、银杉（*Cathaya argyrophylla*）、珙桐（*Davidia *involucrata*）、水杉（*Metasequoia glypostroboides*）、望天树（*Parashorea chinensis*）、秃杉（*Taiwania flousiana*）、桫椤（*Alsophila spinulosa*）。

（3）稀有濒危植物迁地保护

1985年，中科院植物所植物园开始稀有濒危植物的迁地保护和引种繁育工作，重点引种“三北”地区的稀有濒危物种，先后从麦积山、太白山、华山、太行山、贺兰山、长白山等地引种166种，已成功保护水杉（*Metasequoia glypostroboides*）、珙桐（*Davidia involucrata*）、桫椤（*Alsophila spinulosa*）、红豆杉（*Taxus chinensis*）、东北红豆杉（*Taxus cuspidata*）、银杏（*Ginkgo biloba*）、连香树（*Cercidiphyllum japonicum*）、厚朴（*Magnolia officinalis*）、普陀鹅耳枥（*Carpinus putoensis*）、领春木（*Euptelea pleiospermum*）、新疆野苹果（*Malus sieversii*）、紫椴（*Tilia amurensis*）、秤锤树（*Sinojackia xylocarpa*）、夏蜡梅（*Calycanthus chinensis*）、天目木兰（*Magnolia amoena*）、云南七叶树（*Aesculus wangii*）等117种。1996年，中科院植物所张洁、唐宇丹、靳晓白等的“稀有濒危植物的迁地保护”项目获得中国科学院科技进步奖三等奖。目前，植物园共保存有各级各类稀有濒危植物221种。

（4）开启生物多样性研究

1988年，中科院植物所王献溥在《生物学杂志》发表《生物多样性的基本概念及其应用》，最早开始生物多样性研究。1992年3月，中国科学院生物多样性委员会正式成立，中国科学院副院长李振声院士担任主任委员。1993年，中科院植物所陈灵芝出版《中国的生物多样性——现状及其保护对策》，成为我国生物多样性研究的第一部专著。

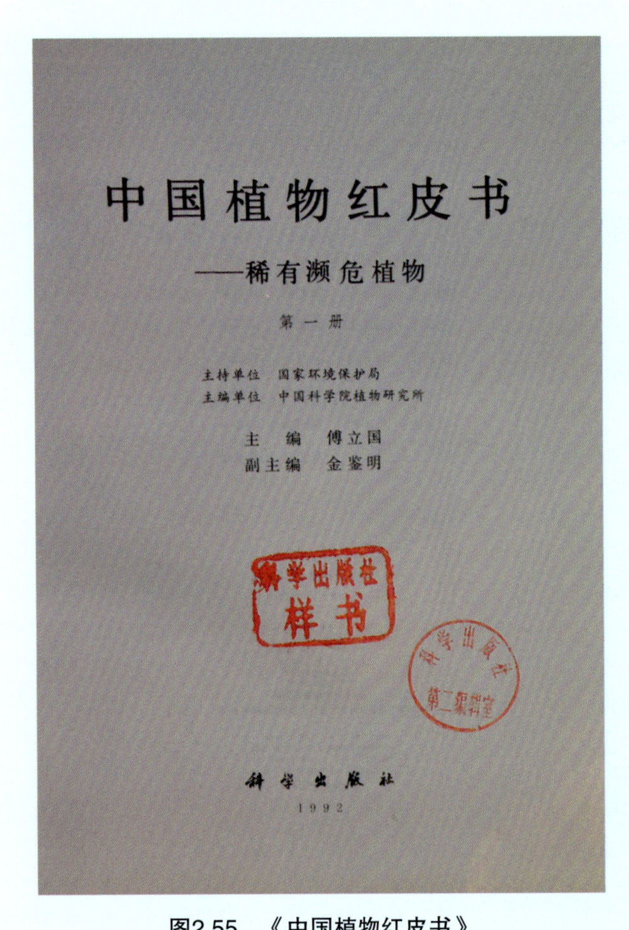

图2.55 《中国植物红皮书》（冯广平 摄）

（5）完成《中国植物红皮书》

1992年，中科院植物所傅立国出版《中国植物红皮书——稀有濒危植物》（图2.55），收录稀有濒危植物388种，其中濒危种类121种、稀有种类110种、渐危种类157种，阐述了每种植物的现状、地理分布、生态学和生物学特征、濒危原因，以及其保护价值、保护措施等，成为世界首部记载中国珍稀濒危植物的著作，受到国内国际学界的高度关注，成为国家审批和建设自然保护区的重要科学依据。此项成果是1982年由原国务院环保领导小组办公室和中科院植物所主持，组织全国各省（市、自治区）63个科研、教学单位的200多位专家，对我国上千种珍稀濒危植物进行深入研究的结果。

（6）发布《中华人民共和国野生植物保护条例》及《国家重点保护野生植物名录》

1996年9月30日，国家总理李鹏签发《中华人民共和国野生植物保护条例》（简称“《条例》”）（中华人民共和国国务院令第204号）。《条例》规定：原生地天然生长的珍贵植物和原生地天然生长并具有重要经济、科学研究、文化价值的濒危、稀有植物，药用野生植物和城市园林、自然保护区、风景名胜区内的野生植物均列入保护范围；野生植物分为国家重点保护野生植物和地方重点保护野生植物。国家重点保护野生植物分为国家一级保护野生植物和国家二级保护野生植物。《条例》自1997年1月1日起施行。标志着野生植物保护工作纳入法制化轨道。《国家重点保护野生植物名录》（简称“《名录》”）是《条例》的配套文件，《名录》所列物种是《条例》具体的保护管理对象。1999年8月4日，国务院批准《国家重点保护野生植物名录（第一批）》。同年9月9日，国家林业局、农业部公布《国家重点保护野生植物名录（第一批）》（国家林业局农业部令第4号），《名录（第一批）》共确定243种、8类（指种以上分类等级）为保护植物，其中一级保护植物52 种、3类，二级保护植物191 种、5 类； 桫椤科、蚌壳蕨科、水韭属、水蕨属、苏铁属、黄杉属、红豆杉属、榧属所有种全部列为保护植物。

（7）建设中国数字植物标本馆

2000年，中科院植物所植物标本馆（PE）开始标本馆数字化建设，并与昆明植物研究所植物标本馆、华南植物园植物标本馆等全国20多家标本馆合作，建设生物多样性信息共享平台——中国数字植物标本馆，至2008年，收录285万号植物标本采集及鉴定信息、模式表本6 096份、《中国植物志》和12种地方植物志的数字化版本、269科5 700余种植物的5万多张彩色照片等。

主要参考文献

[1] 白寿彝.1999. 中国通史：第十二卷. 上海：上海人民出版社.

[2] 北京市地方志编纂委员会. 2005. 北京志：科学卷 科学技术志. 北京：北京出版社.

[3] 北京自然博物馆. 2005. 北京自然博物馆. 北京：科学出版社.

[4] 北京农学院五十年校庆丛书编委会. 2006. 五十年历程. 北京：中国农业出版社.

[5] 陈灵芝. 1993.中国的生物多样性：现状及其保护对策. 北京：科学出版社.

[6] 陈德懋. 1993. 中国植物分类学史. 武汉：华中师范大学出版社.

[7] 陈瑞阳. 宋文芹. 李秀兰，等. 1994. 中国主要经济作物染色体图谱：第一册 中国果树及其野生近缘植物染色体图谱. 北京：万国学术出版社.

[8] 陈文新. 2004. 中国豆科植物根瘤菌资源多样性与系统发育. 中国农业大学学报，9(2)：6-7.

[9] 种康. 瞿礼嘉，杨维才，等. 2006. 2005年中国植物科学若干领域的重要进展. 植物学通报，(23)：225-241.

[10] 蔡起贵. 郭仲琛，等. 1986. 玉米原生质体的植株再生. 植物学报，29(5)：453-458.

[11] 傅立国. 1992. 中国植物红皮书：稀有濒危植物. 北京：科学出版社.

[12] 耿宝印. 1986. 贵州中志留世羽枝属（新属）的形态和解剖. 植物学报. 28(6)：664-672.

[13] 国家科学技术奖励工作办公室（National office of Science and Technology Awards）http://www.nosta.gov.cn/web/list.aspx?menuID=88.

[14] 黄慰文，2007. 周口店北京直立人遗址. 北京：文物出版社.

[15] 胡正海. 2003. 植物比较解剖学在中国50年的进展和展望. 西北植物学报，23(2)：344-355.

[16] 简令成. 孙德兰等.1987. 甘蔗愈伤组织超低温保存中一些因素的研究. 植物学报，29(2)：123-131.

[17] 姜玉平. 2003. 北平研究院植物学研究所的二十年. 中国科技史料，24(1)：34-46.

[18] 姜恕、陈昌笃. 1994. 植被生态学研究 纪念著名生态学家侯学煜教授. 北京：科学出版社.
[19] 荆玉祥，张伟成. 1999. 一个超前和具胆识的科学推论：吴素萱先生关于“细胞核的更新现象”及其科学意义. 植物学报，41(4)：445-447.
[20] 匡廷云，段续川，汤佩松. 1978. 光合膜的结构与功能. 化学通报(6)：1-6.
[21] 黎大爵. 1979. 新的油料作物：红花. 植物杂志(4)：35.
[22] 黎大爵. 韩孕周，等. 1986. 油花兼用型红花新品种：花油二号. 农业科技通讯(5)：38-41.
[23] 李承森. 1982. 徐氏蕨属：中国云南早泥盆世陆地植物的一个新属. 植物分类学报，20(3)：331-342.
[24] 李晖，于顺利，土艳丽，等. 2009. 西藏植物志亟待修订. 西藏科技(5)：67-68.
[25] 李约瑟. 2006. 中国科学技术史：第六卷 第一分册. 北京：科学出版社.
[26] 李星学，1995. 中国地质时期植物群. 北京：科学出版社.
[27] 李振声，1986. 小麦远缘杂交新品种：小偃6号. 山西农业科学(5)：30.
[28] 李振声，穆素梅，蒋立训，等. 1982. 蓝粒单体小麦研究(一). 遗传学报，9(6)：431-439.
[29] 梁寅初，蔡玉奎，等. 1991. 固氮酶活性中心模型化合物的乙炔还原和分子氮固定活性. 植物学集刊(5)：231-234.
[30] 梁正兰，姜茹琴，钟文南，等. 2001. 棉花种间杂交技术创新及育种程序的建立. 中国科学：C辑，31(2)：120-124.
[31] 陆文樑，郭仲琛，王雪洁，等. 1986. 风信子外植体直接再分化花芽的研究：Ⅰ.花芽和营养芽形态发生的控制. 中国科学：B辑(5)：491-500.
[32] 罗桂环. 汪子春. 2005. 中国科学技术史：生物学卷. 北京：科学出版社.
[33] 穆祥桐. 1987. 农工商部农事试验场. 中国科技史料，8(4)：22-27.
[34] 潘江. 1995. 中国最早研究古植物的学者：周赞衡. 中国科技史料，16(2)：40-44.
[35] 秦仁昌. 1978. 中国蕨类植物科属的系统排列和历史来源. 植物分类学报，16(3)：1-19；16(4)：16-37.
[36] 秦树福、李云伏. 2008. 北京市农林科学院50周年：1958-2008. [内部资料] .
[37] 瞿礼嘉，袁明，王小菁，等，2009. 2008年中国植物科学若干领域重要研究进展. 植物学报，44(4)：379-409.
[38] 饶毅. 2002. 中国科学：显著的发展和严峻的挑战、历史演变和现状比较. 二十一世纪(2)：83-93.
[39] 沙金庚. 2009. 世纪飞跃：辉煌的中国古生物学. 北京：科学出版社.
[40] 沈同，王镜岩.1990. 生物化学. 北京：高等教育出版社.
[41] 宋艳茹，彭学贤，等. 1996. 转Pvy外壳蛋白基因马铃薯及其田间实验. 植物学报，38(9)：711-718.
[42] 苏菲，顾伟，翟中和. 1988. 植物类角蛋白中间纤维. 电子显微学报(7)：3.
[43] 孙湘君. 1979. 中国晚白垩世：古新世孢粉区系的研究. 植物分类学报，17(3)：7-22.
[44] 梁正兰，孙传渭. 1982. 胚乳发育对棉花种间杂种形成的关键作用. 遗传学报，9(6)：447-454.
[45] 唐崇钦，张其德，李世仪，等. 1986. 叶绿体膜的结构与功能XVII. LHCP的蛋白磷酸化及其在膜上的横向移动. 植物生理学报，12(1)：26-32.
[46] 汤佩松. 1979. 高等植物呼吸代谢途径的调节控制和代谢与生理功能间的相互制约. 植物学报，21(9)：3-106.
[47] 汤佩松，吴相钰. 1957. 水稻幼苗中硝酸还原酶的适应形成. 科学通报(2)：52-53.
[48] 王伏雄，陈祖铿. 1983. 裸子植物系统发育的几个问题. 植物学通报(1)：4-7.
[49] 王伏雄，陈祖铿，胡玉熹. 1979. 从胚胎发育和解剖结构讨论红豆杉科的系统位置. 植物分类学报，17(3)：1-7.
[50] 王献溥. 1988. 生物多样性的基本概念及其应用. 生物学杂志(5)：1-4.
[51] 王毓瑚. 1964. 中国农学书录. 北京：农业出版社.
[52] 王兆木，黎大爵，等.1992. 世界红花种质资源评价与利用. 北京：中国科学技术出版社.

[53] 吴素萱. 1955. 植物细胞核穿壁运动现象的初步报告. 植物学报，4(2)：91-100.

[54] 吴素萱. 1956. 细胞核的更新现象. 植物学报，5(1)：1-14 .

[55] 吴征镒，汤彦承，路安民，等. 1998. 试论木兰植物门的一级分类系统：一个被子植物八纲分类系统的新方案. 植物分类学报，36(5)：385-402.

[56] 吴征镒，路安民，汤彦承，等. 2002. 被子植物的一个"多系－多期－多域"新分类系统总览. 植物分类学报，40(4)：289-322.

[57] 徐仁. 2000. 徐仁著作选集. 北京：地震出版社.

[58] 徐克学．1994．数量分类学．北京：科学出版社.

[59] 杨澄，邢力，翟中和. 1992. 植物中间纤维及其在体外装配. 中国科学：B辑(22)：1052-1057.

[60] 《张景钺文集》编辑委员会. 1995. 张景钺文集. 北京：北京大学出版社.

[61] 张鹤龄，宋艳茹，等. 1996. 表达马铃薯X病毒的Y病毒双价外壳蛋白基因马铃薯植株的抗病性. 病毒学报，12(4)：360-366.

[62] 张洁，唐宇丹，等.1995.稀有濒危植物的保护现状和展望. 植物引种驯化集刊(10)：19-31.

[63] 张金谈. 1979. 从孢粉形态特征试论某些类群的分类与系统发育. 植物分类学报，17(2)：1-7.

[64] 张其德，娄世庆，李同柱，等. 1979. 叶绿体膜的结构与功能II：钾离子和镁离子对两种类型叶绿体膜吸收光谱及光系统II功能的影响. 植物学报，21(3)：250-258.

[65] 翟中和. 1998. 核骨架—核纤层—中间纤维体系的研究.中国科学基金(2)：124-129.

[66] 中国植物学会. 1994. 中国植物学史. 北京：科学出版社.

[67] 中国科学院北京植物研究所化学研究室. 1978. 田菁胶的研究： I .田菁胶的化学结构. 植物学报，20(4)：323-329.

[68] 中国科学院植物研究所七室. 1978. 棕色固氮菌固氮酶钼铁蛋白组分的提纯和结晶. 植物学报，15(2)：281-284.

[69] 《中国科学院植物研究所所志》编辑委员会. 2009. 中国科学院植物研究所所志. 北京：高等教育出版社.

[70] 中国科学院北京植物研究所细胞杂交组. 1975. 水稻原生质体的分离和培养. 中国科学(6)：602-604.

[71] 中国科学院基因组生物信息学研究中心暨北京华大基因研究中心. 2003. 水稻（籼稻）基因组工作框架图和精细图的绘制. 中国科学院院刊(3)：29-31.

[72] 中国科学院西北生物土壤研究所远缘杂交小组. 1960. 小麦与偃麦草杂交的研究（一）. 遗传学集刊(1)：19-39.

[73] 中国植物生理学会光合与代谢专业委员会. 2008. 纪念殷宏章先生百年单程暨全国光合作用学术研讨会论文摘要汇编.

[74] 朱家柟，杜贤铭. 1981. 中国始苏铁（新属、种）Primocycas Chinensis gen. et sp. nov.在我国早二叠世的发现及其意义. 植物学报，23(5)：391-394.

[75] 朱至清. 1976. 介绍一种较好的水稻花药培养基. 科学实验(2)：28.

[76] 爱德华•卡伊丹斯基. 2001.中国的使臣：卜弥格. 张振辉，译. 郑州：大象出版社.

[77] Chen Wenxin, Yan Gehong, Li Jilun. 1988. Numerical taxonomic study of fast-growing soybean rhizobia and a proposal that Rhizobium fredii be assigned to Sinorhizobium gen. nov. Intentional Journal of. Systematic Bacteriology,38(4)：392-397.

[78] Chu Chihching. 2002. Contributions of Chinese botanists to plant tissue culture in the 20th century. ACTA Botanica Sinica, 44(9)：1075-1084.

[79] Feng Qi, Zhang Yujun, Hao Pei, et al. 2002. Sequence and analysis of rice chromosome 4. Nature(420)：316-321.

[80] Huang Jian, Zhao Lan, Yang Qiuying, et al. 2006. AhSSK1, a novel SKP1-like protein that interacts with the S-locus F-box protein SLF. The Plant Journal, 46(5)：780-793.

[81] Lai Zhao, Ma Wenshi, Han Bin, et al. 2002. An F-box gene linked to the self-incompatibility (S) locus of Antirrhinum is expressed specifically in pollen and tapetum. Plant Molecular Biology, 50：29-42.

[82] Li Xueyong, Qian Qian, Fu Zhiming, et al. 2003. Control of tillering in rice. Nature，422：618-621.

[83] Tang P.S., X.Y. Wu. 1957. Adaptive Formation of Nitrate Reductase in Rice seedlings. Nature, 179：1355-1356.

[84] Tseng C.K. 2004. The past, present and future of phycology in China. Hydrobiologia, (512)：11-20.

[85] Wang F.X., Chen Z.K. 1990. An outline of embryological characters of Gymnosperms in relation to systematicas and phylogeny. Cathaya(2)：1-10.

[86] Yu Jun, Hu Songnian, Wang Jun, et al. 2002. A draft sequence of the rice genome (Oryza sativa ssp. indica). Science，(296)：79-92.

第 3 章

发展现状

从19世纪末京师大学堂设立开始，北京地区以植物采集和植物分类为切入点，开始全面系统地引入西方近代植物科学知识，并先后通过外资、民营和官办等形式，逐步建立了系统完善的研究和教育体系。目前，北京地区拥有22个研究所（馆、中心）、10所高等院校、2家植物园主要从事植物科学及其相关领域研究，成为我国在此领域研究和教育资源最为集中、人才最为富集、成果最为丰富的区域，也是国际植物科学研究的中心之一。

3.1 研究机构

从1928年私立静生生物调查所成立开始，至2003年中国科学院北京基因组研究所成立，75年的时间，北京地区的植物科学研究体系从无到有、从模仿学习到自主创新，经历了抗日战争、解放战争的炮火洗礼，随着民族独立、国家振兴而逐步建设成完备、独立、开放的系统，北京最终成为植物科学研究资源最为富集的区域之一，步入了国际植物科学的发展前沿，在一些方向发挥着重要的引领作用。至2009年，北京地区共有6个院级独立研究机构、20个所级研究机构从事植物科学相关领域研究（表2.4）。其中，中央研究机构包含16个研究所（植物园、博物馆），地方研究机构包括4个研究院（所、博物馆）。

3.1.1 中央研究机构

3.1.1.1 中国科学院

中国科学院（Chinese Academy of Sciences，CAS，简称“中科院”）为国务院直属事业单位（图3.1），于1949年11月以原中央研究院（Academia Sinica）、国立北平研究院（National Academy of Peiping）的部分研究所为基础成立，是我国国家科学技术方面最高学术机构和全国自然科学与高新技术综合研究发展中心。中科院设有数学物理学部、化学部、生命科学和医学学部、地学部、信息技术科学学部，技术科学部等6个学部，有714名院士，外籍院士56名；包含84个研究院所、1所大学、2所学院、

图3.1 中国科学院院机关（冯广平 摄）

4个文献情报中心、3个技术支撑机构和2个新闻出版单位，研究领域涉及数学、力学、物理学、化学、天文学、地学、生命科学与环境科学等自然科学的基础学科，以及信息、材料、生物工程、能源、光电、空间、海洋等高技术领域，建设有121个开放实验室，其中55个为国家重点实验室。

在北京地区，中科院在植物科学及其相关领域的研究所有：中科院植物研究所（Institute of Botany，CAS）、中科院微生物研究所（Institute of Microbiology，CAS）、中科院遗传与发育生物学研究所（Institute of Genetics and Development Biology，CAS）、中科院生物物理研究所（Institute of Biophysics，CAS）、中科院北京基因组研究所（Beijing Institute of Genomics，CAS）等5个研究所。

1. 中国科学院植物研究所

中国科学院植物研究所（简称“植物所”，图3.2）隶属中国科学院，是我国植物基础科学的综合研究中心。1949年11月1日，中国科学院成立。同年11月10日，接收北平研究院和中央研究院在北京的机构，包括北平研究院植物研究所（北研）。同年12月1日，成立静生生物调查所（静生所）整理委员会，钱崇澍为主任；随后静生所移入北研陆谟克堂，其原址（文津街3号）改为中国科学院院部。1950年，中国科学院植物分类研究所正式成立，由北研、静生所、中央研究院植物研究所的一部分合并而成，首任所长钱崇澍。1953年5月25日，按照中科院秘字2782号文的通知，中科院植物分类研究所正式更名为“中国科学院植物研究所”，原址在北京动物园内（今北京市西城区西直门外大街141号）；1996年迁入现址（北京市海淀区香山南辛村20号）。

植物所前身为“北平静生生物调查所”（Fan Memorial Institute of Biology）创建于1928年，由范源濂弟范旭东与尚志学会和中华教育文化基金董事会（简称“中基会”）共同创建，为私立研究机构。设植物部和动物部；秉志任所长，胡先骕任植物部主任，共有职员11人。1931年，迁入文津街3号（今老北京图书馆西侧）。在中基会的支持下，静生所发展很快，抗日战争爆发前已经发展成为全国最大的研究机构，有职员50多人。1937年，北平沦陷，静生所被迫南迁九江、昆明，至1946年返回北平重建。1950年，并入中国科学院植物分类研究所。

图3.2 中国科学院植物所正门（冯广平 摄）

植物所现有中国科学院院士4

名，国家“百人计划”32名，研究员87名。植物所是我国首批博士、硕士学位授予权单位之一。现设有植物学、发育生物学及生态学3个二级学科博士学位授予点；植物学、发育生物学、生态学、细胞生物学等4个二级学科硕士学位授予点。植物所建有系统与进化植物学、植物生态学、分子与发育生物学、光合作用、信号转导与代谢组学、能源植物等6个研究中心和北京植物园、华西亚高山植物园等2个植物园。拥有中外联合实验室为植物所—新加坡国立大学淡马锡生命科学研究院甜高粱联合研发实验室、系统与进化植物学国家重点实验室、植被与环境变化国家重点实验室（建设中）、中国科学院光合作用与环境分子生理学重点实验室。此外还建有一批野外台站，包括内蒙古锡林郭勒草原生态系统国家野外科学观测研究站、内蒙古鄂尔多斯草地生态系统国家野外科学观测研究站、湖北神农架森林生态系统国家野外科学观测研究站、中国科学院北京森林生态系统定位研究站、中国科学院植物研究所正蓝旗浑善达克防沙治沙生态研究试验站、中国科学院植物研究所多伦恢复生态学试验示范研究站、中国科学院植物研究所中国北方林生态系统定位研究站、中国科学院植物研究所内蒙古东乌珠穆沁草原生态系统管理研究站。

（1）中科院植物所标本馆

中科院植物所植物标本馆（PE，图3.3）的前身为1928年建立的北平静生生物调查所标本室，1931年有标本40 513号，至1937年增加至43万号。1950年，北平静生生物调查所植物部与北平研究院植物研究所合并重组为中国科学院植物分类研究所植物标本馆，钱崇澍任馆长，馆藏标本约20万号，原址在天然博物院内的陆谟克堂。20世纪80年代在现址建馆，占地10 000平方米。植物标本馆馆藏腊叶标本约220万号，包括28万号苔藓标本、15万号蕨类植物标本和177万号种子植物标本及8万号种子标本和7万号化石标本。PE馆藏标本涵盖了《中国植物志》和《中国苔藓志》中所记载的全部中国高等植物中约80%的苔藓

图3.3 中科院植物所植物标本馆（冯广平 摄）

植物、90%的蕨类植物和80%的种子植物。馆藏模式标本1万余份，涉及已经发表的7000余个分类群。依据馆藏标本编著的代表性著作有：《中国植物志》、《中国高等植物图鉴》、《中国苔藓志》等。就馆藏标本数目和整体规模而言，植物标本馆名列亚洲地区植物标本馆之首；就馆藏种子标本的数目而言，位居世界第三；在国内外植物分类学研究领域中，特别是在东亚植物的研究领域中具有举足轻重的地位。2004年建成中国数字植物标本馆，目前已有400万号植物标本实现数字化。

（2）中科院植物所植物园

图3.4　中科院植物所植物园温室
（冯广平 摄）

中科院植物所植物园始建于1956年，规划面积119公顷，现有土地面积56.4公顷，其中展览区20.7公顷、试验地17.2公顷，建有展览温室1 820平方米、试验温室3 000平方米（图3.4），栽培植物6 000多种（含品种），包括2 000余种乔木和灌木，1 620余种热带和亚热带植物，花卉500余种，中草药及芳香、油料植物等1 900余种，稀有濒危植物221种。已建成有树木园、宿根花卉园、月季园、牡丹园、本草园、紫薇园，野生果树资源区、环保植物区、水生植物区、珍稀濒危植物区，热带、亚热带植物展览温室等10余个展区和展室。2000年，植物园加入植物园保护国际组织（BGCI），承诺实施《植物园保护国际议程》。

2. 中国科学院微生物研究所

中国科学院微生物研究所（简称“微生物所”图3.5）创建于1958年，是我国微生物学研究领域中学科齐全、水平最高的国家级研究机构。微生物所前身为中科院植物所微生物研究室和真菌植物病理研究室，成立于1953年1月23日，由前中央研究院和北平研究院的两个植物研究所的真菌机构合并而成。同年4月，中科院植物所与北京农业大学合作成立真菌植物病理研究室。1956年12月，在真菌病理研究室基础上组建中科院应用真菌研究所。1957年8月，在中国科学院菌种保藏委员会基础上创建中国科学院北京微生物研究室。1958年12月3日，中科院院厅秘字第454号文件通知，批准应用真菌研究所和北京微生物研究室合并成立微生物研究所，首任所长戴芳澜。微生物所现有科技人员351人，其中中国科学院院士6人。微生物所主要研究方向集中在微生物资源、工业与应用微生物、病原微生物与免疫等领域，建设有微生物资源中心、工业微生物与生物技术研究室、农业微生物与生物技术研究室等研究平台，拥有微生物资源前期开发国家重点实验室、中科院病原微生物与免疫学重点实验室、中科院真菌地衣系统学重点实验室等重点实验室。拥有亚洲最大的具有40多万号标本的菌物标本馆和一个国内最大的具有35 000多株菌种的微生物菌种保藏中心，是世界知识产权组织批准的布达佩斯条约国际保藏单位。同时还有一个藏书6万余册的专业性图书馆。

3. 中国科学院遗传与发育生物学研究所

中国科学院遗传与发育生物学研究所（简称“遗传发育所”，图3.6）成立于2001年，首任所长李家洋，是我国遗传学、发育生物学和分子生物学领域的国家级研究机构。遗传发育所由原中国科学院遗传研究所、发育生物学研究所及石家庄农业现代化研究所整合组建而成。中国科学院遗传研究所成立于

图3.5　中国科学院微生物研究所（冯广平 摄）

图3.6　中国科学院遗传与发育生物学研究所（冯广平 摄）

图3.7　中国科学院生物物理研究所（冯广平 摄）

1959年9月25日，其前身是创建于1951年7月的中国科学院遗传选种实验馆，乐天宇（1901～1984）为首任馆长。1959年9月25日，国家科委、中国科学院批复组建成立中国科学院遗传研究所，钟志雄任专职副所长。1980年3月20日，中国科学院和美国洛克菲勒基金会创建中国科学院发育生物学研究所，首任所长庄孝僡。1978年6月，中国科学院与河北省政府共同组建了“中国科学院栾城农业现代化研究所”，1979年更名为“中国科学院石家庄农业现代化研究所”，首任所长郭敬辉。2001年，中科院发布《关于组建中国科学院遗传与发育生物学研究所的通知》，开始整合组建中科院遗传与发育研究所。2005年，河北省人民政府办公厅发布《关于中国科学院石家庄农业现代化研究所更名为中国科学院遗传与发育生物学研究所农业资源研究中心的通知》，宣告三所整合彻底完成。遗传与发育所现有科技人员532人，其中中国科学院院士2人，创新研究组61人。遗传与发育所主要研究方向集中在重要农艺性状分子机理、细胞分化与器官发育、生物分子网络、动植物品种设计以及农业资源高效利用等领域，设有植物基因、分子农业生物学、发育生物学、分子系统生物学、农业资源等5个研究中心，拥有国家植物基因研究中心（北京）、植物基因组学国家重点实验室、植物细胞与染色体工程国家重点实验室、中国科学院分子发育生物学重点实验室和河北省节水农业重点实验室等，建设有栾城农业生态系统试验站、南皮生态农业试验站、太行山山地生态试验站、海南陵水南繁育种基地等4个野外台站。

4．中国科学院生物物理研究所

中国科学院生物物理研究所（简称“生物物理所”，图3.7）创建于1958年，是国家级生命科学基础研究所。其前身是1957年建立的北京实验生物学研究所，首任所长贝时璋。生物物理所现有科技人员381人，其中中国科学院院士10人，科技创新研究组长52人，首席技术专家3人。生物物理所主要研究方向集中在蛋白质科学和脑与认知科学两大领域，建有结构与分子生物学、计算与系统生物学、脑与认知科学、感染与免疫科学、脑功能成像等5个研究中心，拥有生物大分子国家重点实验室、脑与认知科学国家重点实验室、蛋白质科学国家实验室（筹办）。其国家实验室的研究方向包括蛋白质三维结构与功能、生物膜和膜蛋白、蛋白质翻译与折叠、蛋白质相互作用网络、感染与免疫的分子基础、感知觉的分子基础、蛋白质与多肽药物、蛋白质研究新技术新方法等。

图3.8　中国科学院北京基因组研究所（冯广平 摄）

5．中国科学院北京基因组研究所

中国科学院北京基因组研究所（简称“基因组所”，图3.8）成立于2003年，是中科院生命科学基础研究所。基因组所前身为中科院遗传所人类基因组研究中心，成立于1998年8月。1999年7月14日，中科院遗传研究所人类基因组研究中心与民营企业家合作创建北京华大基因研究中心（简称“华大基因”），为股份制企业。2002年3月，国家发展改革计划委员会、中国科学院和华大基因共同出资建设“国家生物信息工程中心”，由中国科学院遗传研究所代表国家和中国科学院行使出资人权利。2003年11月28日，中央机构编制委员会批复同意成立中科院北京基因组研究所，首任所长杨焕明。基因组所现有科技人员184人，其中中国科学院院士1人，中央研究院院士1人，研究员15人。基因组所主要研究方向为利用高通量测序技术解决重大科学问题，包括人类健康、农业发展、生态环境和新型能源等领域的重大科学和技术难题，设有14个由首席科学家率领的研究组，拥有基因组科学及信息重点实验室。

3.1.1.2 中国农业科学院

中国农业科学院（The Chinese Academy of Agricultural Sciences，CAAS，简称“农科院”，图2.23）成立于1957年，隶属农业部，是主要从事全国农业重大基础与应用基础、应用研究和高新技术产业开发和研究的农业科研机构。1954年9月16日，中央农村工作部批复农业部《关于筹建农业科学研究院问题的批复》，同意农业部提出的“选拔一批全国著名的农业科学家组织中国农业科学研究院”的设想。同年10月14日正式成立中国农业科学院筹备小组，万众一（原名万凤仪，1907～1989）任组长。1957年3月1日，中国农业科学院正式成立，丁颖（1888～1964）任首任院长兼华南农学院院长。农科院现有中国科学院和中国工程院院士12人，博士生导师450余人；下属 39家研究所（中心）、1个研究生院、1个出版社（中国农业科技出版社），拥有89个开放实验室，其中国家重点实验室5个；此外还建设有29个国家与部委质量监督检测中心，15个国家农作物、畜禽改良中心，29个野外科学观测试验站，5个国家工程技术研究中心，1个国家农作物种质资源长期库，12个国家农作物圃，1个国家农业图书馆。

在北京地区，农科院在植物科学及其相关领域的研究所有：植物保护研究所（Plant Protection Institute，CAAS）、生物技术研究所（Biotechnology Research Institute，CAAS）、蔬菜花卉研究所（Institute of Vegetables and Flowers，CAAS）、作物科学研究所（Institute of Crop Science，CAAS）、农业资源与农业区划研究所（Institute of Agricultural Resources and Regional Planning，CAAS）等5个研究所。

1．植物保护研究所

植物保护研究所创建于1957年8月，是专业从事农作物有害生物研究与防治的社会公益性国家级科学研究机构。1957年8月，按照国务院科学规划委员会(57)科字第120号文件精神，在华北农业科学研究所植物病虫害系和农药系的基础上创建植物保护研究所，成为农科院首批成立的五个专业研究所之一；首任所长沈其益（1909～2006）。1970年8月，根据中央“关于农科院、林科院体制改革的批示”精神，将植物保护研究所下放到河南省。1978年12月，迁回北京恢复原建制。植物保护研究所现有科技人员204人，其中中国工程院院士1人，中国科学院院士1人。植物保护研究所的主要研究方向为农业有害生物和农药，设有植物病害、农业昆虫、农药、分子植病、生物防治、农业有害生物监测预警、生物入侵、微生物农药与分子设计以及杂草鼠害等9个研究室，拥有植物病虫害生物学国家重点实验室、农业部农药化学与应用技术重点开放实验室、农业部生物防治重点开放实验室、农业部外来入侵生物预防与控制中心、农业部植物病虫害抗性监督检验测试中心（北京）、农业部转基因植物环境安全检测检验测试中心（北方）、农业部廊坊有害生物防治重点野外科学观测试验站、农业部锡林格勒草原有害生物防治野外试验站等重点实验室和野外台站。

2．生物技术研究所

生物技术研究所成立于1999年，是目前我国唯一一所以农业生物技术前沿基础和应用基础研究为重点的国家级科研机构；首任所长黄大昉。生物技术研究所前身为生物技术研究中心，成立于1986年6月，范云六为首任主任。生物技术研究所现有科技人员78人，其中中国工程院院士1人、研究员15人。生物技术研究所的主要研究方向为转基因农作物、重组微生物、植物代谢工程和微生物酶工程等，建有植物生物技术研究室、分子微生物学研究室，拥有农业部农作物分子生物学重点开放实验室、农业部转基因植物用微生物环境安全监督检验测试中心、农科院生物反应器技术研究中心等5个重点实验室（研究中心）。

3．蔬菜花卉研究所

蔬菜花卉研究所成立于1958年9月22日，是我国专门从事蔬菜花卉育种和栽培的研究中心。蔬菜花卉研究所前身是华北农业科学研究所园艺系蔬菜研究室，创建于1949年，初名蔬菜研究所，受中国农业科学院和北京市农业科学院双重领导；首任所长缺，朱明凯任副所长。1960年12月，依据农业部（60）党发第210号文件精神，蔬菜所下放到北京市农业科学院。1962年12月，按照农业部（62）农原震字第41号文件精神，蔬菜所恢复农科院建制。1970年8月，按照原农林部（70）农林办字第11号文件精神，蔬菜所再次下放北京市。1978年2月，农林部、国家物资总局、财政部联合发文《关于加强农林科教工作和调整农林科教体制的函》[（78）农林（科）字第15号、（78）物计字第47号、（78）财农字第9号]，决定将蔬菜所回归农科院。1987年12月3日，根据国家科委、农牧渔业部《关于同意中国农业科学院蔬菜所更名的复函》[（87）国科发综字0806号，（1987）农（人）农函字第17号]文件精神，蔬菜研究所更名为中国农业科学院蔬菜花卉研究所，李树德任所长。蔬菜花卉研究所现有科技人员223人，其中中国工程院院士1人、俄罗斯农业科学院院士1人，高级职称人员31人。蔬菜花卉研究所主要研究方向为蔬菜和花卉育种与栽培，设有生物技术、种质资源、十字花科育种、茄科育种、葫芦科育种、栽培与采后技术、植物保护、花卉等8个研究室。

4．作物科学研究所

作物科学研究所成立于2003年，由作物育种栽培研究所、作物品种资源研究所和原子能利用研究所的育种研究部分进行战略性重组而成，是国家级作物科学创新中心、国际合作中心和高级科技人才培养基地。作物育种栽培研究所成立于1957年，作物品种资源研究所成立于1978年，原子能利用研究所成立于1960年。2003年，三所整合为作物科学研究所，万建民任所长。作物科学研究所现有科技人员314人，其中，中国科学院和中国工程院院士各1人，长江计划特聘教授1人，科技创新人员179人。作物科学研究所以作物品种资源、遗传育种、分子生物学和栽培生理为主要研究领域，设有作物种质资源保护与研究中心、作物遗传育种系、作物分子生物学系、作物栽培生理系等研究部门，拥有国家小麦改良中心、国家农作物种质资源保存中心、国家大豆改良分中心（北京）、农业部作物遗传育种重点开放实验室、农业部作物种质资源与生物技术重点实验室、农业部农业核技术与航天育种重点开放实验室、农业部谷物品质监督检验测试中心、农业部作物种质资源监督检验测试中心等重点实验室，农作物基因资源与基因改良国家重大科学工程是其主要的科技创新平台。

5．农业资源与农业区划研究所

农业资源与农业区划研究所成立于2003年5月，由土壤肥料研究所、农业自然资源和农业区划研究所整合组建而成，是国内一流的以土壤肥料、农业资源利用和区域发展为主导的国家级公益性综合研究机构。土壤肥料研究所成立于1957年8月，在华北农业科学研究所农化系土壤肥料研究室和土壤耕作研究室基础上创建，是农科院首批成立的五个专业研究所之一；首任所长高惠民。1970年12月，土壤肥料研究所南迁至山东省德州地区齐河县晏城农场。翌年1月，下放到山东省，与山东德州地区农科所合并，改名为山东省德州地区农科所。1978年6月，更名为农科院土壤肥料研究所，受农林部与山东省双重领导。1979年11月，土壤肥料研究所回迁北京。农业自然资源和农业区划研究所成立于1979年2月，现有科技人员275人，其中，中国工程院院士1人，长江学者1人，农业部“神农计划”2人。农业自然资源和农业区划研究所主要研究方向涉及现代土壤学、植物营养与肥料、农业微生物、资源遥感与数字农业、农业生态环境保护、节水农业、区域农业发展、农业资源管理与利用等，建有植物营养与肥料研究室、土壤研究室、农业微生物资源与利用研究室、农业水资源利用研究室、农业遥感与数字农业研究室、草地科学与农业生态研究室、资源管理与利用研究室、农业布局与区域发展研究室等8个研究室，拥有农业部植物营养与养分循环重点开放实验室、农业部资源遥感与数字农业重点开放实验室、国家化肥质量监督检验中心、农业部微生物肥料和食用菌菌种质量监督检验测试中心、中国农业微生物菌种保藏管理中心等重点开放实验室和检测中心。

3.1.1.3　中国林业科学院

中国林业科学研究院（The Chinese Academy of Forestry，CAF，简称“林科院”）成立于1958年10月27日（图2.24），是以林业应用研究为主，同时开展应用基础与高新技术研究、开发研究和软科学研究的研究机构，隶属国家林业局。林科院前身为1912年建立的农林部林艺试验场。1912年农林部设立天坛林艺试验场（1914年在神乐署办公），成为中国最早的、独立的林业试验研究机构。1913年，林艺试验场于西郊董四墓村（林科院现址）建设农林部林艺试验场西山造林苗圃。1915年以后，林艺试验场西山分场迭更为农商部第一林业试验场西山分场（1915）、实业部北平模范林场西山分场（1933）、行政部西山林场（1937～1945）、农林部中央林业实验所华北林业试验场西山第一事业区（1946）。1949年，华北农业研究所接管中央林业实验所。翌年，移交中央人民政府林垦部。1953年1月，成立中央林业部林业科学研究所。1958年10月，经国务院科学规划委员会批准正式成立林科院，张克侠为首任院长。1970年撤销建制，一部分与中国农科院合并成立了中国农林科学院，一部分下放地方。1978年4月重新恢复建制，郑万钧任院长。

林科院现有科技人员1600多名，其中中国科学院院士3人、中国工程院院士2人，国际木材科学院院士5人，研究员141人；下设12个研究所、3个研究开发中心、4个林业实验中心，分布在全国11个省（区、直辖市）；建有2个国家级工程（技术）研究中心、8个部级重点开放性实验室、4个国家级林业实验基地。林科院主要研究方向集中在森林培育、森林生态环境与保护、资源管理、木材加工利用、林产化工、资源昆虫、林业经济与科技信息等领域。

在北京地区，林科院在植物科学及其相关学科领域的研究所有：林业研究所（Research Institute of Forestry，RIF）、森林生态环境与保护研究所（The Research Institute of Forest Ecology, Environment and Protection，CAF）等。

1．林业研究所

林业研究所成立于1953年，是以森林培育、林木遗传改良、森林生态系统管理、荒漠化防治、水土保持和林业生态工程为主的多学科综合研究机构，也是林科院成立最早、学科设置齐全、科技力量最为雄厚的研究所。林业研究所前身为中央林业实验所（National Forestry Research Bureau），成立于1941年。1949年被华北农业研究所接管。1952年12月22日，林业部第十二次部务会议决定将其更名为中央林业部林业研究科学所。1953年1月1日，中央林业部林业科学研究所正式成立，陈嵘（1888～1971）任首任所长。1958年，林科院成立，中央林业部林业研究所改隶林科院，更名为林科院林业科学研究所。1970年8月，林业科学研究所下放河北省。1978年4月，回迁北京，正式定名为中国林业科学研究院林业研究所。林业研究所现有科技人员146人，其中，中国工程院院士1人，研究员30人。林业研究所主要承担全国性的、重大的、跨地区性的林业应用基础和应用技术研究，建有分子生物学、复合农林业、林木遗传育种、防治荒漠化、水土保持、林木种植资源、林木引种与植物地理、树木生理生态、森林培育、森林土壤、城市林业、经济林、花卉、能源林等14个研究室，拥有国家林业局林木培育重点实验室、国家林业局植物新品种分子测定实验室等重点实验室，同时还建有黄河小浪底森林生态系统定位研究站、四川高寒湿地生态系统定位研究站、甘肃民勤荒漠生态系统定位研究站、青海共和荒漠生态系统定位研究站、青海三江源湿地生态系统定位研究站等5个野外台站。

2．森林生态环境与保护研究所

森林生态环境与保护研究所（简称“森林环保所”）创建于1998年，由森林生态环境研究所和森林保护研究所合并而成，是我国专门从事森林资源和生态环境及可持续发展研究的机构。森林生态环境研究所和森林保护研究所均源于中央林业研究所（1951～1958年）的森林生态、森林经营、昆虫和病理研究组。1985年1月，成立中国林业科学研究院分析中心。1994年，按照中编办[1994]20号文件，分析中心更名为森林生态环境研究所。1993年，按照中编办[1993]78号文件，成立森林保护研究所。1998年5月4日，根据《中国林科院改革与发展总体方案》成立森林生态环境与保护研究所，陈昌洁任首任所长。森林环保所现有科技人员163人，其中中科院院士1人、研究员23人。森林环保所主要研究方向集中在森林生态、自然保护区管理、生态系统定位观测、气候变化与森林、森林水文及水资源管理、生态环境监测与影响评价、森林病理、森林昆虫、生物防治、森林有害生物检疫、森林植物、野生动物保护与管理、鸟类及湿地、森林防火等领域。设有森林病理、线虫、森林昆虫生态、森林昆虫病理、天敌昆虫、森林生态、野生动物、森林消防、生物多样性保护、环境保护、湿地等11个研究室，拥有国家林业局森林生态学重点实验室和森林保护学重点实验室等重点实验室；此外，还建有森林植物、昆虫、林木病原生物、昆虫病原生物、野生动物、森林真菌、微生物资源等6个生物类型的4个标本中心（馆）和1个中国微生物菌种保藏管理委员会林业微生物中心（含菌库）。

3．森林植物标本馆

森林植物标本馆成立于1941年，是我国林业系统历史最悠久、收藏保藏规模最大的标本馆，收藏腊叶标本约8 000余种，12万号，隶属于212科，1 370余属。

3.1.1.4 中国医学科学院

中国医学科学院（Chinese Academy of Medical Sciences，CAMS，简称“医科院”）成立于1956年（图2.22），与北京协和医学院（Peking Union Medical College）实行院校合一的管理体制，隶属卫生部（Ministry of Health），是我国唯一的国家级医学科学学术中心和综合性医学科学研究机构。

北京协和医学院由美国洛克菲勒基金会（Rockefeller Foundation）创建于1917年，麦克林（Franklin C. Mclean，1888～1968）为首任校长；1949年，更名为中国协和医学院；1959年，在中国协和医学院基础上成立中国协和医科大学；2007年，更名为北京协和医学院，兼用“北京协和医学院—清华大学医学部”名称。1942年，国民政府卫生署在重庆成立中央卫生实验院，朱章赓（又名季青，1900～1978）任院长。1945年，中央卫生实验院回迁南京，同时在北京先农坛成立中央卫生实验院北平分院。1950年10月，南京中央卫生实验院与中央卫生实验院北京分院重组为中央卫生研究院。1956年 8月，中央卫生研究院、东北防疫总站、北京协和医学院合并组建中国医学科学院；首任院长沈其震（1907～1993）。1983年，医科院6个研究所划出，与工业卫生实验所组成中国预防医学科学院（The Chinese Academy of Preventive Medicine）。

医科院现有科技人员2 300多人，其中，中国科学院院士9人、中国工程院院士16人、教育部“长江学者奖励计划”特聘教授13人、博士生导师394人。医科院的研究涵盖了医学科学各领域，包括基础医学、临床医学、预防医学、药物以及与医药学有关的生物、物理、化学等相关学科；设有18个研究所、5个分所、7所临床医院、5所学院、1个研究生院和 5 所分院；有一级学科博士授权专业点5个、二级学科博士授权专业点47个，二级学科硕士学位授权专业点58个，一级学科国家重点学科2个，二级学科国家重点学科8个，三级学科国家重点学科2个，国家重点培育学科1个；拥有4个国家级重点实验室、10个部委级重点实验室、17个国家级研究基地和中心、6个博士后科研流动站以及10个世界卫生组织合作中心。

在北京地区，医科院在植物科学及其相关领域的研究所有药物研究所（Institute of Materia Medica，IMM）、药用植物研究所（Institute of Medical Plant Development，IMPLAD）。

1. 药物研究所

药物研究所成立于1958年，是以中草药和天然产物研究为基础，应用化学合成、生物合成等手段进行新药研究与开发为特色的国家级重点药物研究机构之一。药物研究所现有科技人员300余人，其中，中国科学院院士3人，中国工程院院士2人，教育部“长江学者”特聘教授3人。药物研究所主要研究方向集中在防治常见病、多发病和疑难病症新药、天然产物、计算机辅助药物分子设计、分子药理学、中药复方现代化等领域；建有合成药物化学、天然产物化学、药理学、新药开发、新药综合研究、仪器分析等6个研究室，拥有卫生部天然药物生物合成重点实验室、国家药物及代谢产物分析研究中心、国家新药开发工程技术研究中心、国家新药筛选中心、新药安全评价中心等重点实验室和研究中心。

2. 药用植物研究所

中国医学科学院药用植物研究所（简称“药植所”，图3.9）成立于1983年，是国内从事药用植物研究和培养专门人才的重要基地，也是世界上五大药用植物专业研究机构之一。药植所前身为中央卫生研究院药用植物种植场，始建于1955年。1957年，中国医学科学院成立，药用植物种植场转隶中国医学科学院，改名药物研究所药用植物栽培试验场，下设栽培室。1983年，在药用植物栽培试验场和栽培室基础上，成立药用植物资源开发研究所；首任所长肖培根。1994年，药用植物资源开发研究所更名为药用植物研究所。药植所现有科技人员681人，其中中国工程院院士1人。药植所主要研究方向集中于药用植物资源研究与保护、药用植物栽培、天然药物化学、药理毒理、生物技术等领域；建有药用植物栽培研究中心、资源研究与保护中心、天然药物化学研究中心、药理毒理研究中心、生物技术研究中心等5个研究平台，拥有世界卫生组织传统医学研究合作中心、国家中医药管理局中药资源利用与保护重点实验室、教育部中药资源工程中心、教育部中草药物质基础与资源利用重点实验室等重点实验室，同时还建有国家药用植物种质资源库。

图3.9　药用植物研究所（孙珍全 摄）

3. 中国医学科学院药用植物园

中国医学科学院药用植物园（简称“药

图3.10　药用植物园内李时珍雕像（冯广平 摄）

用植物园”，图3.10）创建于1955年，原是中央卫生研究院药用植物实验场标本园。1984年转隶药用植物研究所，并进一步扩建。药用植物园现有土地面积20公顷，展览区和教学实习区12.5公顷，繁育区3公顷，保种区2.5公顷，引种驯化试验区2公顷，展览温室1800平方米，研究试验温室200平方米，共收集药用植物1300种（不含品种），并拥有大型种质低温贮藏库（900种、1500号种子）及各类专业实验室。建园以来，共栽植木本植物127种、6579株。目前已经成为亚洲主要药用植物园之一，也是北京市青少年科普教育基地。

3.1.1.5　中国中医科学院

中国中医科学院（China Academy of Chinese Medical Sciences，CACM，简称“中医科学院”，图3.11）成立于1955年，隶属卫生部，是专门从事中医研究，集科研、医疗、教学于一体的综合性研究机构。1955年12月19日，中医研究院成立，地址在广安门内北线阁；首任院长鲁之俊。1971～1978年，与北京中医学院合并。1985年，更名为中国中医研究院。2000年，更名中国中医科学院。

中医科学院现有专业技术人员3200人，其中，中科院院士1人、中国工程院院士3人、国医大师4人，研究员（教授）62人。中医科学院涵盖了中医学、中药学的各个领域，具有中医学、中药学、中西医结合等3个一级学科博士、硕士学位授予点，并建有博士后科研流动工作站；建有11个研究所，9个医疗机构；拥有国家新药（中药）临床试验研究中心、国家规范化中药药理实验室，以及14个国家中医药管理局科研三级实验室。

中医科学院在植物科学及其相关领域的研究机构为中药研究所（Insititute of Chinese Medicine）。

中药研究所成立于 1955 年。中药研究所现有科技人员192人，其中研究员（教授）37人。中药研究所主要研究方向集中在中药理论、中药标准化和规范化、中药产业关键共性问题的基础研究、中药创新药物关键技术的基础研究、中药资源可持续利用研究等领域；建有本草文献、中药鉴定与分子生药、中药药性理论及复杂性科学、中药药代动力学、中药药理等5个研究室，拥有中药质量控制技术国家工程实验室，以及中药资源研究中心、中药制剂研究中心、中药质量标准研究中心、中药炮制研究中心、青蒿素研究中心、中药安全评价中心、中国中医科学院研发中心等7个研究中心。中药标本馆收藏各类标本约13万号，包括植物腊叶标本，药材标本、浸渍标本、少量动物剥制标本、骨制标本等标本类型。腊叶标本约10万号，分属297

图3.11　中国中医科学院（冯广平 摄）

个科，1096个属，4189种。药材标本约3万份，5500多种，分属263个科，有738种为《中华人民共和国药典》收载的药材标本。

3.1.1.6 中国地质科学院

中国地质科学院（Chinese Academy of Geological Sciences，CAGS，简称“地科院”，图2.25）成立于1956年，隶属国土资源部，是我国专门从事地质科学研究，承担公益性、基础性地质工作和战略性矿产资源勘查评价工作的事业单位。

1959年6月，原地质矿产部创建地质部地质科学研究院，许杰为首任院长；1966年，改称地质科学研究院；1976年，改称中国地质科学院。1999年7月16日，地科院与原中国地质勘查技术院、原中国水文地质工程地质勘查院重组为新的中国地质科学院。

地科院现有科技人员2000多人，其中，中国科学院院士、中国工程院院士18人，研究员201人。地科院主要研究方向集中在基础地质、矿产地质、水文地质、工程地质、环境地质、岩溶地质、勘查地球物理、勘查地球化学、岩矿测试技术、勘查技术、矿产综合利用技术等领域；建有12个研究所，拥有8个国土资源部重点实验室。

在北京地区，地科院在古植物领域的研究所有：地质研究所（Institute of Geology，CAGS）、中国地质博物馆（The Geological Museum of China，CAGS）。

1. 地质研究所

地质研究所（简称“地质所”）成立于1956年4月，首任所长宋应，是主要从事国家基础性、公益性、战略性和前瞻性地球科学研究和基础地质调查工作的国家社会公益类科研机构（图3.12）。地质所前身为中央地质调查所，创建于1913年，丁文江任首任所长。其后，名称迭更为：地质部地质矿产研究所（1956）、地质部地质研究所（1957）、地质部地质科学研究所（1960）、地质部地质研究所（1964）、地质科学院地质研究所（1971）、国家地质总局地质研究所（1978）、地质部地质研究所（1979）、地质矿产部地质研究所（1982）、中国地质科学院地质研究所（2000）。地质所有科技人员现有科研人员176人，其中，中国科学院院士6人，博士生导师20人。地质所的研究方向主要集中在矿物、岩石、构造地质、地层古生物、地球化学等地质科学的各主要领域，建有区域地质与编图、构造地质、地层与古生物、变质岩与前寒武纪地质、火成岩等7个研究室，以及北京离子探针中心、岩石圈研究中心；拥有国土资源部大陆动力学重点实验室、同位素地质重点实验室和中国地质科学院地层与古生物开放实验室等重点实验室。

图3.12 地质研究所（冯广平 摄）

2. 中国地质博物馆

中国地质博物馆成立于1958年9月（图3.13），初名为地质部地质博物馆，是专门从事地质标本收藏、从事地层古生物学、矿物岩石学、宝石学等领域研究，以及地质科学科普活动的公益型机构。中国地质博物馆前身为地质调查所地质矿产陈列馆，成立于1916年7月14日，丁文江（字在君，1887～1936）为首任馆长。1935年，地质调查所迁往南京，地质陈列馆随之部分南迁。1937年，抗日战争爆发，地质陈列馆（南京部分）西迁重庆，地质陈列馆（北京部分）被日伪军强占。1943年12月25日，中央地质调查所与中央研究院动植物所、气象所及工业试验所、农业试验所、西部科学院等共建中国西部科学博物馆（即中国西部博物馆），地质馆部分由中央地质调查所设计。1950年，中国地质工作计划指导委员会在南京设立全国地质陈列馆工作领导机构，辖南京地质陈列馆和北京地质陈列馆。1953年1月，全国地质陈列馆领导机构迁北京，高振西（1907～1991）任馆长。1958年9月，地质部建成全国地质陈列馆大楼，陈列馆改名为地质部地质博物馆。1960年，地质部地质博物馆划归地质科学研究院领导，冯志爽任馆长。中国地质博物馆下设藏品保管部、社会教育部、展览部、科普中心等地质标本收藏和科普机构，建设有岩层矿物研究室、地层古生物研究室、标本技术实验室等研究机构。中国地质博物馆拥有地质标本20余万件，主要包括矿物、宝石、恐龙、古人类、鱼类、鸟类、昆虫等领域，代表性藏品有水晶王、常林钻、巨型山东龙（*Shantungosaurus gigainteus*）、原始中华龙鸟（*Sinosauropteryx prima*）、元谋直立人（*Homo erectus yuanmouensis*）、北京直立人（*Homo erectus pekinensis*）、山顶洞人等。中国地质博物馆是全国科普教育基地、全国青少年教育基地。

图3.13　中国地质博物馆（冯广平 摄）

3.1.2　地方研究机构

1. 北京市农林科学院

北京市农林科学院（Beijing Academy of Agriculture and Forestry Sciences，简称“农林院”）成立于1958年（图3.14），为北京市政府直属事业机构，是专门从事农业应用基础研究的机构。1958年，北京市成立北京市农业科学院。1962年撤院改所，分离成为北京市农业科学研究所、北京市林业果树研究所、北京市畜牧兽医研究所，归口所属行政局领导。1968年，各所合并为北京市农业科学研究所。1975年3月恢复院级建制。1983年更为现名。农林院现有科技人员736人，其中高级职称239人。农林院主要研究方向为农业新品种选、引，高产、优质、低耗、高效栽培与饲养技术；下设蔬菜研究中心、林业果树研究所、畜牧兽医研究所、水产科学研究所、植物保护环境保护研究所、植物营养与资源研究所、农业科技信息研究所、农业综合发展研究所、北京农业信息技术研究中心、北京农业生物技术研究中心、杂交小麦研究中心、玉米研究中心和北京草业与环境研究发展中心等13个研究所（中心），拥有3个国家级工程技术研究中心、2个农业部原种基地、5个农业部高技术实验室及中心。

图3.14　北京市农林科学院（孙珍全 摄）

2. 北京市园林科学研究所

北京市园林科学研究所（Beijing Institute of Landscape Architecure，简称“园林所”）成立于1979年，隶属北京市科学技术委员会，是北京市级园林行业综合性研究机构，也是北京市新优植物材料中试基地和国家职业技能鉴定机构。园林所现有科技人员145人，其中，教授级高级工程师3人。园林所主要研究方向为城市园林生态、古树名木复壮技术、新优园林植物引种、选种、花卉育种、组培快繁技术等领域；建有树木、花卉、草坪地被、种苗、园林生态、植物营养、园林植保、景观设计等8个研究室。

3. 北京自然博物馆

北京自然博物馆（Beijing Museum of Natural History，图2.26）成立于1962年，隶属北京科学技术研究院（Beijing Academy of Science and Technology），是专门从事古生物、动物、植物和人类学科学研究、标本收藏和科学普及的机构。其前身是成立于1951年4月中央自然博物馆筹备处。“大跃进”时期，中央自然博物馆筹备处下放到北京市，隶属北京市文化局。1962年，北京自然博物馆正式命名，首任馆长杨钟健（1897～1979）。1984年，改隶属北京市科学技术研究院。同年，在南海子建立北京麋鹿生态试验中心；翌年，北京麋鹿生态试验中心独立。 北京自然博物馆现有专业技术人员102人，其中研究员、研究馆员8人。北京自然博物馆的主要研究和科普方向集中在古生物、动物、植物和人类学等领域；建有标本部、科普教育部、科学研究部、展览策划部等部门。北京自然博物馆馆藏标本20余万件，收藏了许多珍贵标本，包括：井研马门溪龙（*Mamenchisaurus jingyanensis*）、棘鼻青岛龙（*Tsintaosaurus spinorhinus*）、圣贤孔子鸟（*Confuciusomis sanctus*）、三塔中国鸟（*Sinomis santenis*）、拉蒂迈鱼（*Latimenria chalumnae*）等。

3.2 高等院校

3.2.1 部属院校

1. 北京大学

北京大学（Peking University）前身为京师大学堂，创立于1898年（光绪二十四年），是当时中国的最高学府，兼具国家最高教育管理机构职能。1898年7月4日，光绪皇帝下旨设立京师大学堂，任命吏部尚书孙家鼐为管学大臣；京师大学堂设道学、政学、农学、工学、商学等10科。1902年（光绪二十八年），京师大学堂设博物部。1912年更名为国立北京大学（图3.15）。1937年，抗日战争爆发，北京大学南迁长沙，与同时南迁的清华大学、南开大学合办长沙临时大学。翌年，三校在昆明组成“国立西南联合大学”。1946年，北京大学回迁北京复校。1951年11月，教育部发布《关于全国工学院调整方案》，北京大学保留为综合性大学，撤销燕京大学，清华大学文、理、法三个学院及燕京大学的文、理、法各系并入北京大学。北京大学在植物科学及古植物领域的教学和研究机构有：生命科学学院（College of Life Science）、地球与空间科学学院（School of Earth and Space Sciences）。

图3.15 沙滩北京大学红楼（冯广平 摄）

（1）生命科学学院

生命科学学院成立于1993年（图2.28、图2.45），是我国成立最早的生命科学学院。其前身为北京大学生物系，创立于1926年，谭熙鸿（字仲逵，1891～1956）任首任系主任。1937年，北京大学、清华大学、南开大学合办长沙临时大学，李继侗任生物学系主任。翌年，三校在昆明组成“国立西南联合大学”，李继侗任生物学系主任。1946年，北京大学复校，生物学系分为植物学系和动物学系，张景钺任植物学系主任。1952年，全国高等学校进行院系调整，北京大学、燕京大学（Yanching University）和清华大学（Tsinghua University）三校的生物学系合并成新的北京大学生物系，张景钺任系主任。1993年，生物系扩展成立生命科学学院。

生命科学学院现有教授54人，其中，中国科学院院士4名、长江特聘教授8人、国家杰出青年基金获得者13人，博士生导师54人。学院现有生物化学及分子生物学、细胞生物学、植物生物学、动物生物学、生理学等5个国家重点学科；具有博士授予权的学科 8个，硕士授予权的学科12个，为生物科学一级学科博士学位授予权单位，并设有博士后科研流动站。学院建有生物化学及分子生物学系、细胞生物学及遗传学系、生理学及生物物理学系、植物分子及发育生物学系、环境生物学及生态学系、生物技术系等6个系；建有北大-耶鲁植物分子遗传学及农业生物技术联合研究中心、生命科学研究测试中心、生物基础教学实验中心、大熊猫及野生动物保护研究中心、化学基因组学中心等5个研究中心；分子生物学研究所，细胞生物学研究所等2个研究所；拥有蛋白质工程及植物基因工程国家重点实验室，生物膜及膜生物工程国家重点实验室、细胞增殖分化教育部重点实验室等。同时，学院还是国家理科基地、国家生命科学与技术人才基地。

北京大学植物标本馆（图3.16）始建于1918年。钟观光在北京大学创建我国第一个生物标本室。自此，历时10年，共采集植物标本1 600多种，共1.5万号。目前，标本馆馆藏标本4万余号，3 000余种，以河北省的标本为主，少量云南、四川等省区的标本。维管植物标本中，以被子植物为主。

图3.16　北京大学生命科学学院生物标本馆（冯广平 摄）

（2）地球与空间科学学院

地球与空间科学学院成立于2001年10月26日，由原地质学系、地球物理学系的固体地球物理学专业、空间物理学专业、遥感所以及城市与环境学系的地理信息系统（GIS）等专业合并组建而成。其前身可以追溯至京师大学堂地质学门，创办于1909年。学院现有教授51人，其中，中国科学院院士7名、“长江学者奖励计划”特聘教授5名。学院具有构造地质学、固体地球物理学、地理信息系统等3个国家重点学科；拥有3个博士后科研流动站，3个一级学科博士、硕士学位授予点。学院设有地质、地球化学、固体地球物理学、空间科学与技术、地理信息系统等5个专业；拥有教育部造山带与地壳演化重点实验室、北京市空间信息集成与3S工程应用重点实验室等。

（3）药学院

北京大学药学院（图3.17）成立于1985年，其前身为北京大学中药研究所，始建于1941年。1943年，北京大学医学院药学系成立，刘思职（1904～1983）任主任。1952年，更名为北京医学院药学系。1985年，更名为北京医科大学药学院，王夔任院长。2000年，更名为北京大学药学院，彭师奇任院长。学院现有教授35人，其中，中国科学院院士2人、“长江学者奖励计划”特聘教授1人，博士生导师31人。学院具有药物化学、生药学、药理学科等3个国家重点学科，药学学科为国家一级重点学科；拥有6个博士学位授予点、7个硕士学位授予点。学院设有化学生物学系、药物化学系、天然药物学系、药剂学系、分子与细胞药理学系、药事管理与临床药学系6个系，以及应用药物研究所；拥有天然药物与仿生药物国家重点实验室。

图3.17　药学院楼前的李时珍雕像（冯广平 摄）

2. 清华大学

清华大学（Tsinghua University）前身是清华学堂，创立于1911年，是清政府建立的留美预备学校。1912 年，更名为清华

图3.18 清华大学闻亭西南联大校友返校纪念碑（冯广平 摄）

学校。1925 年设立大学部，同年开办研究院（国学门），1928年，更名为国立清华大学，并于1929年秋开办研究院、各系设研究所。1937年，抗日战争爆发，南迁长沙，与北京大学、南开大学联合办学，组建国立长沙临时大学，1938年迁至昆明，改名为国立西南联合大学。1946年，清华大学迁回清华园原址复校（图3.18）。

1926年，清华大学设立生物学系（图3.19），首任系主任钱崇澍。1946年，清华大学复校，李继侗任生物系主任。1952年，清华大学生物系并入北京大学生物系。1984年，清华大学重建生物科学与技术系，蒲慕明任系主任。2009年，在生物科学与技术系基础上组建生命科学学院（School of Life Sciences，图3.20）。

生命科学学院现有教授、研究员45人，其中，中国科学院院士3人、长江学者奖励计划特聘教授13人。学院现有生物物理学、生化与分子生物学、发育生物学等3个国家重点学科；具有生物学一级学科和海洋生物学二级学科博士点。学院建有生物物理与结构生物学研究所、生物化学与分子生物学研究所、细胞与发育生物学研究所、生物技术研究所、海洋生物技术研究所、人类基因组研究所、分子细胞学研

图3.19 清华大学生物学系主楼（冯广平 摄）

图3.20 清华大学生命科学学院（冯广平 摄）

究中心、中药研究室以及生物学实验教学中心等9个研究所和中心；拥有国家抗肿瘤蛋白质药物工程实验室、生物膜与膜生物工程国家重点实验室、蛋白质教育部科学重点实验室、生物信息学教育部重点实验室、北京市蛋白质药物重点实验室等。同时，学院还是全国理科(生物学)基础科学人才培养基地、国家生命科学与生物技术人才培养基地。

3. 北京师范大学

北京师范大学（Beijing Normal University）前身为京师大学堂师范馆，创建于1902年，成为我国高等师范教育的源头。1902年2月13日，管学大臣张百熙在《筹办京师大堂情形疏》中提出，复建的京师大学堂设速成一科，分仕学馆、师范馆两门。1904年（光绪三十年），师范馆改为优级师范科。1908年（光绪三十四年）5月，优级师范科改为京师优级师范学堂，成为我国高等师范学校独立建制的开始。1912年京师优级师范学堂更名为北京高等师范学校。1923年更名为国立北京师范大学（图3.21）。1931年北京师范大学与北平大学女子师范学院合并，改称北平师范大学。1937年，抗日战争爆发，北京师范大学西迁陕西西安，与北平大学、北洋工学院联合组建西安临时大学，旋即改为西北联合大学；翌年，北平师范大学从西北联合大

图3.21 和平门北京师范大学旧址（冯广平 摄）

图3.22 北京师范大学生命科学学院（冯广平 摄）

学独立，称西北师范学院。1941年，西北师范学院西迁甘肃兰州，至1946年返回北平，改称北平师范学院。

生命科学学院成立于1998年（图3.22）。其前身为京师大学堂第四学系，创建于1904年。1923年，国立北京师范大学始建生物系，成为我国高等学校中最早建立的生物系之一，王烈（字霖之，1887～1957）代理主任，翌年李顺卿（1894～1972）任主任。1931年，北平大学女子师范学院生物系并入，改称北平师范大学生物系。1938年，西迁西安，改称西北师范学院博物系。1946年，返回北平，改称北平师范学院博物系；1949年以后博物系改称生物系。1952年全国高等学校院系调整时，辅仁大学生物学系并入，改称北京师范大学生物系，汪堃仁（1912～1993）任系主任。1998年，生物系扩展成为生命科学学院。

生命科学学院现有教授36人，其中，中国科学院院士2人、“长江学者奖励计划”特聘教授2人。学院现有细胞生物学、生态学2个国家重点学科；具有生物科学一级学科博士学位授予权，二级学科博士授予权8个和硕士授予权14个。学院设有细胞生物学系、生态科学系、生物化学与生物技术系和遗传与发育生物学系等4个系，以及细胞生物学研究所、生态学研究所和生物医学研究所等3个研究所；拥有细胞增殖及调控生物学、生物多样性与生态工程2个教育部重点实验室。

生命科学学院植物标本室始建于1918年，1931年北平大学女子师范学院标本室（PET）并入；1952年，辅仁大学标本室并入。目前已被《世界植物标本馆索引》（Herbarium Index）收录。标本馆现存腊叶标本75 000多号，其中维管植物7万余号、藻类植物2 000余号、菌类和地衣植物300余号、苔藓植物1 400余号，浸制标本2 000多瓶，干制标本100多份。其中，模式标本10余号，国家一级保护植物标本30余种、100余份。标本收藏的主要范围为华北地区，其中河北、北京地区的较多，还有少量日本、朝鲜的标本。特别是保存有钟观光及刘汝强采集的标本，为核实早期的分类学文献提供了重要的依据。存有《直隶植物志》、《北京植物志》和《河北植物志》的部分凭证标本。依据馆藏标本编写的著作有：《北京植物检索表》（第一版、第二版）、《北京植物志》（第一版、第二版）、《河北植物志》（第一版）。此外，标本室还藏有编写《北京植物志》与《河北植物志》时绘制的植物科学画底图；配有全套的《中国植物志》和全国最为齐全的各种地方植物志。

4. 中国农业大学

中国农业大学（China Agricultural University）成立于1995年，由北京农业大学与北京农业工程大学合并组建而成。其前身为京师大学堂农科大学，创建于1905年。1949年9月，北京大学农学院、清华大学农学院和华北大学农学院合并为北京农业大学（图2.27）。1952年10月，北京农业大学农业机械系与华北农业机械专科学校、中央农业部机耕学校合并成立北京机械化农业学院。1953年7月更名为北京农业机械化学院。1985年更名为北京农业工程大学。1995年9月，北京农业大学与北京农业工程大学合并成中国农业大学。中国农业大学在植物科学及其相关领域的教学和研究机构有：生物学院（College of Biological Sciences）、农学与生物技术学院（College of Agriculture and Biotechnology）。

（1）生物学院

生物学院成立于1984年（图3.23），由农学、兽医、植保、气象、畜牧等5个系的生物学相关教研组和专业组建而成，成为国内最早设立的生物学院。学院现有教授42人，其中，中国科学院院士4人、中国工程院院士1人、“长江学者奖励计划”特聘教授5人。学院具有植物学、生物化学与分子生物学、微生物学及基础兽医学等4个国家级重点学科；拥有生物学一级学科博士学位授予权，具有7个博士和硕士学位授予点，设有生物学博士后科研流动站。学院设有植物科学、动物学与动物生理学、微生物学与免疫学、生物化学与分子生物学4个系和1个生命科学实验教学中心；拥有国家农业生物技术重点实验室、国家植物生理学与生物化学重点实验室和农业部农业微生物资源及其利用重点实验室。

图3.23　原北京农业大学生物学院主楼（冯广平 摄）

（2）农学与生物技术学院

农学与生物技术学院成立于2002年，由作物学院、植物保护学院和园艺学院合并而成。学院前身为京师大学堂农科大学农学门，创建于1905年。1949年，北京大学农学院、清华大学农学院、华北大学农学院相关院系合并组建为北京农业大学农艺学系、植物病理学系、昆虫学系和园艺学系。1952年，调整为农学系、园艺系、植物保护系。1958年，植物保护系改为植物保护与农业微生物学系；1986年更名为植物保护系。1995年，农学系、园艺系、植物保护系合并为植物科技学院；1995年，调整为作物学院、植物保护学院和园艺学院。2002年，三院合并为农学与生物技术学院。学院现有教授77人，其中，中国工程院院士2人、“长江学者奖励计划”特聘教授1人。学院具有作物栽培学与耕作学、作物遗传育种学、植物病理学、农业昆虫与害虫防治学和果树学等5个国家级重点学科，拥有生物学一级学科博士学位授予权，具有8个博士学位授予点、10个硕士学位授予点。学院设有农学系、植物遗传育种学系、植物病理学系、昆虫学系、植物保护与植物检疫系、果树学系、蔬菜学系、种子科学系和观赏园艺与园林系等9个系；拥有国家玉米改良中心、教育部杂种优势研究与利用重点实验室、农业部作物基因组学与遗传改良重点开放实验室、农业部作物栽培学与耕作学重点开放实验室、农业部分子植物病理学重点开放实验室、农业部农作物病虫草害生物防治资源研究与利用重点开放实验室、北京市果树逆境生理与分子生物学重点实验室、北京市作物遗传改良重点开放实验室、教育部玉米育种工程中心等8个部级重点实验室或研究中心。

5. 北京林业大学

北京林业大学（Beijing Forest University，图2.30）成立于1952年，由北京农业大学森林系与河北农学院森林系合并组建，初名北京林学院。其前身为京师大学堂农业科林学目，创建于1902年。1956年，北京农业大学造园系和清华大学建筑系部分并入。1969年，北京林学院南迁云南，先后更名为丽江林学院、云南林业学院。1979年，返京复校。1985年，为北京林业大学。北京林业大学在植物科学及其相关领域的教学和研究机构有：林学院（College of Forest）、园林学院（College of Garden）、生物科学与技术学院（College of Biological Sciences and Biotechnology）、自然保护区学院（College of Nature Conservation）。

（1）林学院

林学院成立于1985年，是科研教学型的学院。其前身为林学系，成立于1952年。学院现有中国工程院院士2人、“长江学者奖励计划”特聘教授1人、教授24人。学院具有林学国家重点学科、森林培育学国家级重点学科、生态学、森林保护学和森林经理等3个部级重点学科；拥有林学博士后流动站、林学一级学科博士学位授予权，4个博士学位授予点，6个硕士学位授予点。学院现有林学、森林资源保护与游憩、草业科学、草坪管理和地理信息系统等5个专业；建有草坪研究所、湿地保护与合理开发利用培训中心、城市林业研究中心、高尔夫教育与研究中心等研究机构；拥有干旱半干旱地区森林培育及生态系统研究实验室、森林资源与环境管理实验室、森林保护学实验室等3个国家林业局重点开放性实验室，以及教育部北京市共建森林培育与保护重点实验室。

（2）园林学院

园林学院成立于1992年，是我国建立最早、规模最大的园林教育基地。其前身为城市及居民区绿化专业，由北京农业大学造园系和清华大学建筑系部分于1956年合并组建。1965年，园林系被撤销，园林专业宣布停办。1977年，园林系恢复。学院现有中国工程院院士2人、教授20人。学院具有园林植物与观赏园艺为国家重点学科；2个博士学位授予点，3个硕士学位授予点。园林植物与观赏园艺、城市规划与设计具有博士学位授予权，旅游管理具有硕士学位授予权。学院现有园林、城市规划、旅游管理、观赏园艺等4个专业。

（3）生物科学与技术学院

生物科学与技术学院成立于1997年，是基础科学研究与教学型学院。学院现有中国工程院院士1人、“长江学者奖励计划”特聘教授2人、教授25人。林木遗传育种为国家级重点学科；拥有生物学博士后流动工作站1个，博士学位授予点5个，7个硕士学位授予点。学院建有植物科学系、动物科学与微生物系、生物技术系、生物化学与分子生物学系及食品科学与工程等5个系；建有毛白杨研究所、林木花卉良种繁育研究中心；拥有国家林业局树木花卉育种生物工程重点实验室、教育部林木花卉遗传育种重点实验室。

（4）自然保护区学院

自然保护区学院（College of Nature Conservation）成立于2004年12月，由教育部和国家林业局共同建设，是我国唯一的培养自然保护区建设与管理专门人才的学院。学院现有教授5人。学院具有1个博士及硕士学位授予点。学院设有自然保护区、野生动物资源、湿地、保护经济等4个教研室，建有野生动物与自然保护区管理专业。

6. 中国地质大学（北京）

中国地质大学（China University of Geosciences）创建于1952年，初名北京地质学院，由北京大学地质系、清华大学地质系、天津大学地质工程系和唐山铁道学院采矿系合并组建而成。1970年9月18日，学院南迁湖北省；并于1974年更名武汉地质学院。1975年1月7日，成立北京地质学院留守处。1979年11月29日，成立武汉地质学院北京研究生部。1987年11月4日，国家教育委员会批复同意成立中国地质大学，中国地质大学总部设在武汉，分京汉两地办学。中国地质大学在古植物领域的教学和研究机构为地球科学与资源学院（School of Earth Sciences and Resources）（图3.24）。

图3.24 地球科学与资源学院（冯广平 摄）

地球科学与资源学院成立于1999年，由地质矿产系扩建而成。学院现有教授63人，其中中国科学院院士6人、博士生导师35人。学院具有矿物学岩石学与矿床学、古生物学与地层学、矿产普查与勘探、地球化学等4个国家重点学科，具有博士和硕士学位授予点16个，建有地质学、地质资源与地质工程等3个博士后科研流动站。学院建有地层古生物、构造地质、地球化学、矿物与岩石、矿床与勘探、地学信息技术、第四纪地质7个教研室；开设地质学、地球信息科学与技术、地球化学、资源勘察工程等4个专业；拥有国土资源部岩石圈构造与动力学开放实验室，教育部岩石圈构造、深部过程及探测技术重点实验室，北京市国土资源与信息技术重点实验室，国土资源与高新技术应用研究中心等重点实验室（研究中心）。

7. 中央民族大学

中央民族大学（Minzu University of China）中央民族大学前身为延安民族学院，创办于1941年9月。1951年6月，成立中央民族学院。1952年，全国院系调整，清华大学社会学系、北京大学东语系部分专业和燕京大学社会学系并入中央民族学院。1993年11月，更名为中央民族大学。中央民族大学在植物科学及其相关领域的教学机构为生命与环境科学学院（College of Life and Evironment Sciences）。

生命与环境科学学院成立于2002年，其前身为生物与化学系，创办于1986年。学院现有教授12人。学院具有生态学国家民委重点学科，拥有4个硕士学位授予点。学院设有生物科学、生物技术、环境科学、生态学、化学、制药工程和预防医学等7个专业；建有中国民族地区资源环境保护研究所、中国少数民族医药工程技术研究所、民族地区生态健康研究所等3个研究所；拥有国家民委与教育部共建中国少数民族医学（医药）重点实验室。

图3.25 北京中医药大学主楼（尤勇 摄）

8. 北京中医药大学

北京中医药大学（Beijing University of Chinese Medicine）创建于1956年，初名北京中医学院，1985年改为现名，是我国成立最早的高等中医院校之一。北京中医药大学在植物科学及其相关领域的教学和研究机构为中药学院（School of Chinese Medicine）（图3.25）。

中药学院创建于1958年，初名中药系。1985年，中药系扩展成为中药学院，同年成立中药研究所，实行院所合一的管理体制。学院现有教授31名、博士生导师17名。学院具有中药学国家重点学科，拥有中药学一级学科博士学位授予权，设有中药学博士后科研工作流动站。学院设有中药生药系、中药药理系、中药化学系、中药制药系、中药资源系、临床中药系、生物制药系、中药科技发展部、基础教学部、实践教学部等10个系（部），以及中药炮制研究中心、分析测试中心等2个中心；拥有教育部中药制药与新药开发关键技术工程研究中心、北京市中药基础与新药重点实验室等重点实验室。

3.2.2 地方院校

1. 首都师范大学

首都师范大学（Capital Normal University，图3.26）成立于1954年，初名北京师范学院。1992年，北京师范学院、北京师范学院分院、北京联合大学职业师范学院、北京联合大学外语师范学院合并组建首都师范大学。1954年，北京师范学院创建生物系。2004年，首都师范大学生物系扩展成为生命科学学院。

生命科学学院现有教授20人，其中，中国科学院院士1人、特聘教授1人。学院具有植物学市级重点学科、遗传与生物工程211重点建设学科；拥有生物学博士后科研流动站，2个博士学位授予点和7个硕士学位授予点。学院设有生物科学（师范）、生物科学（非师范）和生物技术（非师范）3个专业；建有遗传与生物工程研究所、生态学研究所2个研究所。

图3.26 首都师范大学正门（孙珍全 摄）

2. 北京农学院

北京农学院（Beijing University of Agriculture）前身为河北省通县农业学校，创建于1956年。1958年更名为北京市农业学校。1965年升格为北京农业劳动大学，“文革”期间停办。1978年，恢复建立北京农学院。北京农学院在植物科学及其相关领域的教学研究机构包括园林学院（College of Garden）、植物科学技术学院（College of Plant Science and Technology）、生物技术学院（College of Biotechnology）。

（1）园林学院

园林学院成立于2008年。其前身为林学系，创建于1983年7月15日。1987年，林学系更名为园林系。2008年，园林系更名园林学院。学院现有教授5人。学院拥有2个硕士学位授予点。学院设有园林、旅游管理、艺术设计、林学等4个专业，其中园林专业为北京市特色专业。

（2）植物科学技术学院

植物科学技术学院成立于2008年。2002年7月9日，农学系、园艺系相关教研室合并组建植物科学技术系。2008年12月31日，植物科学技术系更名为植物科学技术学院。学院现有教授10人。学院拥有3个硕士学位授予点。学院设有园艺、农学、植物保护、农业资源与环境等4个专业，其中园艺专业为北京市特色专业和国家级特色专业建设点；建有果树研究所、作物遗传育种研究所等2个研究所。

（3）生物技术学院

生物技术学院成立于2008年。2002年7月9日，农学系、动物科学系生理生化教研室合并组建生物技术系。2008年，生物技术系更名为生物技术学院。学院现有教授4人。学院设有生物技术、生物工程2个专业。

3.3 植物园

1. 北京植物园

北京植物园（Beijing Botanical Garden，图3.27）创建于1956年，隶属北京市园林绿化局，规划面积400公顷，是目前我国北方最大的植物园，也是国家AAAA级旅游景区、全国林业科普基地、全国野生植物保护科普教育基地、全国青少年科技教育基地、中央国家机关思想教育基地、北京市科普教育基地、北京市首批精品公园。

北京植物园拥有专业技术人员90余人，其中高级技术人员10人。北京植物园的主要任务是收集保存国内外野生和栽培植物资源；重点开展中国野生植物引种驯化、珍稀濒危植物迁地保护、种子生物学和种质资源长期保存、重要经济植物资源引种利用与新品种培育等方面的研究；并结合华北地区地域特色及科研成果，建设具有丰富的科学内涵、强大的科普功能和优美的园林景观的专类植物展览园区。是集科学研究、科学科普、游览休闲、植物种质资源保护和利用为一体的综合性园林。

北京植物园现已建成开放区200公顷，由植物展区、人文古迹区、自然保护区和科研区组成。园内引种栽培植物10000余种（含品种）62万余株，铺草100余万平方米。植物展区划分为专类园、温室花卉区、盆景园和树木园。专类园位于中轴路两侧，已建成月季园、绚秋苑、碧桃园、丁香园、牡丹园、芍药园、海棠园、竹园、梅园等11个植物专类园。树木园包括银杏松柏区、椴树杨柳区、木兰小檗区、槭树蔷薇区等6个展区。

2000年，建成热带植物展览温室（图3.28），建筑面积17000平方米，含6000平方米试验温室、2000平方米的低温温室、1350平方米的盆景展室，栽培热带、亚热带植物、沙漠植物及高山花卉等5000余种（含品种）、6万余株，是亚洲面积最大的植物展览温室群。

图3.27　北京植物园（冯广平 摄）

图3.28　北京植物园热带植物展览温室（冯广平 摄）

2. 北京教学植物园

北京教学植物园（Beijing Teaching Botanical Garden）创建于1957年，隶属北京市教育委员会，是全国唯一一所专门为中小学相关学科教学实习、科普及环境教育、中小学师资培训、生物实验和劳技实习材料繁育供应、校园绿化美化提供服务的教育教学单位。

北京教学植物园占地116 500平方米，建有温室4 170平方米，主要功能区分为树木分类区、水生植物区与人工模拟湿地、草本植物区、农作物展示区、木化石园区、温室植物区、动植物标本展室等。根据中小学教育教学需要选择和配置植物，收集栽培植物1 800余种、近2万株。北京教学植物园主要开展的教育教学工作包括：配合中小学生物课、自然课、劳技课、环境保护教育等相关学科开展现场教学；举办讲座、培训班、野外考察；在生物、科技、环境教育、植物多样性保护、劳动技能、可再生能源利用等学科对中小学教师进行培训；作为大专院校的实习基地，接待并辅导生物专业、园林专业、中医药等专业的大学生专业实习；以植物园为课堂，以园内的植物为直观教材，编写教材、科普资料；举办主题科普游园活动：每年在“五一”、“十一”假期和“六一”儿童节举办主题科普节活动，免费向学生和家长们开放，为学生设计了数十项可动手参与的体验式科普活动项目。

主要参考文献

[1] 白寿彝. 1999. 中国通史：第十二卷. 上海：上海人民出版社.

[2] 北京大学网站http://www.pku.edu.cn.

[3] 北京大学医学部网站http://www.bjmu.edu.cn.

[4] 北京教学植物园网站http://bjjxzwy.bjedu.gov.cn.

[5] 北京师范大学网站http://www.bnu.edu.cn.

[6] 北京林业大学网站http://www.bjfu.edu.cn.

[7] 北京农学院五十年校庆丛书编委会.2006.五十年历程. 北京：中国农业出版社.

[8] 北京农学院网站http://www.bua.edu.cn.

[9] 北京市地方志编纂委员会.2005. 北京志：科学卷 科学技术志. 北京：北京出版社.

[10] 北京协和医学院网站http://www.pumc.edu.cn.

[11] 北京植物园网站http://www.beijingbg.com.

[12] 北京自然博物馆编.2005. 北京自然博物馆. 北京：科学出版社.

[13] 北京中医药大学网站http://www.bucm.edu.cn.

[14] 陈德懋. 1993. 中国植物分类学史. 武汉：华中师范大学出版社.

[15] 樊洪业. 1999. 北京大学生物系正式成立于1926 年. 中国科技史料，20(2)：158-159.

[16] 郭传杰. 2003. 中国科学院与科技期刊. 中国科技期刊研究，14(1)：3-6.

[17] 国家科学技术奖励工作办公室http://www.nosta.gov.cn/web/list.aspx?menuID=88.

[18] 侯江.2008. 抗战内迁北碚的中央地质调查所与中国西部科学院. 地质学刊，32(4)：317-323.

[19] 黄佩民. 2007. 中国农业科学院成立的前后. 古今农业(2)：101-109.

[20] 金大勋. 2006. 回忆抗战时期的中央卫生实验院. 营养学报，28(2)：104-105.

[21] 凌安谷，司国安，冯蓉. 2003. 中国高等教育溯源：论北洋西学学堂、南洋公学和京师大学堂的创建. 西安交通大学学报：社会科学版，23(2)：69-72.

[22] 秦树福，李云伏.2008. 北京市农林科学院50年［内部资料］.

[23] 清华大学网站http://www.tsinghua.edu.cn.

[24] 首都师范大学网站http://www.cnu.edu.cn.

[25] 《所志》编辑委员会. 2009 中国农业科学院作物育种栽培研究所所志：1957-2002. 北京：中国农业科学技术出版社.

[26] 王玮. 2007. 中国近代教会大学生物学教育. 生物学通报，42(12)：56-58.

[27] 郑师渠. 2002. 论京师大学堂师范馆. 北京师范大学学报：人文社会科学版(5)：5-18.

[28] 中国地质博物馆网站http://www.gmc.org.cn.

[29] 中国地质大学网站http://www.cug.edu.cn.

[30] 中国地质科学院网站http://www.cags.ac.cn.

[31] 中国科学院北京基因组研究所网站http://www.big.ac.cn.

[32] 中国科学院生物物理研究所网站http://www.ibp.cas.cn.

[33] 中国科学院微生物研究所网站http://www.im.cas.cn.

[34] 中国科学院网站http://www.cas.cn.

[35] 《中国科学院植物研究所所志》编辑委员会. 2009. 中国科学院植物研究所所志. 北京：高等教育出版社.

[36] 中国科学院遗传与发育研究所网站http://www.genetics.ac.cn.

[37] 中国农业大学网站http://www.cau.edu.cn.

[38] 中国农业科学院办公室调查研究处. 1984. 中国农业科学院：历史的回顾(一)总的情况［内部资料］.

[39] 中国农业科学院网站http://www.caas.net.cn.

[40] 中央民族大学网站http://www.muc.edu.cn.

第二部分　分　论

第 4 章

研究和教育发源

19世纪60年代，以同文馆设立为标志，北京地区开始引进和介绍近代植物科学知识，并以外资、民办和官办等多种形式，逐步建立了近代植物科学的研究和教育体系。至20世纪30年代，总体格局已经形成，且呈现繁盛发展的态势。1937年，日军攻陷北平，抗日战争爆发，北京地区的研究和教学机构纷纷内迁到战略后方，研究和教学活动受到严重损害。1946年，抗日战争胜利后，这些机构又得以回迁北京重建（图4.1）。1948年，北京地区共有5个研究所和7所高等院校从事植物科学及其相关领域的研究和教学工作，研究机构包括北平市农事试验场（Peiping Agriculture Laboratory）（1906）（图2.6a、b）、中央林业实验所（Central Forestry Laboratory）（1912）（图2.23）、中央地质调查所（Institute of the Geological Survey）（1913）（图2.8）、北平静生生物调查所（Fan Memorial Institute of Biology）（1928）（图2.9）、国立北平研究院植物研究所（Institute of Botany, National Academy of Peiping）（1929）（图2.10、图2.11）等。高等院校包括：国立北京大学（Peking University）（1898）（图2.3、图3.16）、国立北京师范大学（Beijing Normal Universtiy）（1902）（图3.22）、国立清华大学（Tsinghua University）（1925）（图4.1）、私立燕京大学（Yenching University）（1918）（图4.2）、天主教辅仁大学（Fu Jen Catholic University）（1925）（图2.15、图4.3）、私立中法大学（Institut Franco-Chinois）（1920）（图4.4）、北京协和医学院（Peking Union Medical College）（1921）（图2.21）等。1948年，北京地区在植物科学领域已经成立的学术组织主要有：中国地质学会（Geological Society of China）、中国植物学会（Botanical Society of China）等2个学会。这些研究机构、教育机构和学术组织为我国的植物科学事业奠定了基础，我国现代植物科学在此基础上发展并繁盛起来。

图4.1　清华大学早期建筑（冯广平 摄）

图4.2　燕京大学主楼前的石獬豸（冯广平 摄）

图4.3　辅仁大学院内“一二·九”运动纪念碑（冯广平 摄）

图4.4　东黄城根中法大学旧址（冯广平 摄）

4.1 研究机构的创建

4.1.1 植物采集工作

北京地区的近代植物科学研究始于清朝前期。1742年（乾隆七年），法国人汤执中来华传教，最早开始植物调查工作。此后，法国人、英国人、俄国人、美国人、日本人、瑞典人先后到北京地区采集植物，尤其是俄国人从道光年间到光绪年间，多批次进入北京地区采集，成为采集植物规模最大、人数最多、标本数量最多的群体。

我国学者独立进行植物研究，直到中华民国成立前夕才开始。1911年，钟观光在教育部任参事，开始在北京地区采集标本。1918年，他被聘为北京大学副教授，开始在全国范围内系统采集标本，并在北京大学生物系创建植物标本室，开创了我国学者独立采集和研究本国植物的新纪元。钟观光的开创性工作受到了国内学者的推崇，1932年，菲律宾马尼拉科学院院长麦雷尔（E.D. Merrill）将钟观光发现的马鞭草科新属定为钟木属（*Tsoongia* Merr.），即假紫珠属；其新种定名为假紫珠（*Tsoogia axillariflora* Merr.），以表达对他的纪念。1963年，华南植物研究所陈焕镛将木兰科孑遗单种属植物定名为观光木属（*Tsoogiodendron* Chun）和观光木（*Tsoongiodendron odorum* Chun）。

4.1.2 研究机构的创立

20世纪初，植物科学相关的农学、林学、古植物等领域的研究机构开始创建。而以现生植物为研究对象的专门研究机构，直到20世纪20年代末才出现。至1937年抗日战争爆发前，这些研究机构发展迅速，掀起我国学者独立研究本国植物的第一个高潮。抗日战争爆发后，研究院所纷纷内迁到西北和西南。1946年以后，这些机构又迁回北平原址复建。1949年，中华人民共和国成立，这些研究机构被接管，并入中国科学院、中国林业科学院等现代科研院所体系。

全国最早的农学和林学研究机构均出现在北京地区，分别为农工商部农事试验场、天坛创建林艺试验场，创建于20世纪初。1906年（光绪三十二年）3月，清政府农工商部上奏光绪皇帝和慈禧太后："京师为首善之区，树艺农桑又为臣部所职掌，自宜择地设立农业试验场一所，以示模范"，得到肯定，遂在乐善园继园、及广善寺、惠安寺旧址及其东南官地79余亩（今北京动物园，西直门外大街137号）设立农工商部农事试验场（图2.7、图4.5a、b），归署邮传部右侍郎农工商部右丞沈云沛管理，法部郎中陈棣

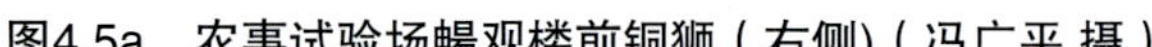

图4.5a 农事试验场畅观楼前铜狮（右侧）（冯广平 摄）

图4.5b 农事试验场畅观楼前铜狮（左侧）（冯广平 摄）

堂、农工商部主事叶基桢任场长。农事试验场主要开展水稻、谷类、桑树、蔬菜、果树、花卉、牧草、工艺植物等试验。1912年9月，中华民国政府农林部在天坛创建林艺试验场（Forest Experimental Farm，图2.7），办公地点在神乐署由农林部技正佟藻宸、籍汉梁、丁宝纶等三人负责筹备，“林艺最重栽种合法，经理得宜，方能收最良之结果，本部现在天坛筹办林场培养苗木”（农林部部令，民国二年三月）。翌年，林艺试验场在西山设立林苗圃，由技正唐荣禧筹办。

全国最早的古植物学研究机构为农商部矿政司地质调查所，创建于1913年9月4日，初名工商部矿政司地质调查所，地址在兵马司胡同九号（今西城区兵马司胡同15号，图2.8）。1928年地质调查所设立古生物学研究室，开展植物化石研究，葛利普为首任主任。

北京地区最早的植物学研究机构为私立的北平静生生物调查所。静生所的诞生与“中华教育文化基金董事会”（China Foundation for the Promotion of Education and Culture，简称“中基会”）和范源濂（图4.6）的鼎立支持是分不开的。中基会成立于1924年5月，是用于管理以美国退还中国庚子赔款余额及利息为基金，用于发展中国文化教育事业的文化机构。其董事会由中美两国民间知名人士14人组成，范源廉为董事之一，并任干事长。1927年9月，中基会邀请美国康奈尔大学尼丹（J. G. Needham，1868～1957年）来华访问，中国科学社生物研究所的邹秉文、胡先骕（图2.16）、秉志（图4.7）联名呈书给范源濂：“特此敬求先生及基金会诸公与尼丹博士从长计议，每年由基金会酌予相当之款项，俾该所（生物调查所）早日成立。”12月23日，范源濂去世，“先生生前曾有志于北平设立生物调查所，探究我国北部生物”（《静生生物调查所筹备消息》）。1928年10月1日，范源濂组织创建的尚志学会出资15万元作为基金，范源濂弟、久大公司创始人范旭东捐出范家在石驸马大街83号的房产作为所址，与中基会共同创建静生所以“纪念范静生先生”。静生所设植物部和动物部；秉志任所长，胡先骕任植物部主任，植物部成员有：研究员唐进、汪发缵；研究实习员李建藩；绘图员，冯澄如、张东寅等（图4.8）。1931年，因原址狭小，于文津街3号（今老北京图书馆西侧）新建三层楼房一座（图2.9），迁入新址后，将原

图4.6　范源濂（翻拍自1929年《静生生物调查所年报》）

图4.7　秉志

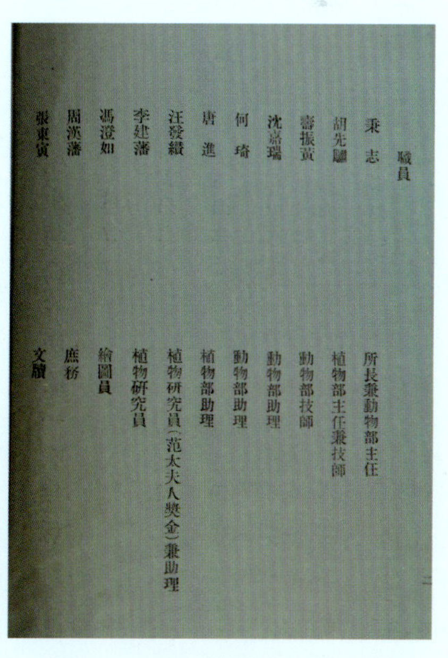

職員

秉志	所長兼動物部主任
胡先驌	植物部主任兼技師
壽振黃	動物部技師
沈嘉瑞	動物部助理
何琦	動物部助理
唐進	植物部助理
汪發纘	植物研究員（范太夫人獎金）兼助理
李建藩	植物研究員
馮澄如	繪圖員
周漢藩	庶務
張東寅	文牘

图4.8　静生所创建时的职员名录（冯广平 摄）

图4.9 刘慎谔

址改为通俗博物馆。至抗日战争爆发前，静生所已发展成为全国最大的生物学研究机构。

北京地区在植物学领域最早的官方研究机构为国立北平研究院植物研究所。1929年9月9日，国民政府在北平成立“国立北平研究院”，为直接隶属教育部的独立研究机构，李煜瀛（字石曾，笔名真民、石僧，晚年自号扩武，1881～1973）任院长。北平研究院成立之初，设植物、动物、生物等3个研究所，植物研究所在天然博物院的来远楼（今北京动物园畅观楼，图2.10）；刘慎谔（字士林，1897～1975，图4.9）任所长。北研设高等植物研究室、下等植物研究室、药用植物研究室、标本室、植物园等部门；成员包括：研究员刘慎谔；助理员夏纬瑛、孔宪武；练习员王作宾、刘继孟；绘图员夏纬珍；植物园管理员吴锡周。至此，近代植物科学研究体系最终建立。1934年，北平研究院与中法文化教育基金会在天然博物院合资兴建陆谟克堂（图2.11），以纪念法国生物学家拉马克（Lamark），植物所由来远楼迁入陆谟克堂。

4.2 教育机构的创建

4.2.1 植物学知识的引入

北京地区对西方植物学知识的引进和介绍，始于京师同文馆（今北京大学外国语学院前身）。1862年8月24日（同治元年），恭亲王奕䜣、军机大臣桂良等奏请设立京师同文馆（图2.4），隶属总理各国事务衙门（简称“总理衙门”），设管理大臣、专管大臣、提调、帮提调及总教习、副教习等职。同文馆址在清大学士赛尚阿宅邸（东堂子胡同49号），英国人赫德（字鹭宾，Robert Hart，1835～1911）任监察官，实际操纵馆务；英国人包尔腾（John Shaw Burdon，1826～1907）任首任总教习。1900年（光绪二十六年），八国联军侵入北京，同文馆停办。1902年（光绪二十八年），同文馆并入京师大学堂，翌年改为京师译学馆。同文馆以最初以教授西文为主，后转而系统教授西学知识，成为我国近代最早的新式教育机构。

1872年（同治十一年），同文馆拟订八年课程计划，第五年开设格物、几何原本等课程，在北京地区最早介绍植物学知识。同文馆汇集了一批引进西方植物学知识的先驱，编译我国第一部《植物学》的李善兰，自1868年（同治七年）开始在同文馆任教习。英国人傅兰雅（John Fryer，1839～1928）于1863～1865年在同文馆任教习。1876年（光绪二年），他在上海创办《格致汇编》，连载相关植物学研究论文和科普文章。

1908年（光绪三十四年），京师译学馆博物学教授叶基桢出版《植物学》（图4.10a、b），成为北京地区的首部国人编译的植物学教科书。

图4.10a　《植物学》中叶基桢像
（冯广平 摄）

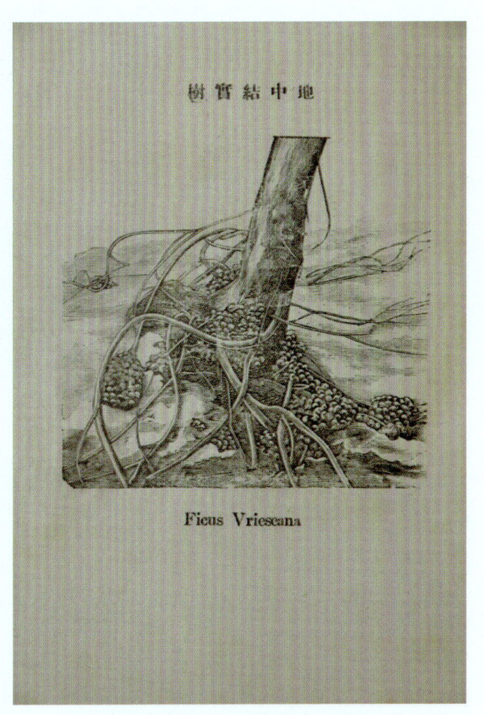

图4.10b　《植物学》插图
（冯广平 摄）

4.2.2　高等院校的创建

1. 高等院校

（1）官办高等学校

北京地区最早的官办高等学校为京师大学堂，创建于1898年（光绪二十四年）。1898年实施的“戊戌变法”虽然失败，但京师大学堂（Imperial University of Peking）却幸运地诞生了，成为我国第一所国立综合性大学，同时又是国家最高教育行政机关，统辖各省学堂。1898年6月11日，光绪皇帝颁布《明定国是诏》，宣布变法，在诏书中说：“京师大学堂为各行省之倡，尤应首先举办，著军机大臣，总理各国事务王大臣，会同妥速议奏。”7月3日，光绪皇帝批准由梁启超代为起草的《奏拟京师大学堂章程》，成为我国近代高等教育最早的学制纲要。9月21日，戊戌政变爆发，百日维新失败，京师大学堂则因慈禧太后认可“大学堂为培植人才之地”而幸运保存。11月22日，孙家鼐主持将景山东街马神庙的空闲府第（原为乾隆皇帝四公主即硕和嘉公主府府第，今东城区沙滩后街55号）改造成京师大学堂（图2.3）。12月31日，京师大学堂正式开学，许景澄(字竹筼，一作竹筠，1845～1900) 任中学总教习，美国人丁韪良（William A.P. Martin，1827～1916）任西学总教习。1900年，八国联军侵入北京，京师大学堂遭到破坏。

1902年1月10日，清政府下令恢复京师大学堂，并将京师同文馆并入京师大学堂，管学大臣张百熙(字埜秋，一作冶秋，号潜斋，1847～1907)负责筹备工作。同年12月17日，京师大学堂正式开学，吴汝纶（字挚甫，一字挚父，1840～1903）和辜鸿铭(Thomson，1857～1928) 任正副总教习，严复（原名宗光，字又陵，后改名复，字几道，1854～1921）和林纾（原名群玉、秉辉，字琴南，1852～1924）任大学堂译书局总办和副总办。

1912年1月1日，中华民国成立。5月15日，京师大学堂更名为北京大学，首任校长严复。

1902年重建的京师大学堂相继设立仕学、师范、译书、医学、进士等5馆。1904年（光绪三十年），师范馆改为优级师范科。1908年11月14日（光绪三十四年），京师大学堂优级师范科正式改为京师优级师范学堂，陈问咸为监督；翌年，迁至厂甸五城中学堂（今为北京师范大学第一附属中学校，南新华街15号，图3.22）。京师优级师范学堂标志着我国高等师范学院独立建置的开始。1912年5月，教育部在京师优级师范学堂基础上创办国立北京高等师范学校，首任校长陈宝泉（字筱庄，1874～1937）；学校设理科第三部，后改称博物部，彭世芳任首任博物部教务主任。1923年7月1日，北京高等师范学校更名为北京师范大学，成为我国第一所师范大学；范源濂任校长。

（2）私立高等学校

北京地区最早的私立高等院校为华北协和女子大学（The North China Union College for Women），创建于1905年（光绪三十一年）。其前身为贝满女中（Bridgman Girls School，Bridgman Academy），又名“贝满中斋”，由美国基督教公理会（Congregational Christian Churches）于1864年（同治三年）创建，是北京地区近代最早引进西方教育的学校；创办人为裨吉励莎（Eliza Jane Bridgman，1805-1871）；校址初在灯市口大鹁鸪胡同（今北京二十五中院内，图4.11），后迁至佟府夹道（今灯市口同福夹北京一六六中院内）。1905年，在女中基础上创建华北协和女子大学，成为我国第一所女子大学。

1918年，燕京大学成立，由汇文大学（Peking University）和华北协和大学（The North China Union College）合并而成，首任校长司徒雷登（John Leighton Stuart，1876～1962）。汇文大学前身为美国基督教美以美会（Methodist Epicopal Church）蒙学馆，创建于1870年（同治九年），校址在在盔甲厂

图4.11　灯市口贝满女中旧址（冯广平 摄）

（今崇文门船板胡同）；1888年（光绪十四年）设大学部，更名“汇文书院”；1904年更名汇文大学堂。华北协和大学前身为潞河书院，由美国基督教公理会于1867年（同治六年）创办于通县，初名八境神学院；1889年（光绪十五年）更名潞河书院，升格为大学；1912年更名为华北协和大学。1920年，华北协和女子大学并入燕京大学，为燕京大学文理科女校。1921年，燕京大学购得淑春园及其周边土地，由美国人亨利•墨菲（Henry Killam Murphy，1877～1954）设计建造成燕园（图2.15，图4.12）。1927年燕京大学迁入新址。1926年11月和1927年12月，燕京大学先后向北洋政府和南京政府申请登记．得到批准，成为“第一个向教育部申请并获得正式批准的外国人开办的高等教育机构”。经过十多年经营，燕京大学至抗日战争爆发前已经发展成为我国第一流的综合大学，且在国际上享有盛誉。

图4.12 原燕京大学正门（冯广平 摄）

2. 生物学系

高等院校中设立生物学系这一专门从事植物学、动物学等学科教学和研究的机构，北京地区在全国也处于领先的位置，20世纪20年代末以前，北京地区的高等院校大都设立了生物学系。

官办高等院校中，在北京最早设立的生物学系为北京师范大学生物系，始建于1923年，在全国仅次于金陵女子大学，该校生物系建于1922年。1923年，北京师范大学“部”改“系”，从博物部分出生物部分单独建置生物系；首任系主任李顺卿，彭世芳、蒋维乔、吴续祖、张永朴为植物学教授。北京地区高等院校设立生物系自此开始。北京大学于1920年开始筹备生物系建设，校长蔡元培委托谭熙鸿筹备。1926年，北京大学正式成立生物系，首任系主任谭熙鸿，钟观光、谭熙鸿、李煜瀛、褚民谊为生物学教授。“民国十五年北大生物系正式成立，宪鬯留校整理标本”（李书华《碣庐集》）。

私立高等院校中，最早设立生物学系的为燕京大学生物系，始于1924年，至1929年正式设立理学院生物学系。同时，燕京大学也是在北京地区和全国最早开始生物学研究生教育的单位，1924年建立了生物学研究所，导师为博爱理。

4.2.3 教育制度的创建

1. 高等教育

1902年2月13日，张百熙在《筹办京师大堂情形疏》中奏报说；“应请于预备之外，再设速成一科。速成科亦分二门:一曰仕学馆，一曰师范馆”。同年12月月17日，京师大学堂正式开学时，仕学馆录取学生57名，师范馆录取学生79名。师范馆学制4年，开设博物、物理、化学等14门课程。1903年，师范馆开始分四类（即专业）学习，其第四类包括运动、植物、矿物、生理、卫生、农学、园艺，总称博物学。我国和北京地区植物学的高等教育自此开始。

2. 中小学教育

1904年1月，清政府公布《奏定学堂章程》，制定“癸卯学制”，规定高初等小学和高等小学设“格致课”、中学设“博物课”。我国中小学阶段的植物学教学工作自此开始。

4.3 学会组织的创建

1. 中国地质学会

北京地区在植物科学相关领域最早成立的学术组织，是与古植物学相关的中国地质学会（Geological Society of China）。1922 年2月3日，农商部地质调查所的章鸿钊（字演群，1877～1951）、翁文灏（字咏霓，1889～1971）、丁文江、李四光（字仲拱，原名李仲揆，1889～1971）、周赞衡、葛利普(Amadeus William Grabau，1870-1946)、安特生（Johan Gunnar Andersson，1874～1960）、谢家荣（字季华、季骅，1903～1977）等23人；北京大学地质系的王烈 、孙云铸（字铁仙，1932～1979）；北京燕京女子学校的麦纳尔（L. Miner）总计26位学者在北京农商部地质调查所发起成立中国地质学会。学会选举章鸿钊为首任会长，翁文灏、李四光为副会长，谢家荣为秘书长。中国地质学会是我国境内最早成立的学术团体之一。

中国地质学会成立以后，共创办了《地质学报》（ACTA Geologica Sinica）、《地质论评》（Geological Review）等2种学术期刊。

《地质学报》创刊于1922年，原名《中国地质学会志》（Bullelin of the Geological Society of China），为英文季刊，主要刊载中国地质学会会员的地质调查研究成果和学术年会上宣读的论文。1952年《中国地质学会会志》与《地质论评》合并，更为现名，以中文刊出，并附英文摘要；以反映地质学领域的理论研究和国民经济建设中遇到的地质学基本问题的研究成果为主要任务，兼顾地质学方法和技术等，涉及地质学的各个领域及其分支学科和边缘学科。1988年起，增出《地质学报》英文版。

《地质论评》创刊于1936年，为中文双月刊，1952年，与《中国地质学会志》合并为《地质学报》。1961～1962年、1967～1978年，两度停刊，1979年复刊。以反映中国地质学界在地质科学理论研究、基础研究和基本地质问题研究方面的最新成果为主要任务。以论、评、述、报为特色。所刊论文涉及地学和相关学科各领域，包括地层学、古生物学、地史学、构造地质学、大地构造学、矿物学、岩石学、地球化学、地球物理学、矿床地质学、水文地质学、工程地质学、环境地质学、区域地质学以及地质勘查的新理论和新技术等。

2. 中国植物学会

中国植物学会成立于1933年，彼时北京地区业已建立起较为完善的植物科学研究和教育机构。1933年8月21日，胡先骕作为主要发起人，与辛树帜、李继侗、张景钺、裴鉴、李良庆、严楚江、钱天鹤、董爽秋、叶雅各、秦仁昌、钱崇澍、陈焕镛、钟心煊、刘慎谔、吴韫珍、陈嵘、张珽、林镕等19人共同发起，于重庆北碚中国西部科学院成立中国植物学会第一届中国植物学会吸纳个人会员105名、团体会员11个。第一任会长（即理事长）为钱崇澍，副会长为陈焕镛，书记为张景钺，会计为秦仁昌。中国植物学会成立的宗旨是联络和协调全国的植物学界，普及植物学知识，“爰于民国二十二年仲夏发起组织中国植物学会，以为互通声气之机关，且以普及植物学知识于社会，以收格物致知，利用厚生之效”（《中国植物学杂志》第一卷第一期）。

中国植物学会成立以后，共创办了《中国植物学杂志》（The Journal of the Botanical Society of China）、《中国植物学汇报》、《植物分类学报》（Journal of Systematics and Evolution）、Journal of Integrative Plant Biology、《植物生态学报》（Chinese Journal of Plant Ecology）、《生命世界》（Life World）、《植物学报》（Chinese Bulletin of Botany）、《生物多样性》（Biodiversity Science）等8种学术期刊。

《中国植物学杂志》创刊于1934年，为中文季刊，是中国植物学会会刊，首任总编辑胡先骕；杂志以半通俗式体裁登载纯粹科学研究、植物学应用以及植物教学法等文章，“提倡专业外之研究，育成一般社会对于斯学之兴趣”（胡先骕《中国植物学杂志》发刊词）。1937年，因抗日战争爆发而停刊。1950年复刊。1952年，与中国动物学会正在筹办的《动物学杂志》合并为《生物学通报》（Bulletin of Biology）。主要内容包括植物学各分支的进展、世界植物学家小传、国内外植物学界新闻、植物采集游记等。

《中国植物学汇报》（Bulletin of the Chinese Botanical Society）创刊于1935年，为半年西文刊，李继侗任首任总编辑。1937年，因抗日战争爆发而停刊。内容主要为植物学各分支领域的原始研究成果，以及国内发表的植物学文章英文摘要。

《植物分类学报》（ACTA Phytotaxonomica Sinica，Journal of Systematics and Evolution）创刊于1951年，为中文季刊，专载关于植物分类或其相关的植物地理、植物生态、植物形态、植物应用等方面的研究论文。1959～1963年、1966～1973年两度停刊。1973年复刊。1984年改为双月刊。2008年，拉丁刊名Acta Phytotaxonomica Sinica改为Journal of Systematics and Evolution。

Journal of Integrative Plant Biology创刊于1952年，初名《植物学报》（ACTA Botanica Sinica），为中文季刊，内容以植物学研究论文为主，同时刊载综述性文章和书报评论。1959年改为双月刊，内容扩展到植物科学各领域。1966年停刊；1973年复刊，改为半年刊。1981年改为双月刊。1989年，改为月刊。同年，Chinese Journal of Botany创刊，为英文半年刊。1996年，《植物学报》与Chinese Journal of Botany合并；翌年开始刊发英文文章。2003年改为英文刊，刊名改为ACTA Botanica Sinica，2005年改名为Journal of Integrative Plant Biology。

《植物生态学报》（Chinese Journal of Plant Ecology）创刊于1955年，原为《植物生态学与地植物学资料丛刊》，不定期出版。1963年，更名为《植物生态学与地植物学丛刊》，为半年刊。1966年停刊。1980年复刊。1986年更名为《植物生态学与地植物学学报》（Acta Phytoecologica & Geobotanica Sinica），为季刊。1994年更名为《植物生态学报》，改为双月刊。内容为植物生态学领域及与本学科有关的创新性原始论文或有新观点的国际植物生态学研究前沿和动态的综述。

《生命世界》（Life World）创刊于1974年，原名《植物学杂志》，为中文季刊，是植物学专业科普期刊。1976年改为双月刊。1977年更名为《植物杂志》。2004年，更名为《生命世界》，内容扩展至生命科学各领域。

《植物学报》（Chinese Bulletin of Botany）创刊于1983年，原名《植物学通报》，为中文双月刊，内容主要反映国内外植物科学动态和进展。2009年，中文名称更改为《植物学报》。

《生物多样性》（Biodiversity Science）创刊于1993年，为中文季刊，英文刊名Chinese Biodiversity，内容为生物多样性基础研究与应用研究的成果及新理论、新技术。2003年改为双月刊。

主要参考文献

[1] 白寿彝. 1999. 中国通史：第十二卷. 上海：上海人民出版社.

[2] 北京大学网站http://www.pku.edu.cn.

[3] 北京市地方志编纂委员会. 2005. 北京志：科学卷 科学技术志. 北京：北京出版社.

[4] 北京师范大学生命科学学院. 2008. 忆往昔峥嵘岁月：北京师范大学生命科学学院(系)历史回顾：1902-1952. 生命世界

(10)：48-51.

[5] 北京师范大学网站http://www.bnu.edu.cn.

[6] 陈德懋. 1993. 中国植物分类学史. 武汉：华中师范大学出版社.

[7] 陈学恂. 1991. 中国近代教育史资料汇编：洋务运动时期. 上海：上海教育出版社.

[8] 杜祥培. 2007. 我国女子大学的历史、现状和未来. 当代教育论坛(3)：48-50.

[9] 樊洪业. 1999. 北京大学生物系正式成立于1926 年. 中国科技史料，20(2)：158-159.

[10] 高时良. 1994. 中国教会学校史. 长沙：湖南教育出版社.

[11] 胡浩宇. 2010. 京师同文馆与西方科技知识在华传播. 学术界(2)：187-191.

[12] 姜玉平. 2003. 北平研究院植物学研究所的二十年. 中国科技史料，24(1)：34-46.

[13] 李自典. 2006. 中央农业实验所述论. 历史档案(4)：113-120.

[14] 罗桂环，汪子春. 2005. 中国科学技术史：生物学卷. 北京：科学出版社.

[15] 罗义贤. 2005. 司徒雷登创建燕京大学之肇始. 贵州教育学院学报：社会科学，21(6)：26-31.

[16] 穆祥桐. 1987. 农工商部农事试验场. 中国科技史料，8(4)：22-27.

[17] 潘江. 1995. 中国最早研究古植物的学者：周赞衡. 中国科技史料，16(2)：40-44.

[18] 阮春林. 2004. 浅析京师大学堂师范馆的创设. 历史教学(4)：21-25.

[19] 孙玉蓉. 2007. 北洋学子俞箴墀与创建期的燕京大学。天津大学学报：社会科学版，9(4)：381-384.

[20] 王玮. 2007. 中国近代教会大学生物学教育. 生物学通报，42(12)：56-58.

[21] 熊月之. 1994. 西学东渐与晚清社会. 上海：上海人民出版社.

[22] 薛攀皋. 2008. 谭熙鸿：被遗忘的北京大学生物学系的创建者. 中国科技史杂志，29(2)：134-143.

[23] 徐中约. 2000. 中国近代史. 香港：中文大学出版社.

[24] 张运君. 2003. 京师大学堂和近代西方教科书的引进. 北京大学学报：哲学社会科学版，40(3)：137-145.

[25] 张哲荪. 2009. 燕京大学建校九十周年回溯. 文史精华(10)：39-47.

[26] 郑师渠. 2002. 论京师大学堂师范馆. 北京师范大学学报：人文社会科学版(5)：5-18.

[27] 中国地质学会网站http://www.geosociety.org.cn.

[28] 中国历史学会. 1957. 戊戌变法. 上海：上海人民出版社.

[29] 中国植物学会. 1994. 中国植物学史. 北京：科学出版社.

[30] 《中国科学院植物研究所所志》编辑委员会. 2009. 中国科学院植物研究所所志. 北京：高等教育出版.

[31] 爱德华·卡伊丹斯基. 2001.中国的使臣：卜弥格. 张振辉，译. 郑州：大象出版社.

第 5 章

学科奠基人

从1858年（咸丰八年）李善兰翻译《植物学》开始，我国开始正式引入近代植物科学知识；至1933年中国植物学会成立，我国植物科学界开始以独立自主形态参与国际活动，我国的植物科学经历从无到有，从学习模仿到自主研究的羽化式变化。一批老前辈在一穷二白的条件下，克服艰难、开拓进取，奠定了我国植物科学的发展基础。

5.1 植物分类学领域

1. 钟观光——近代首位从事大规模植物标本采集的国人

钟观光（字宪鬯，1868～1940），浙江省镇海县人。1887年（光绪十三年）中秀才。1900年（光绪二十六年）东渡日本，考察科学教育与工业的关系；期间结识蔡元培，成为至交。回国后在上海创建“科学仪器馆”，并于馆中设立“理科传习所”，讲授科学知识，引起较大的社会轰动。1904年（光绪三十年），钟观光在杭州养病期间，自学了李善兰译的《植物学》，边采标本、边实验，逐步掌握了近代植物学知识和研究方法。1911年，被民国临时政府教育总长蔡元培聘任为教育部参事，开始在北京地区采集标本。1915年，被长沙高等师范学校聘请为博物学副教授。1917年，被聘为北京大学理预科教授，在蔡元培的支持下考察全国各地的植物。1918年，在广州采集标本期间，经人介绍结识菲律宾马尼拉科学院院长麦雷尔（E.D. Merrill）博士，并请麦雷尔鉴定采集的马鞭草科钟木属（*Tsoongia*）标本。1919年，到十万大山采集植物，发现木兰科观光木属（*Tsoongiodendro*）标本。1927年，钟观光被聘为浙江大学农学院副教授，兼任浙江省博物馆自然部主任，在浙江大学创建笕桥植物园，成为我国第一个植物园；1930年，被聘为北平研究院植物研究所研究员，主要从事古籍中植物名称的考证工作；1937年，抗日战争爆发，被迫返回原籍。1940年，钟观光病逝于镇海县。

钟观光一生共采集植物标本2.5万号，足迹遍布全国16省区，采集的植物新种多达47个。1918～1921年间就采集腊叶植物标本1600多种、1.5万余号，木材、果实、根茎、竹类标本300余种。同时，在北京大

图5.1 钱崇澍

学创建了我国第一个植物标本室，开创了国人独立采集、研究本国植物的先河。此外，钟观光在植物古名考证方面也做了大量研究工作，1931年完成《植物中名考证》、《本草疏证》初稿。

2. 钱崇澍——植物学奠基人

钱崇澍（字雨农，1883～1965，图5.1），浙江省海宁县人。1904年（光绪三十年）中秀才。1910年（宣统三年），考取第二届庚子赔款留学生，留学美国，先后在伊利诺依州立大学（The University of Illinois）自然科学院、芝加哥大学（The University of Chicago）、哈佛大学（Harvard University）学习。1914年，获得美国伊利诺州伊利诺大学理学学士学位。1915年，进入哈佛大学学习，师从杰克（John G. Jack，1896～1935）学习树木学，获得植物学硕士学位。1916年回国，先后在江苏第一甲种农业学校、金陵大学任教。1915年，中国科学社成立，创刊《科学》杂志。1922年，与胡先骕共同创建中国科学社生物研究所植物部。同年，在北京高等农业学校任教。1923年，在清华留美预备学校任教。1925年，清华留美预备学校改为清华大学，钱崇澍任生物系主任。1927～1949年，历任厦门大学生物系主任、中国科学社生物研究所植物部主任、四川大学生物系主任、复旦大学农学院院长等职。1933年，发起成立中国植物学会，当选中国植物学会第一任会长。1948年，被评为中央研究院院士。1950年后，历任中国科学院植物分类研究所所长、中科院植物研究所所长、中国植物学会理事长等职。1955年当选为中国科学院学部委员。1959～1972年，任《中国植物志》主编。1965年在北京逝世。

1916年，钱崇澍在新英格兰植物俱乐部杂志《Rhodora》上发表《宾夕法尼亚毛茛两个亚洲近缘种》（Two Asiatic allies of *Ranunculus pensylvanicus*），成为中国人用拉丁文为植物命名和分类的第一篇文献。1917年，钱崇澍与奥斯特豪特（W. J. Osterhout）在美国《植物学公报》（Botanical Vol.63）上发表《钡、锶及铈对水绵的特殊作用》（Peculiar Effects of Barium, Stronicium and Cerium of Spirogyta），为我国最早一篇植物生理学论文（图5.2）。1923年，与邹秉文、胡先骕合编《高等植物学》，为我国较早一部大学生物系教科书。1927年，发表《安徽黄山植被区系的初步记述》，成为我国第一篇植物生态学和地植物学论文。因此而成为我国近代植物学的奠基人与开拓者之一，又是我国植物分类学、植物生理学、地植物学、植物区系学的创始人之一。除上述开拓性工作外，主要著作有：《南京钟山之森林》（1932）、

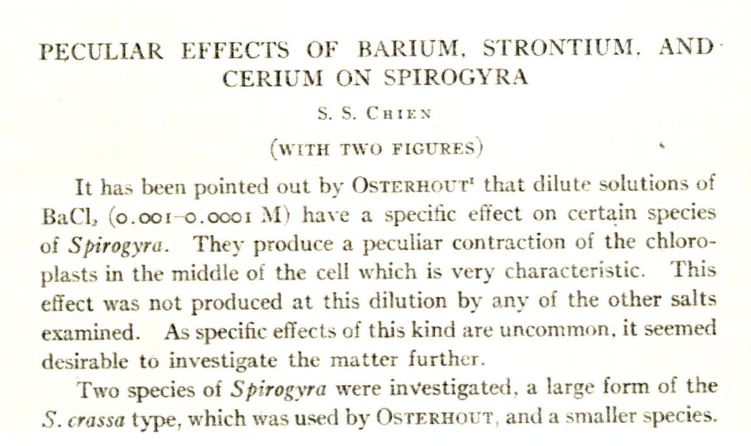

PECULIAR EFFECTS OF BARIUM, STRONTIUM, AND CERIUM ON SPIROGYRA

S. S. CHIEN

(WITH TWO FIGURES)

It has been pointed out by OSTERHOUT[1] that dilute solutions of $BaCl_2$ (0.001–0.0001 M) have a specific effect on certain species of *Spirogyra*. They produce a peculiar contraction of the chloroplasts in the middle of the cell which is very characteristic. This effect was not produced at this dilution by any of the other salts examined. As specific effects of this kind are uncommon, it seemed desirable to investigate the matter further.

Two species of *Spirogyra* were investigated, a large form of the *S. crassa* type, which was used by OSTERHOUT, and a smaller species.

图5.2 我国首篇植物生理学论文（黄满荣 摄）

《森林之种类与分布》（1923）、《中国木本植物》（1926）、《中国森林植物志》（1937）、《中国森林植物志（第二册）》（1950）、《黄河流域植物的分布概况》（1954）、《中国植被区划草案》（1956，图5.3）、《中国植被类型》（1956）、《中国兰科植物的研究》、《中国槭树科植物的地理分布》等。

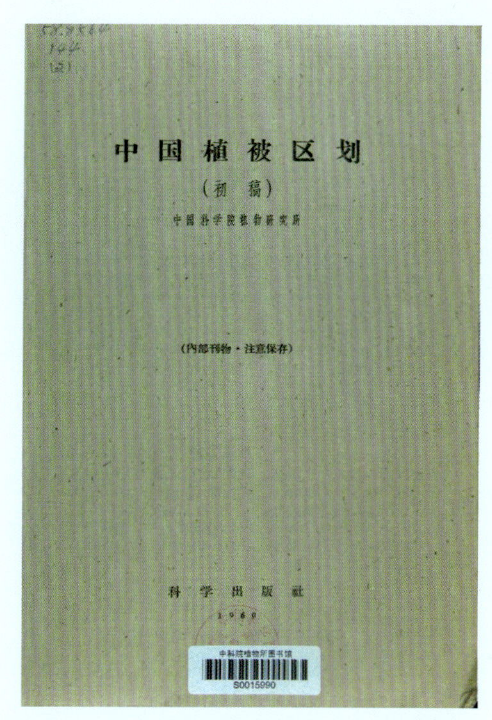

图5.3 《中国植被区划(初稿)》（冯广平 摄）

3. 胡先骕——植物分类学奠基人

胡先骕（字步曾，号忏庵，1894～1968）江西省南昌新建县人（图2.16）。1912年，赴美留学，入加州大学（The University of California）伯克利分校农学院森林系攻读森林植物学。1915年，加入中国科学社。1916年，获得学士学位，回国。1917～1922年，历任庐山森林局副局长、南京高等师范学校（1921年并入国立东南大学、1928年更名国立中央大学、1949年更名国立南京大学）农科教授。1922年，与秉志共同在南京创建中国科学社生物研究所，任植物部主任。1923年，入美国哈佛大学（Harvard University）深造。1925年获得博士学位；回国后执教于东南大学，兼任生物研究所植物部主任。1928年，与秉志在北平（今北京）共同创建静生生物调查所，任植物部主任；1932年任所长。1930年，当选为国际植物命名法规委员会委员。1933年，发起成立中国植物学会；1934年任中国植物学会会长，建议编著《中国植物志》。1934年，创建庐山森林植物园。1938年，创建云南省农林植物研究所（今中国科学院昆明植物研究所前身），任国立中正大学（1949年更名国立南昌大学）首任校长。1945年，抗战胜利，返回北平主持静生所工作。1948年，当选中央研究院院士。1950年，随静生所一同并入中国科学院植物分类研究所（1953年更名为中国科学院植物研究所）。1959～1972年，任《中国植物志》编委。1968年，在“文革”中被迫害致死。

胡先骕在文学、植物学、古植物学、教育等领域均有建树。1921年，与梅光迪等人在国立东南大学创办《学衡》杂志，以“昌明国粹，融化新知”。1925年，完成《中国有花植物属志》（The Genera of Flowering Plants of China）博士论文，首次全面系统地整理中国植物，共记述1950属、3700种中国本土植物。1927～1937年，与国立中山大学陈焕镛编纂完成《中国植物图谱》第一册（1927年）、第二册（1929年）、第三册（1933年）、第四册（1935年）、第五册（1937年）；与静生所秦仁昌编纂完成了《中国蕨类植物图谱》第一卷（1931年）、第二卷（1934年）、第三卷（1935年）、第四卷（1937年）。1940年，与美国加州大学古植物学家钱耐合作出版《山东山旺中新世植物群》（A Miocene Flora from Shantung Province, China，图5.4），成为较早一部从植物学角度研究化石的专著。1946年，与国立中央大学郑万钧发现并命名“活化石”水杉（图2.19）。1950年，胡先骕在《中国科学》（Vo1.1, No.11）上发表《被子植物分类的一个多元系统》（图2.30），提出被子植物多元起源，成为我国植物分类学家首次创立的一个较新的被子植物分类系统。1955年，出版《植物分类学简编》（图5.5），书中明确反对原苏联农业科学院院长李森科的“小麦变黑麦”的获得性遗传论调，指出其不符合现代遗传学实际，是反达尔文演化学说的非科学理论。胡先骕在植物学领域成就最为突出，共发现并定名1个新科、7个新属、100多个新种，包括水杉属（*Metasequoia* Miki ex Hu et Cheng）、拟单性木兰属（*Parakmeria* Hu et

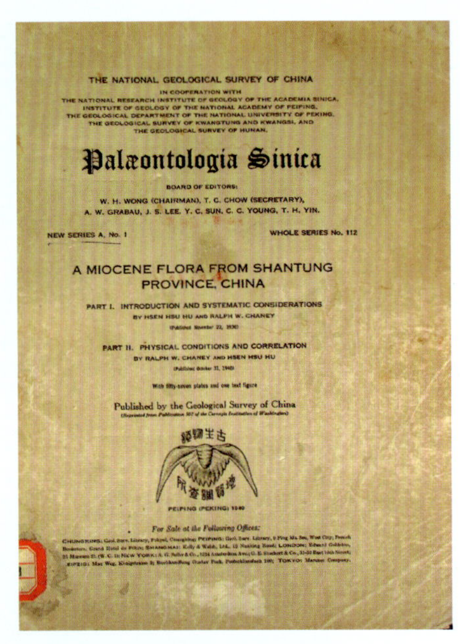

图5.4　山东山旺中新世植物群
（冯广平 摄）

图5.5　《植物分类学简编》
（黄满荣 摄）

Cheng）、合果含笑属（*Paramichelia* Hu）、利桑属（*Smithiodendron* Hu）、木瓜红属（*Rehderodendron* Hu）、秤锤树属（*Sinojackia* Hu）、车前紫草属（*Sinojohnstonia* Hu）等。主编《中国植物志》（山茶科和桦木科）。

4. 刘慎谔——植物学奠基人

刘慎谔(字士林，1897～1975)，山东省牟平县(今烟台市牟平区)人（图4.11）。1919年，以勤工俭学名义留学法国，先后在南锡大学（Université de Nancy）农学院、蒙彼利埃高等农学院（Ecole Nationale Supérieure Agronomique de Montpellier）、克莱蒙大学（Université de Clermont-Ferrand）理学院学习。1924年，与周太玄、李亮恭、林镕等人在法国里昂共同创建“中国生物科学学会”，被推选为学会总书记。1926年，获得克莱蒙大学理学硕士学位。1929年获得巴黎大学（Université de Paris）理学博士学位。同年，在北平创建北平研究院植物研究所，任所长。1936年，与西北农林专科学校辛树帜共同创建西北植物调查所。抗日战争爆发后，带领北研西迁西北植物调查所。1941年，在昆明恢复北平研究院植物研究所；至1945年回迁北平。1950年后，历任东北农学院农林植物调查所所长、中国科学院林业土壤研究所副所长等职。1959～1972年，任《中国植物志》编委。1975年，病逝于沈阳。

1931～1933年，刘慎谔参加中法西北学术考察团，至迪化（今乌鲁木齐市）后只身一人对新疆、西藏、印度等地的植物进行了系统考察，收集各种植物标本4 500余号，掌握大量的第一手科学考察资料，成为我国植物采集史上的传奇故事。1934年，在《北平研究院植物研究所丛刊》（Vol.2，No.9）上发表《中国北部及西部植物地理概论》，成为我国西北植被和植物地理的开创性成果。先后在北京、武汉、昆明、沈阳创建了4座植物园。代表性的成果有：《中国南部及西南部植物地理概要》（1936，图5.6）、《云南植物地理》（1943）、《东北木本植物图志》（1955）、《东北草本植物志》（1958-1978）、《动态地植物学》（1963）、《东北植物检索表》（1959）、《东北药用植物志》（1959）、《历史植物地理学》（1963）、《刘慎谔文集》（1985，图5.7）等。

中国南部及西南部植物地理概要*

中国植物区域凡八：曰华北区；曰东北区；曰蒙古区；曰新疆区；曰西藏区；曰华中区；曰华南区；曰云贵区。前者五区已在《中国北部及西部植物地理概论》（见北平研究院植物学研究所丛刊第二卷第九号）中讨论之矣。后者三区尚未研究成熟，因应《生物学杂志》征稿，仓卒撮其纲要，深望海内同志有所指正。

华　中　区

华中区或可称扬子江流域，北以秦岭及淮河为界；南达江西，湖南之南境，而浙江之南部(浙东)已入华南区域；西境包括四川之盆地在内；东抵东海，遥遥与日本九州、四国之植物有密切之关系。如此为界，华中植物区域，总括江苏，安徽之南部，浙江之北部，四川之中部，湖南、湖北、江西之全部。此中无甚高山峻岭，而约略可举者有：安徽、湖北间之大别山；安徽之黄山；浙江之天目山；福建江西间之武夷山；湖南江西间之武功山；江西之庐山。河流之大者，长江而外有湘江、赣江、汉江、沅江。湖之大者有：洞庭湖、鄱阳湖、太湖。地层除高山而外，多属新生代。气候较暖，冬季最低温度达—6 ℃，平均在10℃之下，每年平均差别为18℃至25℃，雨量亦多，冬令较湿，梅雨期在四月至六月，每年平均量数为1000至1500毫米。植物比较北部丰富，杂有多少之常绿植物，平地及低山多：

Castanea seguinii，枳椇(*Hovenia dulcis*) 樟(*Cinnamomum camphora*) 枫(*Liquidambar formosana*) 柳杉(*Cryptomeria japonica*) 杨梅(*Myrica rubra*) 杉(*Cunninghamia lanceolata*) 马尾松(*Pinus massoniana*) 交让木(*Daphniphyllum macropodium*) 化香树(*Platycarya strobilacea*) 槲栎(*Quercus aliena*) 枇杷(*Eriobotrya japonica*) 小叶白栎(*Quercus fabri*) 算盘子(*Glchidion puberum*) 乌桕(*Sapium rotundifolia*) 。

深山之内，多桦科植物，故有以桦科植物名本区者。而金钱松(*Pseudo-Larix amabilis*) 威氏七叶树(*Aesculus wilsonii*)则为本区之特产，榧(*Torrega grandis*) *Picea complanata*，鹅耳枥(*Carpinus cordata*) *Prunus macrophylla*，红毛杉(*Tserga chinensis*) 长柄山毛榉(*Fagus longipetiolata*) 粗榧(*Caphalotaxus fortunei*) 香果 (*Emmenopteris henryi*) 水青(*Tetracentron sinensis*) 等皆为本区之主要植物。

本区一部之植物能远窜华北之中心，如葛(*Pueraria thunbergiana*)，漆(*Rhus vernicifera*)，*R. semialata*，枳椇(*Hovenia dulcis*)，楝(*Melia azedarach*)，黄栌(*Cotinus coggygria*)，木防己(*Coculus triloba*) 等，皆能直达冀鲁。此类植物率皆木本，多生於

* 本文刊载于《生物学杂志》，1936年，第1卷，第1期。——编者

· 47 ·

图5.6　《植物地理概要》（黄满荣 摄）

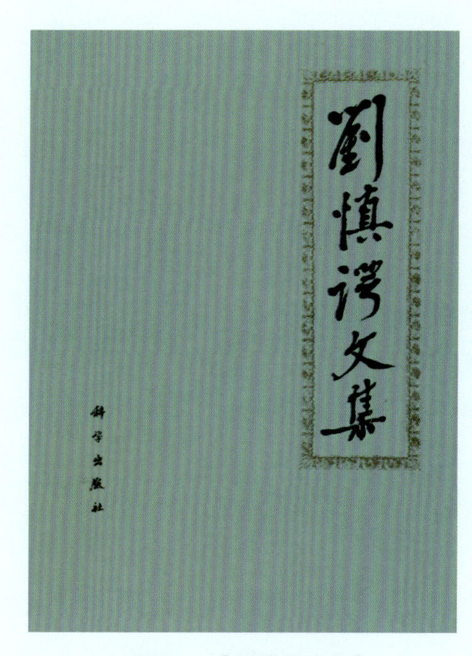

图5.7　《刘慎谔文集》（黄满荣 摄）

5. 秦仁昌——蕨类植物学奠基人

秦仁昌（字子农，1898～1986，图5.8），江苏省武进县人。1914年，入江苏省第一甲种农校，师从陈嵘和钱崇澍。1919年，入金陵大学林学系，得到陈焕庸赏识，并推荐到东南大学任助教，遂得相识胡先骕。1925年，获得金陵大学学士学位。1925～1929年，任职于东南大学理学院生物系、南京中央研究院自然历史博物馆植物部。1930～1932年，到丹麦哥本哈根大学（Københavns Universitet）植物学博物馆进修，师从蕨类植物学权威科利斯登生（C. Christensen，1872～1942）。1932年，任静生所植物标本室主任。1934～1938年，创建庐山森林植物园并任主任。1933年，发起成立中国植物学会，任会计（1933～1935）。1938～1945年，创建静生所云南丽江植物工作站并任主任。1945年以后，历任云南大学林学系教授、生物系主任、云南省农林厅林业局副局长、云南省建设厅农业改进所所长等职。1955年，进入中科院植物所工作，任植物分类与植物地理学研究室主任。同年，当选中国科学院学部委员。1959～1972年，任《中国植物志》编委。1986年，病逝于北京。

秦仁昌主要成就在蕨类植物分类领域。1931年，在英国邱园（Kew Botanical Garden）和大英博物馆系统参阅和考证了1753～1930年间世界所有关于中国蕨类植物的文献280多篇，编撰成《中国蕨类植物》（The Monograph of Chinese Ferns，打印本），成为我国蕨类植物研究的首部著作。1940年，在《国立中山大学农林植物研究所专刊》[Sun Yat-Sen University（Sunyatsenia），No.4]上发表《水龙骨科自然分类系统》（On Natural Classification of the Family“Polypodiaceae”，图2.18），将分类混杂的“水龙骨科”划分为33个科249个属，理清了各科属之间的演化关系，建立全新的蕨类植物分类系统。1947年，美国人科泼兰特（C.B. Copeland）在其《真蕨属志》（Genera filicum：the genera of ferns）序中称：“在极端困难的条件下，秦仁昌不知疲倦地为中国在科学的进步中赢得了一个新的地位”。1978年，秦仁昌在《植物分类学报》（Vol.16，No.3、4）上发表《中国蕨类植物科属的系统排列和历史来源》（图2.17），将蕨类植物门分为5个亚门、63科、223属，阐明了科、属的起源及其演化关系，建立了比许多旧的蕨类

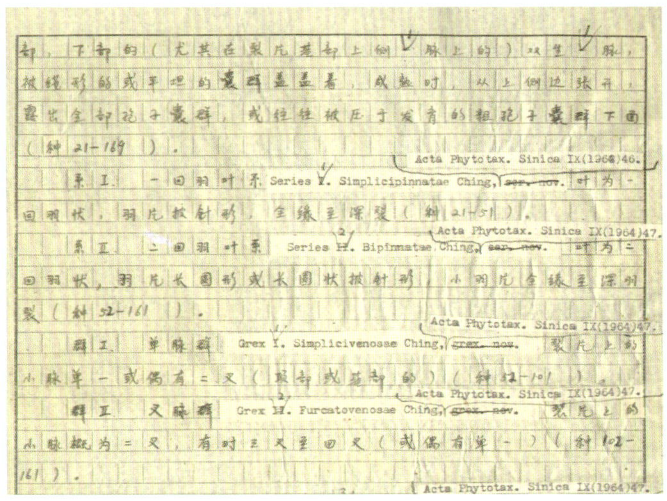

部，下部的（尤其在裂片基部上侧脉上的）双生脉，
披针形的或平坦的囊群盖盖着，成熟时，从上侧边张开，
露出全部孢子囊群，或往往被压于发育的孢子囊群下面
（种 21-169）。
Acta Phytotax. Sinica IX(1964)46.
系 I. 一回羽叶系 Series I. Simplicipinnatae Ching, ~~ser. nov.~~ 叶为一
回羽状，羽片披针形，全缘至深裂（种 21-51）。
Acta Phytotax. Sinica IX(1964)47.
系 II. 二回羽叶系 Series II. Bipinnatae Ching, ~~ser. nov.~~ 叶为二
回羽状，羽片长圆形或长圆状披针形，小羽片全缘至深羽
裂（种 52-161）。
Acta Phytotax. Sinica IX(1964)47.
群 I. 单脉群 Grex I. Simplicivenosae Ching, ~~grex. nov.~~ 裂片上的
小脉单一或偶有二叉（基部或基部的）（种 52-101）。
Acta Phytotax. Sinica IX(1964)47.
群 II. 叉脉群 Grex II. Furcatovenosae Ching, ~~grex. nov.~~ 裂片上的
小脉概为二叉，有时三叉至四叉（或偶有单一）（种 102-
161）。
Acta Phytotax. Sinica IX(1964)47.

图5.8　秦仁昌及其手迹（黄满荣 摄）

植物分类系统更合理的蕨类植物分类系统，被称为“秦仁昌系统”。1993年，此项研究成果获得国家自然科学一等奖。其他代表性成果有：《中国蕨类植物图谱》（第一至四卷）（1931～1937）、《中国与印度及其邻邦产鳞毛蕨属之正误研究》（A revision of the Chinese and Sikkim-Himalayanan *Dryopteris* with reference to some species from neibourting regions）（1934）、《中国植物志，第二卷》（1959，图2.33）、《海南植物志(第一卷)》（1964）、《植物学拉丁文》（1978）、《西藏植物志(第一卷)》（1981）、《中国植物志(第三卷第二分册)》（1991）。

6. 戴芳澜——真菌学、植物病理学奠基人

戴芳澜（字观亭，1893～1973），湖北省江陵市人（图5.9）。1914年，赴美国留学，先后在威斯康星大学（University of Wisconsin）农学院、康奈尔大学（Cornell University）农学院学习，获康奈尔大学学士学位。1919年，获得美国哥伦比亚大学（Columbia University）硕士学位。1920年，回国，先后执教于广东省立农业专门学校、东南大学、金陵大学。1929年，参与筹建中国植物病理学会（Chinese Society of Plant Pathology）。1934年，再赴美国纽约植物园、康奈尔大学研究院留学。1935年，任清华大学农业研究所植物病理研究室主任。抗日战争期间，随校南迁昆明。1946年，清华大学回迁北京，任农学院植物病理学系主任。1948年，当选中央研究院院士。1952年，院系合并后，历任北京农业大学植物病理学系教授兼中国科学院真菌植病室主任、中国科学院应用真菌学研究所所长、中国科学院微生物研究所所长等职。1955年，当选中国科学院学部委员，获得原德意志民主共和国农业科学院通讯院士荣誉称号。1953年，在中国植物病理学会第一届全国代表大会上，当选理事长。1962年，当选中国植物保护学会（China Society of Plant Protection）第一届理事会理事长。1973年病逝于北京。

图5.9　戴芳澜

戴芳澜主要成就在真菌学和植物病理学领域。1932～1939

年，在《金陵学报》（Nanking Journal，Vol.2，No.1）、《中央研究院院刊》（Sinensia，Vol.3，No.4；Vol.4，No.5；Vol.4，No.8）、《中国植物学会汇报》（Bulletin of the Chinese Botanical Society，Vol.1，No.1；Vol.2，No.1；Vol.2，No.2；Vol.3，No.1）、《岭南科学杂志》（Lingnan Science Journal，Vol.18，No.4）等杂志上发表《中国真菌杂记》（Notes on Chinese fungi，Ⅰ-Ⅸ），首次系统报道中国真菌。1936～1937年，在《国立清华大学理科报告》上发表《中国真菌名录》收录了国内已报道的真菌2600种，成为首部收录最丰的真菌志。1979年，出版《中国真菌总汇》（Sylloge Fungorum Sinicorum）（图2.34），收录了截至1974年已报道的真菌类型7000多个分类单位，768篇文献摘要，成为迄今最重要的真菌学参考书。培育了一批知名的植物病理学家和真菌学家，裘维蕃（1912～2000）、沈善炯、魏江春、周家炽、魏景超、林传光、郑儒永等皆出其门下。

7. 邓叔群——真菌学奠基人与森林病理学创始人

邓叔群（字子牧，1902～1970），福建福州人。1923年清华学堂毕业，1928年，获美国康乃尔大学森林学硕士及植物病理学博士学位。同年回国，先后任职于岭南大学、金陵大学、中央大学、中国科学社生物研究所、中央研究院自然历史博物馆、中央研究院林业实验研究所。1940～1946年，任甘肃水利林牧公司林业部经理。1946年，在上海创建森林生态研究室。1948年，当选中央研究院院士。1949年后历任沈阳农学院、东北农学院教育长、副院长。1955年起担任中国科学院微生物研究所研究员、副所长。1963年在广州创建中国科学院中南真菌研究室（后改为广东省微生物研究所）。1955年，当选中国科学院学部委员。1970年，在“文革”中被迫害致死。

邓叔群的主要成就在真菌学和森林病理学领域。1932年，在《中国科学社生物研究所汇报》（Contributions of Biological Labarotary of the Science Society of China，Ser.1，No.7）发表《中国东南部真菌》（Fungi from Southwestern China），开始系统报告我国真菌。1939年，出版《中国高等真菌》（A Contribution to Our Knowledge of the Higher Fungi of China），成为我国首部真菌学专著，收录真菌23目、75科、387属、1391种。研究过的真菌种类达3400种以上，发现新属 4 个，新种120个，成为收入英国的《真菌学辞典》（Dictionary of the Fungi）的唯一中国人。1939年，在《中央研究院院刊》（No.10）上发表《今日中国的林业问题》（The Present Forestry Problem of China）和《洪坝森林的研究》（Studies of the Hunba forest），首次将提出森林病理学的概念。1960年，在林业部举办我国首届森林病理培训班。其他代表性成果有：《甘肃林区及其生态》（The Forest Regions of Kansu and Their Ecological Aspects）（1947）、《西藏东部高原的森林地理》（Forest Geography of Eastern Tibet Plateaus）（1948）、《中国森林地理概要》（A provisional Sketch of the Forest Geography of China）（1948）、《中国的真菌》（1963）、《菌类在生物界的地位》（1966）等。

8. 张肇骞——植物学家、菊科专家

张肇骞（字冠超，1900～1972）（图5.10），浙江省永嘉县（今温州市龙湾区）人。1926年，毕业于东南大学生物系，留校任教。1933～1935年，到英国皇家邱园和爱丁堡植物园（Royal Botanic Garden of Edinburgh）进修，学习植物分类学与植物区系学。1935年回国，历任广西大学农学院教授兼植物研究所主任、国立浙江大学教授、中正大学农学院教授兼生物系主任。1946年，进入静生所工作，兼北京大学生物系教授；1950年，随静生所合并入中科院植物分类研究所。1953～1956年，任中科院植物所副所长。1955年，当选中科院

图5.10　张肇骞

学部委员。1956年以后，历任中科院华南植物研究所副所长、中科院广州分院筹委会委员兼华南植物园筹委会主任、中华自然科学学会联合会广东省分会秘书长、中科院华南植物研究所代所长等职。1959～1972年，任《中国植物志》编委。1972年，病逝于广州。

对菊科、堇菜科、毛茛科、罗汉松科的分类有较深入的研究，发表新种75个、新变种7个，代表性著作有：《中国菊科的一些新种》（Some New Species of compositae of China，1933）、《中国菊科植物之观察》（Observaion on the compositae of China，1933～1934）、《中国菊科植物之研究》(Contributions to the Knowledge of the compositae of China，1934)、《中国菊科植物之新种》（Composltae Novae Sinensis，1934～1935）、《对于中国菊科植物之贡献》(Contribution to the Knowledge of Chinese compositae，1936)、《海南菊科志》（An Enumeration of Hai Nan compositae，1937）、《中国西南部堇菜属之研究》(A Study on Viola of South-westren China，1949)、《中国植物志(第七十五卷)》（1979）、《十年来的中国科学——中国植物分类和区系学》、《中国植物志 菊科》、《海南植物志》、《河北植物志》、《中国植物科属检索表》、《中国主要植物图说》等。

9. 林镕——真菌学开拓者、菊科专家

林镕（Ling Young，字君范，1903～1981，图5.11），江苏省丹阳市人。1920年，考入法国南锡大学农学院。1923年，获得学士学位。1928年，获得克莱蒙大学硕士学位。1930年，获得巴黎大学博士学位，回国。1930～1937年，任北平大学农学院农业生物系教授，后任系主任，兼北研研究员，兼中法大学、辅仁大学、中国大学教授。1938～1946年，历任西北联合大学教授、西北农学院教授、福建省动植物研究所所长、厦门大学生物系教授兼海洋生物研究所主任。1946～1949年，任北研研究员兼北京师范大学、辅仁大学教授。1949年后，历任中国科学院植物分类研究所研究员、中国科学院植物研究所研究员、副所长、代理所长等职。1955年，当选中国科学院学部委员。1981年，逝世于北京。

林镕在法国留学期间主要从事真菌学的研究，1930年完成博士论文《毛霉有性生殖的生物学研究》（Etude Biologique des Phénomenes de la sexualité chez les Mucorinées），是我国较早研究真菌学的科学工作者之一。从20世纪30年代开始从事高等植物分类研究，是我国最著名的菊科分类学家之一。1965年，在《植物分类学报》（Vol.10，No.1）上发表《菊科的新属及未详知属一、川木香属、重羽菊属、及多罗菊属（藏菊属）》（Genera nova vel minus cognita familae Compositarum, I. *Vladimiria* Ilj. *Diplazoptilon* Ling et *Dolomiaea* DC），发现菊科新属重羽菊属（*Diplazoptilon*），描述了近千种菊科植物。任《中国植物志》第二届（1973～1974）、第三届（1975～1976）主编。出版《中国植物志 第七十五

图5.11 林镕

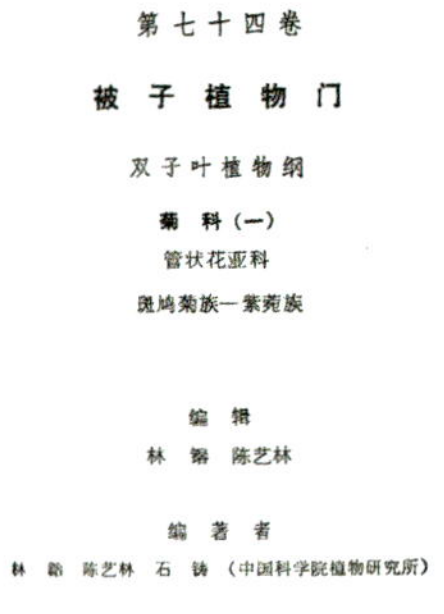

第七十四卷
被子植物门
双子叶植物纲
菊科（一）
管状花亚科
斑鸠菊族—紫菀族
编辑
林镕 陈艺林
编著者
林镕 陈艺林 石铸（中国科学院植物研究所）

图5.12 《植物志 第七十四卷》（黄满荣 摄）

卷 菊科（2）》（1979）、《中国植物志 第七十六卷 第一分册 菊科（3）》（1983）、《中国植物志 第七十四卷 菊科（1）》（1985）（图5.12）、《中国植物志 第七十八卷 第一分册 菊科（7）》（1987）、《中国植物志 第七十七卷 第二分册 菊科（6）》（1989）、《中国植物志 第七十六卷 第二分册 菊科（4）》（1991）、《中国植物志 第八十卷 第一分册 菊科（10）》（1997）等。

5.2 植物形态学领域

1. 张景钺——植物形态学奠基人

张景钺（字岘侪，1895～1975）湖北省光化县人（图5.13）。1920年，毕业于清华学校，留学美国，先后在德州农业与机械学院（The Agricultural and Mechanical College of Texas）、芝加哥大学植物系学习。1923年，获得芝加哥大学学士学位。同年，进入芝加哥大学研究生院，师从著名形态学家张伯伦（C.J. Chamberlain，1863～1943）。1925年，获得博士学位。同年，回国执教于国立东南大学（1928年更名中央大学）生物学系，翌年，任系主任。1930～1932年，先后在英国利兹大学（Leeds University）著名植物解剖学家普利斯特利（J. H. Pristley， 1883～1944）实验室、瑞士巴塞尔植物研究所（Basel Institute of Botany, University of Basel）著名形态学家薛卜（Otto Schüepp，1888～1981）实验室深造。1932～1936年，任国立北京大学生物系主任。1933年，参与筹建中国植物学会，任书记。1937～1944年，在西南联大任教。1945年，赴加州大学伯克利分校交流。1946～1952年，任北京大学植物系主任，兼理学院院长。1948年，当选中央研究院院士。1952～1975年，任北京大学生物系主任。1955年，当选中科院学部委员。1949～1966年，任中国植物学会理事长（1949～1950）、副理事长（1963～1966）。1975年，病逝于北京。

张景钺的主要成就在植物形态学领域。1926年，在《中国科学社生物研究所研究报告》（Vol.2，No.4）上发表《蕨茎组织之研究》，最早开始植物形态学研究。1929年，在《中央地质调查所地质汇报》（Vol.8，No.3）上发表《河北新异木》（A New Xenoxylon from North China），最早开始化石植物的形态学研究。1937年，在《科学》（Vol.21，No.4）上发表《黄豆茎叶在不同日光强度中生长与分化》；翌年，和薛卜合作在《巴塞尔自然科学家协会会刊》）（Verhandlungen der Naturforschenden Gesellschaft in Basel，Band 49）上发表《光强度对白芥菜苗的生长和分化的影响》（Der Einfluss der Lichtintensitat auf Wachstum und Differenzierung des Sprosses von *Sinapis alba* L.），最早开始生理解剖学和实验形态学研究。其他

图5.13 张景钺

图5.14 《张景钺文集》（黄满荣 摄）

图5.15　王伏雄

代表性著作有：《蕨根茎组织的起源和生长发育》（Origin and Development of Tissues in the Rhizome of *Pteris aquilina*）（1927）、《植物徒手切片法》（1934）、《植物系统学》（1957）、《植物的细胞壁》（1963）、《张景钺文集》（1995，图5.14）。我国植物形态学、植物系统学、植物解剖学、古植物学等领域的开拓者严楚江、吴素萱、唐耀、徐仁、王伏雄、李正理、吴征镒均出自他的门下。

2. 王伏雄——植物胚胎学和孢粉学奠基人

王伏雄（字少珍，1913～1995）（图5.15），浙江省兰溪县人。1936年，毕业于清华大学生物系，并考取本系研究生，师从李继侗。翌年，北平沦陷，随校南迁至昆明，师从张景钺。1941年，获得硕士学位；同年应聘清华大学农业研究所植物生理室，随汤佩松工作。1943年，赴美国伊利诺伊大学（University of Illinois）生物系深造，师从著名植物胚胎学家巴克霍尔兹（J.T. Buchholz，1888～1951）。1946年，获得博士学位。同年回国，先后就职于中央研究院植物研究所（上海）、台湾大学生物系、中国科学院上海实验生物研究所。1951年，进入中科院植物分类研究所工作，直至1995年病逝。1951年，创建我国第一个植物形态研究室。1980年，当选为中科院学部委员。1987年，在第十四届国际植物学大会（Berlin，Germany）上当选名誉副主席，并获大会荣誉勋章。1983～1992年，任中国植物学会第九届理事会副理事长（1983～1987）、第十届理事会理事长（1988～1992）。

王伏雄的主要成就在植物胚胎学、孢粉学领域。1943年，在美国《科学》（Science，No.98）上发表《松柏类幼胚立体培养》（The Culture of Young Conifer Embryos *in vitro*），最早开始我国植物胚胎学和实验胚胎学研究。此后系统研究了银杏属（*Ginkgo*）、苏铁属（*Cycas*）、松科（Pinaceae）、杉科（Taxodiaceae）、柏科（Cupressaceae）、罗汉松科（Podocarpaceae）、三尖杉科（Cephalotaxaceae）、红豆杉科（Taxaceae）等裸子植物的胚胎特征，提出银杉属确信为一个独立属、红豆杉科置于松杉目、银杏科与苏铁科亲缘关系密切等观点。1954年，和喻诚鸿在《植物学报》（Vol. 3，No.1）上发表《花粉形态的研究 Ⅰ.术语及研究方法》，最早开始孢粉学研究。1960年，出版《中国植物花粉形态》（图2.35），记述了118科、900属、1 400多种种子植物花粉特征，成为我国首部花粉形态专著。其他代表性著作有：《植物学名词解释——形态结构分册》（1982）、《银杏胚胎发育的研究——兼论银杏目的亲缘关系》（1983）、《三尖杉属（三尖杉科）的解剖与亲缘关系》[Anatomy and Affinities of *Cephalotaxus* (Cephalotaxaceae)]（1989）、《裸子植物胚胎学特征与系统演化关系概论》（An Outline of Embryological Characters of Gymnosperms in Relation to Systematics and Phylogeny）（1990）、《银杉生物学》（1990）、《王伏雄论文选集》（1993）等。

5.3　植物生理学领域

1. 汤佩松——植物生理学奠基人

汤佩松（1903～2001，图5.16），湖北省浠水县（原蕲水县）人。1925年，留学美国，先后在明尼苏达大学（University of Minnesota）农学院、文理学院学习。1927年，获得学士学位。1930年获得美国约翰•霍普金斯大学（Johns Hopkins University）博士学位。1930～1932年，进入哈佛大学工作。1933年，回国，执教于武汉大学生物系；1933～1937年，创建我国第一个普通生理学实验室。1938～1945年，在西南联合大学农业研究所创建国内首个植物生理研究室，并任主任。1946年，筹建清华大学农学院并任院长。1948年，当选为中央研究院院士。1950～1952年，任北京农业大学副校长。1953～1954年，任中科院植物生理研究所研究员兼复旦大学教授。1954年，进入中科院植物所工作。1955年，当选中国科学院学部委员。1956年，组建中国科学院北京植物生理研究室并任主任。1978～1982年，任中国科学院植物研究所所长。2001年，逝世于北京。

图5.16　汤佩松

汤佩松的主要成就在植物生理学领域。1932年，在美国《遗传与生理学报》（The Journal of General Physiology）（Vol.15，No.6）发表《一氧化碳和光对羽扇豆种子萌发的氧吸收和二氧化碳释放的影响》（The Effects of CO and Light on the Oxygen Consumption and on the Production of CO_2 by the Germinating Seeds of *Lupinus albus*），首次发现植物体内的细胞色素氧化酶。1941年，在美国《物理化学学报》（Journal of Physical Chemistry）（Vol.45，No.3）上发表《活细胞吸水的热力学处理》（A Thermodynamic Formulation of the Water Relations in an Isolated Living Cell，图2.19），首次提出植物细胞水分关系的热力学解释。1956年，在《植物学报》（Vol.5，No.1）上发表《水稻幼苗的呼吸作用及其生理适应》，首次发现水稻除有有氧呼吸途径外，还有一个强烈的EMP无氧呼吸酶系统。1957年，在英国的《自然》（Nature，Vol.179）上发表《水稻幼苗中硝酸还原酶的适应形成》（Adaptive Formation of Nitrate Reductase in Rice Seedlings），最早发现了硝酸还原酶在高等植物中的适应性形成。同年，在《科学通报》（Chinese Science Bulletin，No.2）上发表《水稻幼苗中硝酸还原酶的适应形成》，明确提出高等植物呼吸代谢存在多条途径的观点。其他代表性成果有：《细胞呼吸的动力学研究Ⅱ：酵母耗氧率和硼酸缓冲剂中葡萄糖旋光度变化的平行性》（Studies on the Kinetics of Cell Respiration Ⅱ Parallelism between the Rate of Oxygen Consumption by Saccharomyces Wanching and the Change in Optical Rotation of Glucose in Boric Acid Buffers，1936）、《光合作用机制研究的目前情况和存在问题》（1962）、《水稻烂秧的原因及其防止措施的原则》（1963）、《代谢途径的改变及其与其它生理功能间的相互调节——高等植物呼吸代谢的多条路线观点》（1965）、《自然和人工系统中满江红的光合、固氮、光生氨及其结构》（Photosynthesis, Nitrogen Fixation, Ammonia Photoproduction and Structure of *Anabaena azollae* in Natural and Artificial Systems，1987）等。

2. 李继侗——植物生理学开拓者

李继侗（1897～1961）江苏兴化人。1916年，考入上海圣约翰大学，两年后又转入金陵大学林科；1921年赴美留学，入耶鲁大学（Yale University）林学研究院，师从美国著名造林学教授托默（J. W. Toumey），1923年获得硕士学位；1925年获得博士学位。1925年回国，先后执教于金陵大学、南开大学。1929年任清华大学生物系教授。1937年，抗日战争爆发，随校南迁昆明，任西南联合大学生物系主任。1946年，随校回迁北京。1952年，全国院系调整，清华大学生物系并入北京大学生物系，任教授。培育了一批著名的植物生理学、植物学家，殷宏章、娄成后、吴征镒、王启无、沈同等皆出其门下。

1955年，当选中国科学院学部委员。1957年，任内蒙古大学副校长。1961年，病逝于呼和浩特市。

李继侗的主要成就在植物生理、植物生态领域。1929年，在英国《植物学年报》（Vol. 43，No. 3）上发表《光照改变对光合作用速率的瞬间效应》（The Immediate Effect of Change of Light on the Rate of Photosynthesis，图2.13），在国际上最早发现瞬间效应。1930年，在《清华学报》（Vol.6，No.2）上发表《燕麦子叶去尖后之生理的再发作用》，揭示了植物组织间的相互制约关系与补偿功能。1926年，在《耶鲁大学林学研究院专刊》（Yale University, School of Forestry, Bulletin，No. 18）发表《森林覆被对土壤温度的影响》（Soil Temperature as Influenced by Forest Cover），成为当时森林立地学方面的一项突出成就。1930年，在《清华周刊》（12、13合刊）上发表《植物气候组合论》，成为我国最早的植被区划论文。1952～1956年，任教北京大学期间，办我国第一个植物生态学与地植物学专门组，创办《植物生态学与地植物学资料丛刊》（Acta Phytoecologica et Geobotanica Sinica）。其他代表性成果有：《银杏胚胎发育》（The Development of Embryo of *Ginkgo biloba*，1934）、《植物生态学教学大纲（1956）》（1956）、《植物地理学、植物生态学和地植物学的发展》（1958）、《北京市的植被》（1959）。

5.4 植物生态学领域

1. 侯学煜——植物生态学和地植物学的主要开创者之一

侯学煜（1912～1991，图5.17），安徽和县历阳镇人。1937年毕业于南京中央大学化学系，供职于中央地质调查所土壤研究室。1945年，留学美国，进入宾夕法尼亚州立大学学习。1947年，获得硕士学位；1949年获得博士学位。1950年回国，任中国科学院植物分类研究所研究员，创建了我国第一个植物生态研究室并任主任。1980年当选为中国科学院学部委员。1991年，病逝于北京。

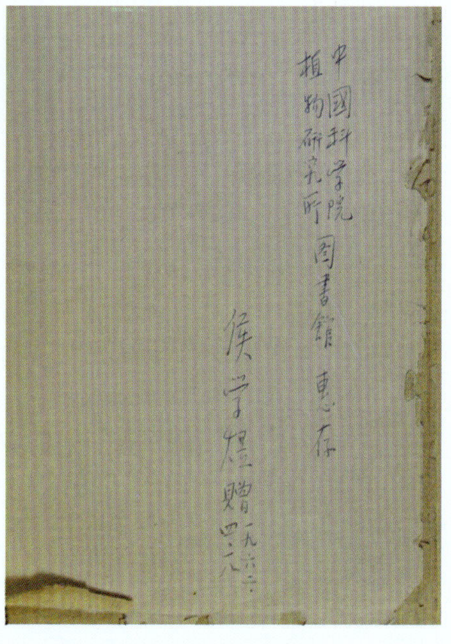

图5.17 侯学煜及其笔迹

侯学煜的主要成就在植物生态学领域。1942年，出版《川黔境内酸性土及钙质土之指示植物》，最早提出土壤指示植物的概念。1944年，在《中国地质调查》（土壤专版）[The Geological Survey of China (Special Soil Publication)，No.5]上发表《贵州南部酸性土和钙质土的植物群落》（The Plant Communities of Acid and Calcium Soils in Southern Kweichow），进一步说明植物群落的形成不是单纯取决于气候，而土壤因素有同样重要性。1951年，美国人怀梯克（R.H. Whittaker）在美国《生态学专报》（Ecological Monography）上发表的《论植物群丛和顶极群落概念》（A Criticism of Plant Association and Climax Concepts）一文将侯学煜的观点归为“土壤顶极学派”。1963年，发表《以发展农林牧副渔为目的的中国自然区划概要》，最早提出“大农业”思想。1988年出版《生态学与大农业发展》。其他代表性著作有：《中国酸性土、钙质土和盐碱土指示植物》（1954，图2.41）、《中国150种植物化学成分及其分析方法》（1959）、《中国植物地理及优势植物化学成分》（1986）、《中国自然环境及其他地域分异的综合研究》（1987）、《中国植被》（1987，图5.17）、《中国植被图（1：400万）》、《中国植被图（1：1400万）》（1989）、《1：100万中国植被图集》（2001）。

2. 吴征镒——植物区系学奠基人

吴征镒（1916～，图5.18），江西省九江市人。1933年，考入清华大学生物系；1937年毕业。1938～1940年，因抗日战争爆发，随校南迁昆明，任助教。1940～1942年，考入北京大学研究生院深造，师从张景钺。1946～1948年，任职于清华大学生物系。1949年，参与接管高等院校，任高等教育委员会高教处副处长。1950年，参与合并静生所和北研，组建中科院植物分类研究所，任副所长。1953～1958年，任中科院植物研究所副所长。1955年，当选中国科学院学部委员。1958年以后，历任中国科学院昆明植物研究所所长、中国科学院昆明分院院长、云南省科委副主任，云南省科协主席等职。《中国植物志》第五届（1987～1992）、第六届（1993～1995）、第七届（1996～2004）主编。2008年获中国国家最高科学技术奖。

图5.18 吴征镒

1945年，完成《滇南本草图谱》第一集，首开我国植物考据学研究。1956年发表《中国植被的类型》。1965年，发表《中国植物区系的热带亲缘》（The Tropical Affinities of Chinese Flora）。1979年发表《论中国植物区系的分区问题》。相继出版了《中国植物志 第十三卷 第二分册》（1979）、《中国植物志 第六十四卷 第一分册》（1979）、《中国植物志 第六十六卷》（1977）、《中国植物志 第二十三卷 第一分册》（1998）、《中国植物志 第三十二卷》（1999）、《中国植物志 第一卷》（2004）等。在70多年的植物分类研究中，他定名和参与定名的植物分类群有1 766个，涵盖94科334属。其他代表作有：《中国植被》（1980，图2.42）、《论木兰植物门的一级分类——一个被子植物八纲的新方案》（1998，图2.47）、《被子植物的一个“多系—多期—多域”新分类系统总览》（Synopsis of a New "polyphyletic-polychronic-polytopic" System of the Angiosperms，2002）、《中国被子植物科属综论》（2003）、《世界种子植物科的分布区类型系统》

(2003)、《中国植物区系中的特有性及其起源分化》(Origin and Differentiation of Endemism in the Flora of China)(2005)和《种子植物的分布区类型及其起源和分化》(2006)等。

5.5 植物化学领域

赵承嘏——药用植物化学先驱

赵承嘏(字石民，1885～1966)，江苏江阴人。清末科举中秀才，1905年(光绪三十一年)留学英国，次年入曼彻斯特大学(The University of Manchester)，师从有机化学大师潘金(W. H. Perkin，1860～1929)。1910年(宣统二年)，获学士学位。同年赴瑞士，在著名有机化学家毕诞(Amé Pictet，1857～1937)指导下进行天然产物的合成研究，1912年获得瑞士工业学院(Eidgenössische Technische Hochschule Zürich)硕士学位；1914年获得日内瓦大学(Université de Genève)博士学位。1916年，受聘于法国罗克药厂研究部工作。1923年回国，任南京高等师范学校数理化学部教授。1925年，任北京协和医学院任药物化学教授兼药理系代主任。1932年受聘于北平研究院，创建了北平研究院药物研究所，任所长。1935年，当选中央研究院评议员。1949年任中国科学院药物研究所所长。1955年当选中国科学院学部委员。1966年，逝世于上海。

赵承嘏的主要成就在药物化学领域。1928年，在《中国生理学杂志》(No.2)上发表《中国延胡索之研究I》，最早开始中草药化学成分研究。1928～1936年，在《中国生理学杂志》上发表一系列文章，系统研究了延胡索、贝母(图5.19)、钩吻、大茶叶、细辛、除虫菊、木防己、雷公藤等药用植物的生物碱。独创了“碱磨苯浸法”分离提取中药成分，这种提取方法在当时国际植物化学中占有重要的地位。1937年，在《中国生理学杂志》(No.12)上发表《中国三七中的皂甙》，最早证明三七皂甙人参二醇为同一化合物。其他代表性成果有：《中药三七中之皂甙(Ⅱ)》(1941)、《常山叶中之抗疟质素》(1951)、《中国乌头》(1954)、《中国萝芙藤》(1957)等。

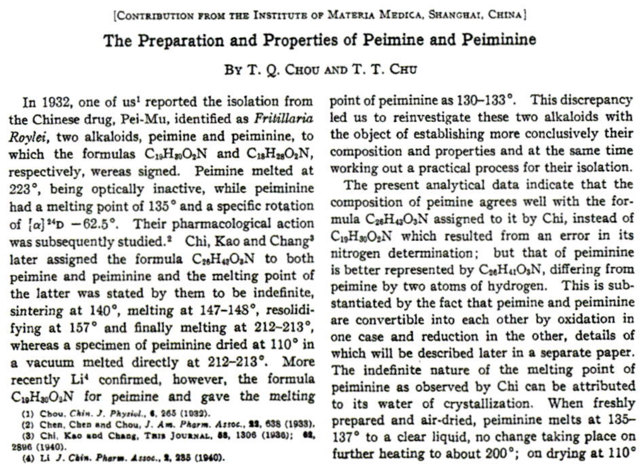

[CONTRIBUTION FROM THE INSTITUTE OF MATERIA MEDICA, SHANGHAI, CHINA]

The Preparation and Properties of Peimine and Peiminine

BY T. Q. CHOU AND T. T. CHU

In 1932, one of us[1] reported the isolation from the Chinese drug, Pei-Mu, identified as *Fritillaria Roylei*, two alkaloids, peimine and peiminine, to which the formulas $C_{19}H_{30}O_2N$ and $C_{18}H_{28}O_2N$, respectively, wereas signed. Peimine melted at 223°, being optically inactive, while peiminine had a melting point of 135° and a specific rotation of $[\alpha]^{24}D$ −62.5°. Their pharmacological action was subsequently studied.[2] Chi, Kao and Chang[3] later assigned the formula $C_{26}H_{43}O_3N$ to both peimine and peiminine and the melting point of the latter was stated by them to be indefinite, sintering at 140°, melting at 147–148°, resolidifying at 157° and finally melting at 212–213°, whereas a specimen of peiminine dried at 110° in a vacuum melted directly at 212–213°. More recently Li[4] confirmed, however, the formula $C_{19}H_{30}O_2N$ for peimine and gave the melting point of peiminine as 130–133°. This discrepancy led us to reinvestigate these two alkaloids with the object of establishing more conclusively their composition and properties and at the same time working out a practical process for their isolation.

The present analytical data indicate that the composition of peimine agrees well with the formula $C_{26}H_{43}O_3N$ assigned to it by Chi, instead of $C_{19}H_{30}O_2N$ which resulted from an error in its nitrogen determination; but that of peiminine is better represented by $C_{26}H_{41}O_3N$, differing from peimine by two atoms of hydrogen. This is substantiated by the fact that peimine and peiminine are convertible into each other by oxidation in one case and reduction in the other, details of which will be described later in a separate paper. The indefinite nature of the melting point of peiminine as observed by Chi can be attributed to its water of crystallization. When freshly prepared and air-dried, peiminine melts at 135–137° to a clear liquid, no change taking place on further heating to about 200°; on drying at 110°

(1) Chou, *Chin. J. Physiol.*, **6**, 265 (1932).
(2) Chen, Chen and Chou, *J. Am. Pharm. Assoc.*, **22**, 638 (1933).
(3) Chi, Kao and Chang, THIS JOURNAL, **58**, 1306 (1936); **62**, 2896 (1940).
(4) Li *J. Chin. Pharm. Assoc.*, **2**, 235 (1940).

图5.19 贝母碱的制备及其特性(黄满荣 摄)

5.6 古植物学领域

1. 斯行健——古植物学的主要奠基人

斯行健(号天石，1901～1964)，浙江省诸暨县人。1926年毕业于北京大学地质系，执教于中山大学地质地理系。1928年，留学德国柏林大学(Universität zu Berlin)，师从古植物学家高腾(W. Gothan)；1931年获博士学位。1931～1933年在瑞典斯德哥尔摩大学(Stockholms University)研究古植物学，师从古植物学家哈勒(T.G. Halle)。1933年回国，执教于清华大学；翌年至北京大学任教。1937年以后，先后任职于中央研究院地质研究所、中央地质调查所、中国科学院古生物研究所（后更名地质古生物研究所）。历任地质古生物研究所代所长、所长。1955年，当选中国科学院学部委员。1964年，病逝于南京。

斯行健的主要成就在古植物学领域。1933年，出版《陕西、四川、贵州三省植物化石》（Fossile Pflanzen aus Shensi, Szechuan und Kueichow）、《中国中生代植物》（Beitrage zur Mesozoischen Flora von China），最早全面系统介绍我国化石植物群。1956年，出版《陕北中生代延长层植物群》（图5.20），较早系统介绍亚洲东部中生代植物。其他代表性成果有：《中国下侏罗纪植物化石》（Beiträge zur Liasischen Flora von China）（1931）、《新疆迪化之木化石研究》（On the Occurrence of an Interesting Fossil Wood from Urumchi (Tihua) in Sinkiang）（1933）、《湖南跳马涧系内最古鳞木之发现》（Über einen Baumförmigen Lepidophyten-rest in der Tiaomahien serie in Hunan. 1936）、《鄂西香溪煤系植物化石》（1949）、《中国上泥盆纪植物化石》（1952）、《中国古生代植物图鉴》（1953、1956）、《中国植物化石 第二册 中国中生代植物》（1963，图5.21）。

图5.20　《陕北中生代延长层植物群》（冯广平 摄）

图5.21　《中国中生代植物》（冯广平 摄）

2. 徐仁——古植物学和孢粉学奠基人

徐仁（字本仁，1910～1992，图5.22），安徽省芜湖市人。1933年，毕业于清华大学，获得学士学位。同年，应聘北京大学生物学系助教，师从张景钺。1937年，获得北京大学硕士学位，因北平沦陷而南迁昆明。1938～1943年，任职于中美文化基金、云南大学生物系。1944年，受印度古植物学家萨尼（B. Sahni，1891～1949）邀请，赴印度勒克瑙大学（Lucknow University）任客座教授。1946年，获得勒克瑙大学博士学位。同年，回国，任北京大学地质系副教授。1948年，赴印度，任萨尼古植物研究所教授兼博物馆馆长；翌年任代所长。1952年回国，任中国科学院南京地质古生物研究所研究员。1954年，任地

图5.22　徐仁

质部地质矿产司孢粉学实验室主任、地质部地质研究所孢粉学和古植物学研究室主任、地层学和古生物学研究室主任。1959年，在中国科学院植物研究所创建古植物学研究室，并担任研究室主任。1979年，倡导创建中国孢粉学会，任第一、四届理事长。1980年，当选中国科学院学部委员，兼任北京自然博物馆副馆长。1981年，任第十三届国际植物学大会副会长。1992年，病逝于北京。

徐仁的主要成就在古植物学、孢粉学领域。1946年，在《美国科学院院刊》（Proceedings of the National Academy of Sciences，Vol.16，No.2～4）上发表《克锐阿峡谷紫色砂岩中的微体化石探索》（Search for Microfossils in the Purple Sandstone, Khewra），研究了克什米尔克锐阿峡谷砂岩中的微体化石，成为国际微体化石研究的先驱之一。1952年，在《印度植物学报》（Journal of the Indian Botanical Society，Vol.31，No.(1-2)）上发表《同型木的进一步研究》（Further Information on *Homoxylon rajmahalense Sahni*），澄清同型木为本内苏铁，而非原始被子植物。1983年，在《密苏里植物园年报》（Vol.70，No.3）上发表《中国晚白垩世至新生代植被及其与北美的关系》（Late Cretaceous and Cenozoic Vegetation in China, Emphasizing Their Connections with North America），指出东亚、北美植物区系中存在相同的属是属于原地孑遗的结果。1952年，在中国科学院南京地质古生物研究所创建我国第一个孢粉学实验室。1954年，开办我国第一个孢粉学讲习班——煤岩培训班。1958年，在《古生物学报》（Vol.6，No.2）上发表《根据孢粉组合推断湖南汝城文明司红色岩系的地质时代》，在国内首次依据孢粉学研究的资料确定地层时代。其他代表性著作有：《中国卷柏苗尖的解剖和发生》（1937）、《吊丝球竹苗端的结构和生长》（Structure and Growth of the Shoot Apex of *Sinocalamus beecheyanus* McClure 1944）、《西藏南部珠穆朗玛峰地区植物化石的发现及其意义》（1973）、《中国植物化石 第一册 中国古生代植物》（1974）、《中国植物化石 第三册 中国新生代植物》（1978）、《中国晚三叠世宝鼎植物群》（1979）、《地质时期中国主要地区植物景观》（1982）等。

5.7　植物病理学领域

1. 俞大绂——植物病理学奠基人

俞大绂（字叔佳，1901～1993），浙江省绍兴市人。1924年毕业于南京金陵大学，留校任教。1928年，留学美国依阿华州立大学（Iowa State University）；1932年，获博士学位。同年回国，执教于金陵大学。1938年后，先后任清华大学农业研究所教授、北京大学农学院教授、院长。1948年，当选中央研究院院士。1949年后，历任北京农业大学教授、校长、名誉校长。1955年，当选中国科学院学部委员。

1956年，当选为苏联农业科学院通讯院士。历任中国植物病理学会理事长、中国农学会副理事长、中国植物保护学会理事长、中国真菌学会名誉理事长等职务。1993 年，逝世于北京。

俞大绂的主要成就在植物病理学领域。1928年，在美国《植物病理学》（Vol. 18）上发表《种子消毒剂对小麦黑穗病和小麦产量的影响》（The Effect of Seed Disinfecants on Smut and on Yield of Millet），报道成功培育抗黑穗病小麦。1933年，在《金陵学报》（Vol.3，No.1）上发表《对小麦秆黑粉菌有抗性和易感性的小麦品种》[Varietal Resistance and Susceptibility of Wheats to Flag Smut （*Urocystis tritici* Koern）]，最早发现小麦秆黑粉菌的生理分化性，开创了我国生理小种研究的先河。1939年，在《植物病理学》（No.29）上发表《中国植物病毒名录》（A List of Plant Viroses Observed in China），最早开始作物病毒病害研究。其他代表性成果有：《中国镰刀菌属（*Fusarium*）菌种的初步名录》（1955）、《植物病理学和真菌学技术汇编（卷一）》（1959）、《粟病害》（1973）、《植物病理学和真菌学技术汇编（卷二）》（1979）、《蚕豆病害》（1979）等。

2. 裘维蕃——植物病毒学的奠基人之一

裘维蕃（1912～2000，图5.23），江苏无锡人。1935年，毕业于金陵大学，留校任俞大绂的助教。1939年，到福建永安筹办福建农学院，1945年留学美国威斯康星大学（University of Wisconsin），师从著名植物病理学家沃克（J.C. Walker，1893～1994），并获植物病毒权威约翰逊（J.Johnson，1888～）指点，1948年获博士学位。同年回国，历任清华大学副教授、北京农业大学副教授、教授。历任中国植物病理学会副理事长兼秘书长、理事长；中国植物保护学会副理事长；中国真菌学会理事长等职。1980年，当选中国科学院学部委员。2000年，逝世于北京。

裘维蕃的主要成就在真菌、植物病理、植物病毒等领域。1945年，在美国《Lloydia》（Vol. 8， No. 1）上发表《云南红菇科》（The Russulaceae of Yunnan），最早研究食用菌。1952年，出版《中国食用菌及其栽培》，成为我国首部食用菌专著。1949年，在美国的《农业研究学报》（Journal of Agricultural Research，Vol. 78）上发表《瓜类黑腐菌的形态和变异》（Morphology and Variability of the Cucurbit Black rot Fungus）和《瓜类黑腐菌的生理和致病力》（Physiology and Pathogenicity of the Cucurbit Black-rot Fungus），首次对美国瓜类黑腐病害作详尽的探讨。1957年，在《植病学报》（Vol.3，No.1）上发表《中国白菜的一种病毒病害—“孤丁”》，最早研究植物病毒。其他代表性成果有：《内蒙甜菜黄化毒病流行的研究》（1959）、《植物病毒学》（1963）、《农业植物病理学》（1979）、《菌物学大全》（图5.24）等。

图5.23 裘维番

图5.24 《菌物学大全》（黄满荣 摄）

5.8 农学领域

1. 丁颖——中国现代稻作科学奠基人

丁颖（字君颖，号竹铭，1888～1964），广东省高州（原茂名）人。1912年赴日，入东京第一高等学校预科学习日语，1921年入东京帝国大学农学部攻读农艺，1924年获学士学位。同年回国后，历任广东大学农科学院教授，中山大学农学院教授兼稻作试验场主任、农学院院长，农林部西南作物品种繁育场场长，广东华南农学院院长。1957年，任中国农业科学院院长兼水稻生态室主任。1955年当选为中国科学院学部委员。

丁颖的主要成就在水稻育种方面。1926年在广州郊区发现野生稻（*Oryza sativa* L. f. *spontanea*）。1933年发表了《广东野生稻及由野生稻育成的新种》，证明我国是栽培稻种的原产地，否定了“中国栽培稻起源于印度”论点。1933年，在《中华农学会报》（No. 114）上发表《广东野生稻及由野生稻育成的新种》，开创了野生稻与栽培稻远缘杂交育种的先河。1931～1933年间，对野生稻研究中发现有花药不开裂与花粉发育不完全的雄性不育现象，是我国水稻雄性不育研究的最早报道。其他代表性成果有：《中国古来粳籼稻种栽培及分布之探讨与栽培稻种分类法预报》（1949）、《中国栽培稻种的起源及其演变》（1957）、《中国水稻栽培学》（1961）、《中国水稻品种的生态类型及其与生产发展的关系》（1964）等。

2. 金善宝——中国现代小麦科学奠基人之一

金善宝（字笑衍，1895～1997），浙江诸暨人。1927年毕业于东南大学（现南京大学）农艺系，1930年赴美国留学，在康奈尔大学农学院和明尼苏达大学（University of Minnesota）农学院进修，1932年回国，先后在浙江大学、中央大学、江南大学任副教授、教授、农艺系主任。中华人民共和国成立后，历任南京大学农学院院长、华东军政委员会农林部副部长、南京市副市长、南京农学院院长等职。1957～1965年任中国农业科学院副院长、1965～1982年任中国农业科学院院长、1982～1997年任中国农业科学院名誉院长。1955年当选中国科学院学部委员。

金善宝的主要成就在小麦分类和小麦育种方面。1928年，在《国立第四中山大学农学院作物研究报告》（第二册）上发表《中国小麦分类之初步》，最早开始小麦分类研究。1959年，在《南京农学院科学研究专刊》（No.2）上发表《中国小麦种类及其分布》，将中国小麦确定为14个生态类型。发现并定名了我国特有的普通小麦亚种——云南小麦（*Triticum aestivum* subsp. *yunnanense* King）。1939年，选育出适于四川盆地和长江中下游地区种植的优良品种——“中大2509”（又名“矮立多”）和“中大2419”（后改名为“南大2419”）。20世纪60年代初，培育出“京红”和“京春”春小麦新品种。其他代表性成果有：《中国小麦区域》（1943）、《中国小麦栽培学》（1961，图5.25）、《中国小麦品种志（1949～1961）》（1964）、《中国小麦品种及其系谱》（1983）、《中国小麦品种志（1962～1982）》（1985）等。

5.9 林学领域

1. 郑万钧——中国近代林业开拓者之一

郑万钧（字伯衡，1904～1983），江苏徐州人。1917年入江苏省第一农校林科，1924年任东南大学任树木学助理，1929年，应聘为中国科学社生物研究所植物学研究员。1939年初，前往法国图卢兹大学（Université de Toulouse）森林研究所进修，年底即通过论文答辩，被授予博士学位。回国后，历任云南大学森林系教授，中央大学农学院教授，南京大学农学院林学系教授、系主任、副院长，南京林学院教授、副院长、院长。1948年，与胡先骕共同发表“活化石”水杉新种。1962～1983年任中国林业科学研究院研究员、副院长、院长。1955年当选学部委员。1983年，病逝于北京。

郑万钧的主要成就在林学、树木学领域。1930年，在《中国科学社生物研究所论文集 植物组》（No.6）上发表《中国松属之研究》（A Study of the Chinese Pines），开始树木学研究。累计发现树木新属4个，新种100多个。1948年，发现并定名水杉。1983年出版《中国树木志 第一卷》，成为我国树木学首部收录最全的树木志书。 其他代表性成果有：《四川峨边森林调查报告》和《湖南莽山森林之观察科学》（1938）、1947年发表《中国树木新属新种》（New Chinese Trees and Shrubs）（1947）、《中国树木学 第一分册》（1961）、《中国裸子植物》（1975）、《中国主要树种造林技术》（1978）、《中国植物志 第七卷》（1978，图5.26）、《中国树木志》等。

图5.25 《中国小麦栽培学》（冯广平 摄）

图5.26 《中国植物志 第七卷》及书内郑万钧手迹（冯广平 摄）

2. 梁希——中国近代林学和林业开拓者

梁希（原名曦，字索五，1883～1958）浙江吴兴人。1913～1916年在日本东京帝国大学农学部林科学习，1916～1923年任北京农业专门学校教师兼林科主任，1923年赴德国塔朗脱高等林业学校（Forstliche Hochschule Tharandt）研究林产化学，1927年回国后继续在国立北京农业大学（即北京农业专门学校）任教。1929～1949年，先后在浙江大学农学院和中央大学农学院森林系任教。中华人民共和国成立后，任中央人民政府林垦部（1951年改为林业部）部长，1955年当选学部委员。

林希的主要成就在林学领域。1916年，开始讲授林产制造化学。1919年在浙江大学首创中国第一个森林化学室。1935年，在《农学丛刊》（No.3）发表《几种油桐种子之油量分析》，开始提出林产化学系列研究。1983年，出版《林产制造化学》，创立了我国林产制造化学学科。其他代表性成果有：《中国十四省油桐种子之分析》（1939）、《竹材之物理性质及力学性质初步试验报告》（1944）、《民生问题与森林》、《森林在国民经济建设中的作用》、《新中国的林业》（1951）等。

主要参考文献

[1] 白寿彝. 1999. 中国通史：第十二卷. 上海：上海人民出版社.
[2] 北京市地方志编纂委员会. 2005. 北京志：科学卷 科学技术志. 北京：北京出版社.
[3] 陈德懋. 1993. 中国植物分类学史. 武汉：华中师范大学出版社.
[4] 程光胜. 2008. 戴芳澜传. 中国科学院微生物研究所［内部资料］.
[5] 邓宗觉. 2005. 先师胡先骕教授事略：纪念南昌大学办学65周年. 南昌大学学报：人文社会科学版，36(3)：封二.
[6] 范文涛，陈义产. 1990. 钟观光教授与我校植物园. 浙江农业大学学报，16(4)：450-453.
[7] 胡玉熹. 1995. 怀念王伏雄教授. 植物杂志，(3)：38-39.
[8] 胡宗刚. 2006. 刘慎谔西北科学考察考. 中国科技史杂志，27(4)：348-352.
[9] 姜恕，陈昌笃. 1994. 植被生态学研究：纪念著名生态学家侯学煜教授. 北京：科学出版社.
[10] 金善宝. 1985. 中国现代农学家传. 长沙：湖南科学技术出版社.
[11] 匡廷云，李良璧，卢从明，梁峥. 2003. 朝霞喷薄映东方：纪念汤佩松教授诞辰100周年. 生物学通报，38(12)：1-3.
[12] 李星学. 1995. 中国地质时期植物群. 北京：科学出版社.
[13] 李星学. 2001. 深切缅怀中国古植物学奠基者：敬爱的斯行健教授. 古生物学报，40(4)：419-423.
[14] 梁峥，许亦农. 2000. 植物生理学大师汤佩松. 植物学通报，17(01)：90-91.
[15] 林稚兰. 2006. 怀念我的父亲林镕. 生命世界，2006(5)：92-96.
[16] 刘东方. 2002. 关于胡先骕先生教育思想的研究. 教育探索(11)：64-65.
[17] 刘东生，李文漪. 2002. 缅怀中国孢粉学和古植物演化学的奠基人徐仁院士. 第四纪研究，22(6)：493-494.
[18] 罗桂环，汪子春. 2005. 中国科学技术史：生物学卷. 北京：科学出版社.
[19] 马春沅. 中国真菌学的奠基人：戴芳澜［出版者不详］. 35-44.
[20] 青宁生.2006.我国真菌学的开山大师：戴芳澜. 微生物学报，46(2)：插1-插2.
[21] 青宁生. 2007. 执教农业微生物学七十年：俞大绂. 微生物学报，47(1)：插1-插2.
[22] 裘佩熹，邹安寿. 1983. 秦仁昌：中国植物学的一位拓荒者. 生命世界(2)：41-43.
[23] 裘维蕃. 1993. 我国菌物学大师戴芳澜教授诞辰百周年纪念. 真菌学报，12(2)：89-90.
[24] 孙英宝，马履一，付德志. 2009.胡先骕的任公豆歌：简介冯澄如绘画《任公豆图》. 武汉植物学研究，27(2)：225-231.
[25] 汤佩松. 1993. 汤佩松论文选集. 北京：中国世界语出版社.
[26] 王伏雄. 1993. 王伏雄论文选集. 北京：中国中国世界语出版社.
[27] 王战，傅沛云，等. 1997. 中国植物学、生态学的主要奠基人和开拓者：纪念刘慎谔教授诞辰百周年. 生物学，16(5)：77-80 .
[28] 王战，邓玉成，傅沛云，等. 1997. 一代师表 风范永垂：记刘慎谔教授. 植物杂志(6)：30-33.
[29] 王中仁. 1998. 中国蕨类植物学的奠基人秦仁昌（1898～1986）：纪念秦仁昌先生诞辰一百周年. 植物分类学报，36(3)：286-288.
[30] 汪振儒. 1984. 我国植物生理学的启业人：钱崇澍先生. 植物生理学通讯(2)：62-64.
[31] 吴兆洪. 1986. 秦仁昌分类系统(蕨类植物门)的历史渊源. 广西植物，6(1-2)：63-78.
[32] 婺兵. 2003. 中国植物学家张肇骞. 今日浙江(19)：44.
[33] 徐仁. 2000. 徐仁著作选集. 北京：地震出版社.
[34] 俞德浚. 1983. 纪念我国近代植物学的奠基人钱崇澍教授诞辰一百周年. 植物学报，25(5)：495-496.
[35] 《张景钺文集》编辑委员会. 1995. 张景钺文集. 北京：北京大学出版社.
[36] 于国荣. 1991. 中国科学家传记：第二集. 北京：科学出版社.
[37] 于国荣. 我国著名植物病理学家、微生物学家俞大绂教授.生物学防治通报：78-80。

[38] 余永年. 2001. 缅怀裘维蕃教授对菌物学的贡献. 菌物系统，20(3)：440-448.

[39] 赵大昌. 2005. 刘慎谔先生西北考察之行. 生物学通报，40(9)：59-60.

[40] 《中国科学院植物研究所所志》编辑委员会. 2009. 中国科学院植物研究所所志. 北京：高等教育出版.

[41] 中国科学院中国植物志编辑委员会. 2004. 中国植物志 第一卷. 北京：科学出版社.

[42] 中国植物生理学会光合与代谢专业委员会. 2008. 纪念殷宏章先生百年诞辰暨全国光合作用学术研讨会论文摘要汇编. [出版者不详]．

[43] 朱宗元，梁存柱. 2005. 钟观光先生的植物采集工作：兼记我国第一个植物标本室的建立. 北京大学学报：自然科学版，41(6)：825-832.

[44] Hu Shiyi. 2002. Development of plant embryology in China. Acta Botanica Sinica，44(9)：1022-1042.

第 6 章

植物园和标本馆

按照国际植物园物种保护组织（Botanic Gardens Conservation International，BGCI）1999年给出的定义，植物园（botanic garden）是拥有经完整记录的活体植物，并以科学研究、种质保护、展示和科普教育为目的的机构。现代意义的植物园源于欧洲的种植园，至16世纪开始形成，目前公认最早的植物园为意大利的比萨(Pisa)植物园，建于1544年（明嘉靖二十三年）。在我国，植物园的雏形始见于周代，称为“囿”，是在划定范围内豢养动植物，供王狩猎、休憩的场所。《孟子》：“文王之囿，方七十里。”建于汉武帝建元三年（前138年）的上林苑，种植各种植物3000余种，已具备植物园的特征。《汉书》卷六十五《东方朔传》：（建元三年）“遂起上林苑，如寿王所奏云。”《三辅黄图》：“帝初修上林苑，群臣远方，各献名果异卉三千余种植其中，亦有制为美名，以标奇异。”北京地区具备现代植物园特征的园林出现于元代，重修于中统三年（1261）的万岁山植被丰茂，山东侧建有灵囿，［元］陶宗仪《南村辍耕录•万岁山》载：“其山皆以玲珑石迭垒，峰峦隐映，松桧隆郁，秀若天成。”建于天历二年（1329）的大承天护圣寺大量栽植奇花异木，“殿前阁后．擎天耐寒傲雪苍松，也有带雾披烟翠竹，诸杂名花奇树不知其数”(朝鲜《朴通事》)。明清两代，北京地区的私家和皇家园林发展迅速，达到我国古典园林发展的巅峰。明武清侯李诚铭于天启、崇祯间建设的“李皇亲新园”，几乎就是整个城市景致的缩影，［明］刘侗、于奕正《帝京景物略•李皇亲新园》载：“园也，渔市城村致矣。”清乾隆皇帝于乾隆十年(1745)将香山行宫扩建为“静宜园”，将整个香山的自然植被大部归入园内，占地约153公顷，成为完全具备现代植物园特征的皇家园林。

北京地区真正意义上的植物园，直至20世纪30年代才出现，由北平研究院植物所与天然博物院合作创建。1930年，北平研究院植物所与天然博物院在天然博物园西区（今北京动物园黑水洋以西至海兽馆之间的区域）合办植物园（图6.1），定名“国立北平天然博物院植物园”，按照恩格勒（Engler）分类次序，种植中国重要植物以供研究之需，至1934年，已经种植植物1000多种。《国立北平研究院五周年工作报告》载：“本园为农事试验场蔬菜园之旧址，有田约四十亩。为本所与国立北平天然博物院合办，创始于民国十九年四月（1930年），依Engler氏之分类系统次序培植中外重要植物，以供就地研究。据最近之统计，搜集植物近两千种，多中外珍奇之品。植物园之设立，非仅供游人之观赏及学校教材之需要

图6.1　天然博物院植物园残存的树木（左元宝枫、右银杏）（冯广平 摄）

而已，尤为研究分类学及生态学者所不可缺之参考材料也。”1935年，北平市政府找借口收回，植物所虽经交涉，也无功而返。1937年北平沦陷，植物研究所迁到陕西武功，日伪园艺试验场接管植物园，伐掉园内树木，改为菜园。1946年植物研究所迁回北平，新建植物园而规模很小，只有600多平方米，位置在今中国科学院植物研究所旧址大门球场位置。

6.1　植物园的创建

20世纪50年代，北京地区植物园开始真正进入大规模建设时期，相继建设了北京植物园、北京教学植物园、北京药用植物园等3个规模较大的植物园。其中，北京植物园和北京药用植物园主要服务于研究和科普目的，属研究型植物园；北京教学植物园主要服务于中小学教学，属于教学型植物园。

6.1.1　研究型植物园

1. 北京植物园

北京植物园位于香山卧佛寺附近（图6.2），现分为南北两园，北园名为“北京植物园”（简称北植，图3.27），现隶属北京市园林局；南园名为“中国科学院植物研究所北京植物园”（简称南植，图6.3），现隶属中国科学院植物研究所。1954年，中国科学院植物研究所植物园的王文中、孙可群、王令维、吴应祥、谢德森、张应麟、董保华、阎振茏、胡叔良、黎盛臣等10位青年科学家上书毛泽东主席，请求解决植物园永久园址问题（图6.4）。1954年4月5日，中国科学院致函北京市人民政府，建议建设一个“象苏联科学院莫斯科总植物园一样规模宏大、设备完善的北京植物园”，园址建议选在玉泉山和碧云寺附近。北京市人民政府于12月13日复函中国科学院，同意在卧佛寺附近划定533.33公顷，作为北京植物园永久园址。1956年5月18日，国务院正式批准成立北京植物园（国秘习字98号），由中国科学院与北京市共同领导（图6.5），并拨专款5 630 580元作为第一期建园经费。20世纪60年代经济困难时期，建设专款冻结。“文革”开始后，北京植物园建设受到严重阻碍，逐渐分成南北两园。1970年3月5日，北京植物园建制被撤消。1979年5月10日，中科院植物所、北京市园林局共同向上级主管部门提出恢复北京植物园的申请。同年8月9日，国家城建总局召开会议研究决定：两园统称北京植物园，一个叫南园，一个叫北园，南园侧重科研，北园侧重科普及园林植物栽培展览。

图6.2　北京植物园1957年园景（卢思聪 提供）

图6.3　中国科学院植物研究所北京植物园（南植）松柏园（冯广平 摄）

北植规划面积400公顷，现已建成开放游览区200公顷，由植物展览区、名胜古迹区，科研区和自然保护区组成。植物展览区包括观赏植物区（专类园）、树木园、盆景园、温室花卉区。观赏植物区由牡丹园（图6.6）、芍药园、月季园、桃花园、丁香园、木兰园、绚秋园、海棠园、梅园、紫薇园、玉簪园、集秀园（竹园）、宿根花卉园、草药园等14个专类园组成。树木园由银杏松柏区、槭树蔷薇区、椴树杨柳区、木兰小檗区和悬铃木麻栎区、泡桐白蜡区组成。名胜古迹游览区由卧佛寺（图6.7）、樱桃沟、隆教寺遗址、“一二•九”纪念亭、梁启超墓、黄叶村曹雪芹纪念馆组成。园内引种和栽培植物56万余株、5 000余种。2000年1月1日，北植建成“北京植物园展览温室”（图6.8），建筑面积9 800平方米，占地5.5公顷，是目前亚洲最大，世界单体温室面积最大的展览温室。温室分为热带雨林室，沙漠植物室，兰花、凤梨及食虫植物室和四季花园等，展示热带、亚热带植物3 100余种。

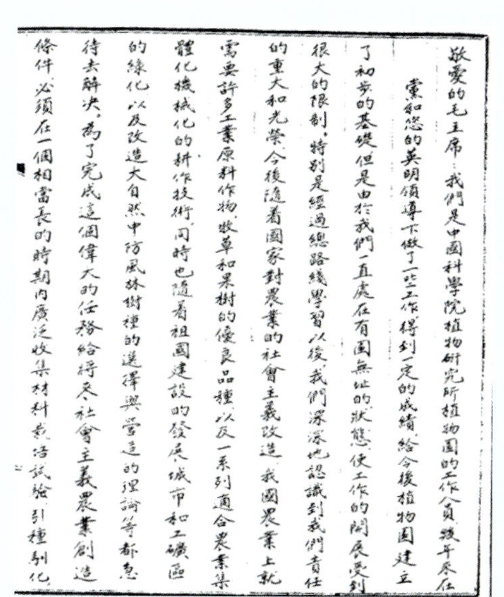

敬愛的毛主席：我們是中國科學院植物研究所植物園的工作人員，幾年來在黨和您的英明領導下做了一些工作，得到一定的成績，給今後植物園建立了初步的基礎，但是由於我們一直處在有園無址的狀態，使工作的開展受到很大的限制。特別是經過總路綫學習以後，我們深深地認識到我們責任的重大和光榮，今後隨着國家對農業的社會主義改造，我國農業上就需要許多工業原料作物，牧草和果樹的優良品種，以及一系列適合農業集體化機械化的耕作技術，同時也隨着祖國建設的發展，城市和工礦區的綠化以及改造大自然中防風林樹種的選擇與營造的理論等都急待去解決。為了完成這個偉大的任務給將來社會主義農業創造條件，必須在一個相當長的時期內廣泛收集材料，栽培試驗，引種馴化，

图6.4　十位科学家给毛泽东主席的请示（王青 摄）

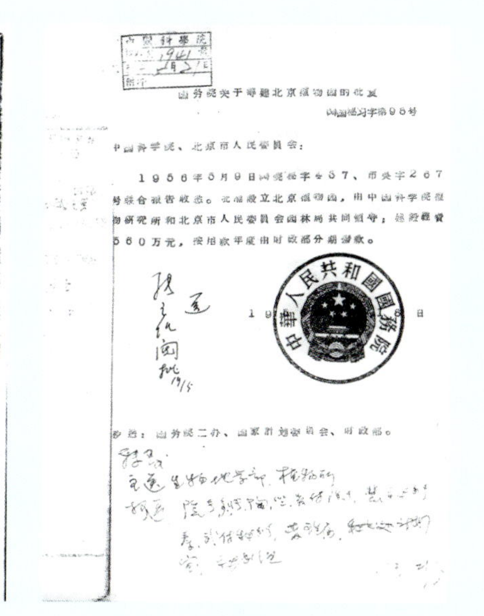

国务院关于筹建北京植物园的批复

国秘习字第98号

中国科学院、北京市人民委员会：

1956年5月9日国秘字第457、市秘字267号联合报告收悉。同意设立北京植物园，由中国科学院植物研究所和北京市人民委员会园林局共同领导；总投资经费560万元，按照每年度由财政部分期拨款。

抄送：国务院二办、国家计划委员会、财政部。

图6.5　国务院批建植物园（王青 摄）

南植规划面积119公顷，现有土地面积56.4公顷，其中展览区20.7公顷、试验地17.2公顷，建有展览温室1 820平方米（图6.9）、试验温室3 000平方米。展览区包括树木园、宿根花卉园、月季园、牡丹园、本草园、果树资源区、环保植物区、水生和藤本植物区、珍稀濒危植物区、热带、亚热带植物展览温室等10个展区。树木园包括木兰毛茛区、蔷薇豆科区、小檗区、丁香区、壳斗区、槭树区、合瓣花区、五桠果区、松柏园、紫薇园等。栽培植物6 000多种（含品种），包括2 000余种乔木和灌木、1 620余种热带和亚热带植物、花卉500余种、中草药、芳香、油料植物等1 900余种。引种和栽培珍稀濒危植物221种（图6.10）。

图6.6　北植内牡丹园（冯广平 摄）

图6.7　北植内卧佛寺（冯广平 摄）

图6.8　热带植物展览温室（冯广平 摄）

图6.9　印度总统尼赫鲁赠送的菩提树（冯广平 摄）

图6.10　南植内国家二级保护植物夏蜡梅（冯广平 摄）

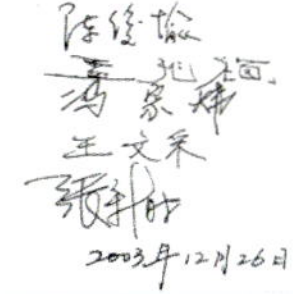

有世界先进水平的植物园，全面提高北京乃至中国的地位，为世界植物园事业做出新的贡献，为中华民族的全面复兴增光添彩。

谨此，我们诚恳地建议，希望国家能够重视国家植物园（北京植物园）的建设工作，力争在2008年之前将北京植物园建设成为一座科研、科普、景观、功能均为世界一流的国家植物园，为中华民族争光，为全人类做出新的贡献。我们将尽吾所能，对国家植物园的建设给予支持。

此致

敬礼

侯仁之　张广学　匡廷云　洪德元　金鉴明　肖培根　陈俊愉　孟兆祯　冯宗炜　王文采　张新时

3

2003年12月26日

图6.11　十位院士请示恢复国家植物园建设（王青 摄）

2003年12月26日，中国科学院和中国工程院侯仁之、张广学、匡廷云、洪德元、金鉴明、肖培根、陈俊愉、孟兆祯、冯宗伟、王文采、张新时等11位院士上书胡锦涛总书记，提出“关于恢复国家植物园建设的建议”（图6.11）。2004年1月7～8日，胡锦涛总书记和温家宝总理先后批示，要求有关部门重视专家的建议。同年2月中旬，路甬祥院长和王岐山市长等领导分别批示，要求有关部门认真研究落实，抓住机遇，推进国家植物园的立项建设。目前正以1958年的总体规划为基本依据，结合南北两园的现状和基础，参照当前世界先进植物园的发展趋势，对北京植物园南北两园重新进行统一规划，形成优势互补、资源整合、共同管理、协调建设的一个整体的国家植物园。

2. 北京药用植物园

北京药用植物园位于海淀区西北旺，隶属中国医学科学院药用植物研究所（图6.12）。其前身是中央卫生研究院药用植物试验场标本园，创建于1959年。1955年中央卫生研究院在北京西郊的西北旺征地1 000亩，建立了药用植物种植场。1959年，在该试验场内建立标本园，由苏联栽培专家基杨诺夫主持。1957年，中央卫生研究院与协和医科大学合并成立中国医学科学院、中国协和医科大学。1957年药用植物种植场转隶中国医学科学院药物研究所，标本园更名为药物研究所药用植物栽培试验场栽培室。1984年，药用植物栽培试验场及其栽培室合并组建药用植物资源开发研究所，原标本园进一步扩建，并更名北京药用植物园。

植物园现有土地面积20公顷：展览区和教学实习区12.5公顷，繁育区3公顷，保种区2.5公顷，引种驯化试验区2公顷，展览温室1 800平方米，研究试验温室200平方米。园内的药用植物分为藤蔓区、荫生植物区、珍稀濒危药物区、水生植物区、中药区、民族民间药区等，另外还设有牡丹芍药园、山茱萸采摘园、南药园和罂粟园主题药物园等。共收集药用植物1 300余种（图6.13）。同时，还有大型种质低温贮藏库，收集植物种子900种、1 500号种子。

图6.12　药用植物园正门（张本刚 提供）

图6.13　药用植物园内丝棉木果枝（冯广平 摄）

6.1.2 教学型植物园

北京教学植物园

北京教学植物园位于崇文区龙潭湖公园内，是国内唯一一座由省（市）级教育部门建立，专门为中小学教学服务的植物园，隶属北京市教委。1954年，彭真市长批复了吴晗副市长关于建立第二植物园的请示（图6.14）。1956年，北京市政府批准北京市园林局、教育局建设“北京龙潭植物园”（图6.15），由园林局和教育局共管。1957年北京市龙潭植物园在崇文区龙潭湖西侧正式开始建园，规划用地32公顷；先后建立了果树区、大田作物区、经济作物区、蔬菜区、温室花卉区、树木区等6个教学实验种植区，根据中学植物课及小学自然常识课教材的需要，引种植物、农作物200余种。1963年5月21日，植物园改名为“北京教学植物园”，由市教育局单独管理。“文革”期间，撤销教学植物园，改办“五七农场”。1985年11月，市教育局批准恢复北京教学植物园建制，规划用地11.65公顷，实有土地150亩，逐步建立植物分类区、生物科技小组活动区、温室区、实验材料繁育区等。植物园现建有树木分类区、水生植物区与人工模拟湿地、草本植物区、农作物展示区、木化石园区、温室植物区、动植物标本展室等标本展示教学园区。园区内根据中小学教育教学需要选择和配置植物，共种植植物 1 500 余种。目前成为专门为中小学相关学科教学实习、科普及环境教育、中小学师资培训、生物实验和劳技实习材料繁育供应、校园绿化美化提供服务的教育教学单位；是“全国科普教育基地”、“北京市科普教育基地”、“北京生态道德教育基地”。

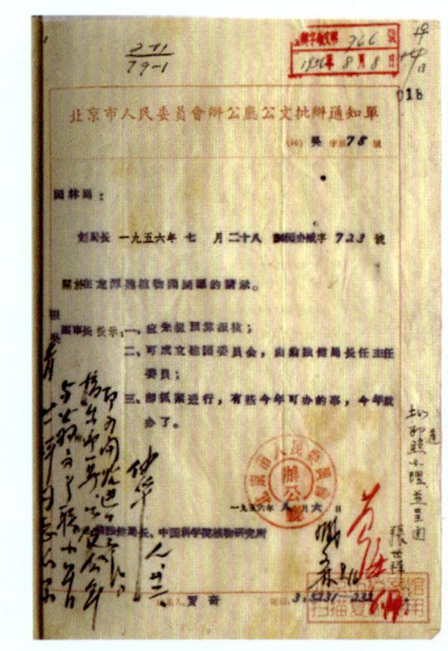

图6.14 北京市政府批准建设龙潭植物园（武让 提供）

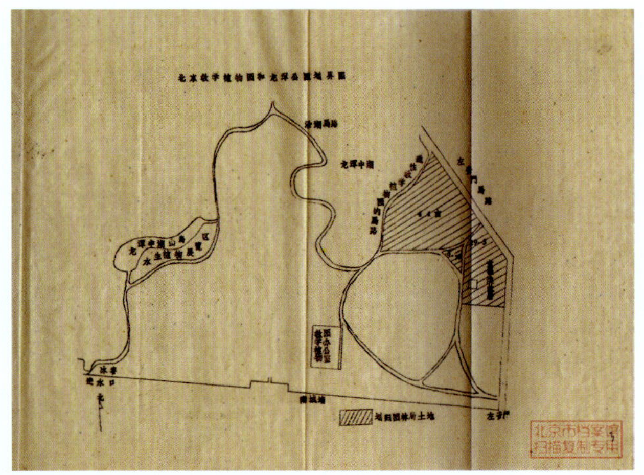

图6.15 1963年教学植物园和龙潭公园划界图（武让 提供）

6.2 标本馆的创建

植物标本馆伴随着植物研究而出现。北京地区最早的植物标本馆创建于20世纪初，1918年，钟观光在北京大学创建植物标本室，成为北京地区最早的植物标本室。至1921年，标本室共收藏腊叶植物标本1 600余种，1.5万余号，木材、果实、根和茎竹类400 多种。迄今为止，北京地区共有15家植物标本馆（室），大部分创建于20世纪四五十年代（表6.1）；被《世界植物标本馆索引》（Index Herbarioirum）收录的标本馆包括中国科学院植物研究所标本馆（PE）、中国医学科学院药用植物研究所植物标本馆

（TMM）、中国科学院微生物研究所真菌标本室（HMAS）、中国中医研究院中药研究所中药标本馆（CMMI）、北京大学生命科学学院植物标本馆（PEY）、北京师范大学生命科学学院植物标本馆（BNU）、北京大学药学院植物教研室植物标本室（PEM）、北京林业大学森林植物标本馆（BJFC）、首都师范大学生命科学学院植物标本馆（BJTC）等9家标本馆。其中，成立时间较早，收藏植物标本比较丰富的标本馆为中科院植物所、北大生命科学学院标本馆、北师大生命科学学院标本馆。

表6.1　北京地区的植物标本馆（室）

标本馆	创建时间	标本类型	历史沿革
研究机构			
中国科学院植物研究所植物标本馆（PE）	1928	世界植物，东亚植物占优势	静生所植物标本室（1928 ~ 1949）和北研植物标本室（1929 ~ 1949），中科院植物分类所植物标本室（1950 ~ 1952），中科院植物所植物标本室（1953 ~ 1974），1975年改现名
中国林业科学院森林生态环境与保护研究所森林植物标本馆	1941	全国木本植物为主	中央林业研究所植物标本室（1951 ~ 1957），中国林业科学院林业研究所植物标本室（1958 ~ 1997），1998年改现名
中国医学科学院药用植物研究所植物标本馆（TMM）	1949	全国药用植物	1983年由中国医学科学院药物研究所标本馆一部分及药用植物园合并成
中国药品生物制品检定所中药标本馆	1950	全国药用植物	
中国科学院微生物研究所真菌标本室（HMAS）	1953	全国及国外的真菌标本	中国科学院植物所真菌植物病研究室真菌标本室（1953 ~ 1955），中国科学院应用真菌研究所标本室（1956 ~ 1957），1958年改现名
中国中医研究院中药研究所中药标本馆（CMMI）	1955	全国药用植物	中医研究院中药研究所中药标本馆（1955 ~ 1984），中国中医研究院中药研究所中药标本馆（1985 ~ 1999），2000年改现名
北京自然博物馆	1959	以河北地区、山西五台山和新疆天山等地区维管植物为主	中央自然博物馆（1959 ~ 1961），1962年改现名
中国农业科学院蔬菜花卉研究所植物标本室	1980	十字花科、瓜类、豆类、葱属和茄果类等蔬菜标本	中国农业科学院蔬菜研究所植物标本室（1980 ~ 1986），1987年改现名
高等院校			
北京大学生命科学学院植物标本馆（PEY）	1918	全国的植物，北方植物较多	北京大学生物标本室（1918 ~ 1925），北京大学生物系植物标本室（1926 ~ 1945），北京大学植物学系植物标本室（1946 ~ 1951），北京大学生物系植物标本室（1952 ~ 1992），1952年，清华大学生物系、燕京大学生物系并入。1993年改现名
北京师范大学生命科学学院植物标本馆（BNU）	1916	以华北地区植物为主，其中河北、北京地区最多	京师优级师范学堂标本室（1918 ~ 1922），北京师范大学生物系植物标本室（1923 ~ 1997），1931年北平大学女子师范学院标本室并入；1952年，辅仁大学标本室并入。1998年改现名
北京大学药学院植物教研室植物标本室（PEM）	1943	以药用植物为主	北京大学医学院植物标本室（1943 ~ 1951），北京医学院植物标本室（1952 ~ 1984），北京医科大学药学院植物标本室（1985 ~ 1999），2000年改现名
北京林业大学森林植物标本馆（BJFC）	1943	以东北和华北森林植物标本为主	北京大学农学院森林植物标本室（1946 ~ 1949），北京农业大学森林植物标本室（1949 ~ 1951）、北京林学院（1952 ~ 1985）森林植物标本室，1985年改现名，隶属林学院
中国农业大学生物学院植物标本室	1949	以华北地区农田杂草标本为主	北京农业大学农学系植物标本室（1949 ~ 1983），北京农业大学生物学院植物标本室（1984 ~ 1994），1995年改现名
首都师范大学生命科学学院植物标本馆（BJTC）	1956	以北京、河北雾灵山植物标本为主	北京师范学院生物系植物标本室（1954 ~ 1991），首都师范大学生物系植物标本室（1992 ~ 2003），2003年改现名
北京中医药大学中药博物馆植物标本室	1960	以中国常见药用植物为主	1960年建立的北京中医学院中药标本室与药用植物标本室，于1990年合并入中药博物馆

注：表中排序以成立时间为序

1. 中国科学院植物研究所植物标本馆（PE）

中国科学院植物研究所植物标本馆始建于20世纪20年代（图3.3）。1928年，北平静生生物调查所建设植物标本室，开启了北京地区植物标本馆建设的先河。1931年有标本40513号，至1937年增加至43万号。1929年，北平研究院植物研究所（北研）标本室建设，收集标本2万号。1934年，北研标本室移入陆谟克堂。1937年，抗日战争爆发，静生所南迁昆明，北研西迁陕西武功。1946年，静生所和北研回迁北平，静生所标本室因国家政治动乱、经济萧条而濒临倒闭；北研在原址恢复发展，将此前战乱期间运往武功的植物标本以及来自昆明植物研究所的大量标本先后分批运回。1950年，静生所与北研合并为中国科学院植物分类研究所，两所标本室合并成为中国科学院植物分类研究所植物标本室，馆藏标本33.5万份；地址在天然博物院内的陆谟克堂；钱崇澍任主任。1953年，中国科学院植物分类研究所植物标本室改名“中国科学院植物研究所植物标本室”。1975年5月，植物标本馆馆藏标本增加至110万号，而原址空间狭窄、保存条件不好。于是，植物研究所植物分类研究室王文采、汤彦承、路安民等14位科技人员联名上书邓小平副总理，请求建设国家植物标本馆。邓小平副总理批示在香山植物园内新建中国科学院植物研究所标本馆（图4.32）。翌年，标本馆开始筹建，至1983年竣工。1984年4月，标本馆大楼正式投入使用。PE馆是我国规模最大的，同时也是亚洲最大的植物标本馆，建筑面积10 000平方米，设计馆藏标本容量500万号。至2007年，PE馆收藏植物标本248万余号，包括233万号腊叶标本、8万号种子标本、7万号化石标本。腊叶标本包括28万余号苔藓标本、15万余号蕨类植物标本、177万余号种子植物标本。PE馆藏标本涵盖了《中国植物志》和《中国苔藓志》中所记载的全部中国高等植物中约80%的苔藓植物、90%的蕨类和80%的种子植物。馆藏模式标本1.3万份，涉及已经发表的7000余个分类群。依据馆藏标本编著的代表性著作有：《中国植物志》、《中国高等植物图鉴》、《中国苔藓志》等。就馆藏标本数目和整体规模而言，PE馆名列亚洲地区植物标本馆之首；就馆藏种子标本的数目而言，PE馆位居世界第三，在国内外植物分类学研究领域中，特别是在东亚植物的研究领域中具有举足轻重的地位。2004年建成中国数字植物标本馆，目前已有400万号植物标本实现数字化。

2. 北京大学生命科学学院植物标本馆

北京大学生命科学学院植物标本馆（PEY）创建于1918年，为我国最早的植物标本馆（室）。1918年，钟观光在北京大学创建生物标本室，地址在马神庙北楼博物部，并开始大规模植物采集活动。1918～1912年，钟观光先后深入华南、西南、华东、华北等地的11个省区，采集腊叶标本1 600余种、1.5万余份，木材、果实、根和茎竹类400 多种。1920 ～1921 年，在《地学杂志》上以“旅行采集记”为题先后发表10篇文章，引起中外植物学者重视。1926年，北京大学生物系正式成立，植物标本室搬入南楼理学院生物系。1946年，北京大学回迁北京后，原植物标本室作为钟观光先生采集陈列室，室内的钟观光简介说明“中国第一位用科学方法研究植物分类学——钟观光先生”，钟观光先生“奠定本校植物标本室——中国第一个植物分类标本室”。1952年，燕京大学、北京大学合并，植物标本室迁入北京大学生物系北侧的二层小楼至今（图3.17）。

3. 北京师范大学生命科学学院植物标本馆

北京师范大学生命科学学院植物标本馆始建于1918年。1923年，北京师范大学生物系成立，植物标本室收藏了钟观光采集的大部分标本。1931年北平大学女子师范学院标本室（PET）并入；1952年，辅仁大学标本室并入，标本室迁入原辅仁大学生物系。1958年，北京师范大学在新街口外建设生物园（即现址），标本室迁入生物园。标本馆现存腊叶标本75 000多号，其中维管植物7万余号、藻类植物2 000余号、菌类和地衣植物300余号、苔藓植物1 400余号，浸制标本2 000多瓶；干制标本100多份。其中，模式标本10余号；国家一级保护植物标本30余种、100余份。标本收藏的主要范围为华北地区，其中河北、北京地区的较多，还有少量日本、朝鲜的标本。特别是保存有钟观光及刘汝强采集的标本，为核实早期的分类学文献提供了重要的依据。存有《直隶植物志》、《北京植物志》和《河北植物志》的部分凭证标本。依据馆藏标本编写的著作有：《北京植物检索表》（第一版、第二版）、《北京植物志》（第一版、第二版）、《河北植物志》。此外，标本室还藏有编写《北京植物志》与《河北植物志》时绘制的植物科学画底图；配有全套的《中国植物志》和全国最为齐全的各种地方植物志。

主要参考文献

[1] 白寿彝. 1999. 中国通史：第十二卷. 上海：上海人民出版社.

[2] 北京大学网站http://www.pku.edu.cn.

[3] 北京市地方志编纂委员会.2005. 北京志：科学卷 科学技术志. 北京：北京出版社.

[4] 北京教学植物园网站http://bjjxzwy.bjedu.gov.cn.

[5] 北京林业大学网站http://www.bjfu.edu.cn.

[6] 北京师范大学网站http://www.bnu.edu.cn.

[7] 北京协和医学院网站http://www.pumc.edu.cn.

[8] 北京植物园园史编委会. 1999. 中国科学院植物研究所北京植物园50年：1950-1999. [出版者不详]

[9] 北京植物园网站http://www.beijingbg.com.

[10] 北京中医药大学网站http://www.bucm.edu.cn.

[11] 北京自然博物馆. 2005. 北京自然博物馆. 北京：科学出版社.

[12] 陈德懋. 1993. 中国植物分类学史. 武汉：华中师范大学出版社.

[13] 樊洪业. 1999. 北京大学生物系正式成立于1926 年. 中国科技史料，20(2)：158-159.

[14] 傅立国.1993. 中国植物标本馆索引.北京：中国科学技术出版社.

[15] 贺善安，顾姻，褚瑞芝，等. 2001. 植物园与植物园学. 植物资源与环境学报，10(4)：48-51.

[16] 姜玉平. 2003. 北平研究院植物学研究所的二十年. 中国科技史料，24(1)：34-46.

[17] 李约瑟. 2006. 中国科学技术史：第六卷 第一分册. 北京：科学出版社.

[18] 林有润，谢振华. 2004. 有关《植物园学》问题的讨论. 植物研究，24(3)：379-384.

[19] 寇恒武，杨富. 2006. 上林苑与西汉经济. 西安文理学院学报：社会科学版，9(5)：36-40.

[20] 罗桂环，汪子春. 2005. 中国科学技术史：生物学卷. 北京：科学出版社.

[21] 马金双. 1991. 我国植物标本室代号介绍. 广西植物，11(3)：283-285.

[22] 穆祥桐. 1987. 农工商部农事试验场. 中国科技史料，8(4)：22-27.

[23] 潘剑彬，李利，郭晶. 2009. 造化风景承古意自在园林有大观：浅谈中国古典园林植物景观营造的历史沿革. 广东园林，31(1)：8-13.

[24] 首都师范大学网站http://www.cnu.edu.cn.

[25] 佟凤勤. 1997. 发展中的中国科学院植物园. 北京：科学出版社.

[26] 汪国权，胡宗刚. 1993. 中国植物园的由来、出现和发展. 古今农业(3)：29-35.

[27] 张运君. 2003. 京师大学堂和近代西方教科书的引进. 北京大学学报：哲学社会科学版，40(3)：137-145.

[28] 张佐双. 2006. 植物园研究. 北京：中国林业出版社.

[29] 郑师渠. 2002. 论京师大学堂师范馆. 北京师范大学学报：人文社会科学版(5)：5-18.

[30] 中国医学科学院药用植物研究所网站http://www.implad.ac.cn.

[31] 中国植物学会. 1994. 中国植物学史. 北京：科学出版社.

[32] 中国科学院微生物研究所网站http://www.im.cas.cn.

[33] 《中国科学院植物研究所所志》编辑委员会. 2009. 中国科学院植物研究所所志. 北京：高等教育出版社.

[34] 中国科学院植物研究所网站：http://www.ibcas.ac.cn.

[35] 中国农业大学网站http://www.cau.edu.cn.

[36] 中国农业科学院网站http://www.caas.net.cn.

[37] 周维权. 1999. 中国古典园林史. 北京：清华大学出版社.

[38] 朱宗元、梁存柱，2005.钟观光先生的植物采集工作.北京大学学报：自然科学版，41(6)：825-832.

[39] Holymgren P.K. et al. 1990. Index Herbariorum Part Ⅰ. The Herbaria of the World, 8th ed. New York.

[40] Wyse Jackson, Peter S. 1999. Experimentation on a Large Scale – An Analysis of the Holdings and Resources of Botanic Gardens. BGCNews (Richmond，UK: Botanic Gardens Conservation International)，3(3)：53-72.

第 7 章

代表性成果

7.1　教材类

1.《植物学》（1858）

李善兰与英国传教士未廉臣和艾约瑟，以英国植物学家林德利（John Lindeley，1790～1865）于1841年（道光二十一年）出版的《植物学初论纲要》（The Outline of the First Principles of Botany）为原著，翻译《植物学》一书（图7.1），成为我国首部植物学教材。1858年（咸丰八年），此书由上海墨海书馆出版。全书共分8卷，附图102幅，3.5万字。卷1为总论，介绍植物学基本概念。卷2为论内体，介绍植物的解剖结构，指出植物的各部分器官均有内体（细胞体）组成。卷3为论外体，介绍植物的根、干、枝、叶、花、果、种子等7种器官。卷4～6，分别论述叶、花，以及果和种子。卷7为察理之法和分部及标本制作，主要讲述分类方法。卷8为分科，列举常见植物32科及其分类特征。此书的特别之处在于创译了“植物学”一词，以及细胞、萼、瓣、心皮、子房、胚等植物学名词。

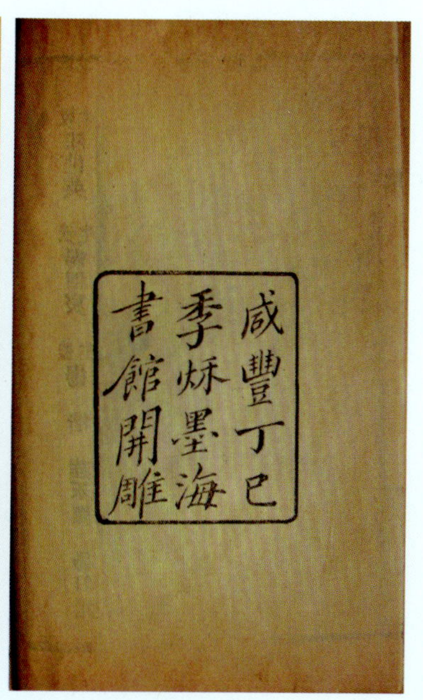

图7.1　1858年版《植物学》（王艳辉 摄）

2.《植物学》（1907～1908）

1907～1908年（清光绪三十三至三十四年），京师译学馆博物学教授叶基桢编译《植物学》一书（图7.2），作为译学馆博物科讲义，成为北京地区最早的植物学教材。此书以铅印形式出版；全书共分4篇以及总论、结论，52章，20余万字。第一篇为“植物形态学”，计12章，包括植物体、花、雌蕊与雄蕊、花托与蜜槽、花序、果实、种子、种子之散布、根、干、芽及枝、叶等。第二篇为“植物解剖学”，计8章，包括细胞、细胞膜及原形质、原形状含有物、细胞之形质及繁殖、组织及组织系、茎之构造、根之构造、叶之构造等。第三篇为“植物生理学”，计7章，包括植物及外界之关系、养分、同化作用、呼吸作用、蒸腾作用、生长、运动等。第四篇为“植物分类学”，计25章，第一章为植物分类法，第二章至第十五章介绍了14科双子叶植物的常见类型，第十八章至第二十章介绍了禾本科、兰科、百合科的代表植物，此后诸章分别介绍了松柏科、羊齿门、苔藓门、菌藻门、原微植物等。此书中，一些现代植物学术语，如雌蕊、雄蕊、花序、茎、细胞、组织等已经出现，在科学性上较李善兰的《植物学》前进一大步。同时，本书在体例上已经不仅仅包含植物分类的内容，而是扩展到解剖学、生理学领域，是一部较完整的植物学综论。

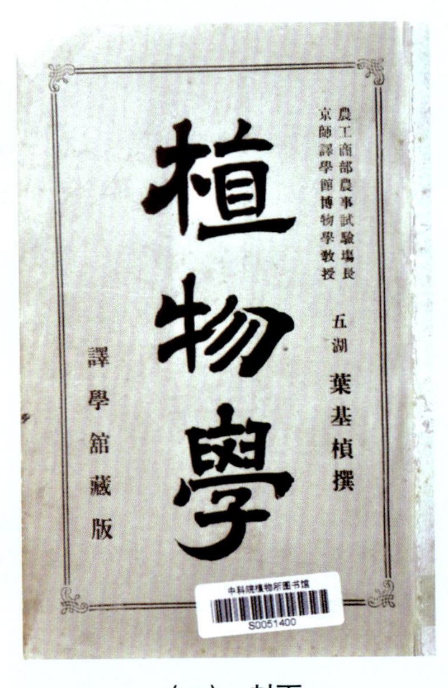

（a） 封面

（b） 叶基桢像

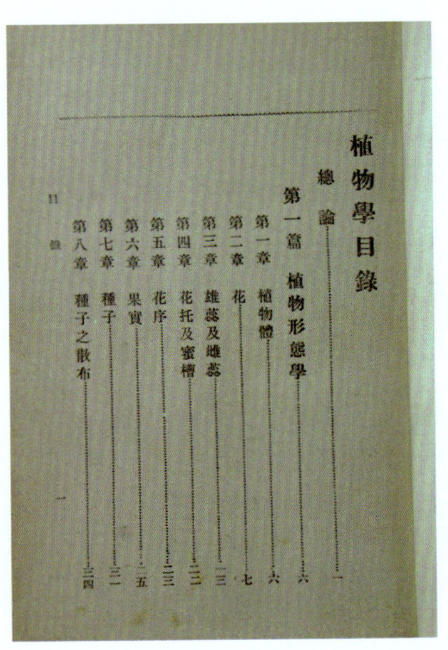

植物學目錄

總論……一

第一篇 植物形態學……六

第一章 植物體……六

第二章 花……七

第三章 雄蕊及雌蕊……一三

第四章 花托及蜜槽……二三

第五章 花序……二三

第六章 果實……二五

第七章 種子……三一

第八章 種子之散布……三四

目錄 一

（c） 目录

图7.2 1907～1908年版《植物学》（冯广平 摄）

3.《种子植物分类学讲义》（1951）

1950年，中国科学院植物分类研究所胡先骕在《中国科学》（Vol.1，No.11）上发表《被子植物分类的一个多元系统》，成为我国学者提出的第一个植物分类系统。1951年，胡先骕依据自创的多元分类系统，运用我国自己的植物学研究资料，编写了《种子植物分类学讲义》（图7.3），由中华书局出版。全书共34.4万字，分两篇，15章；第一篇为“花之分析：基本原理”，包括植物分类学、命名、“属与种，同源与同工”、花、花萼与花冠、小蕊群与心皮群、花托、果、花序、营养器官性质等9章；第二篇为“分类”，包括种子植物、裸子植物、被子植物、双子叶植物、单子叶植物、植物分类检索编之制作与使用等6章。全书共收录种子植物361科，对我国所产的各科叙述极为详细；在科的描述中，还补充了中国产的重要属；对有经济价值的种类，也择其重要的加以叙述；同时，还附中国产种子植物检索表。1954年，此书由中华书局再版。

4.《植物分类学简编》（1955）

1955年，中国科学院植物研究所胡先骕编写了《植物分类学简编》（图7.4），作为植物分类学的入门教材。此书第一版由高等教育出版社出版，全书35.6万字。正文共分14章，包括演化与分类学的关系，高等植物鉴定的方法，标本室的建立，植物分类学的术语，苔藓植物、蕨类植物、种子植物的普通性质，裸子植物各科，双子叶植物各科，单子叶植物各科，植物命名，植物分类学的原理，植物分类系统，植物分类学的文献等。在第十二章植物分类学的原理有关“种的新概念”一节中，评论了当时苏联农业科学院院长Т．Д．李森科发表的《关于生物学种的新见解》，指出诸如“黑麦‘产生’雀麦、橡胶草‘产生’无胶蒲公英”的获得性遗传论调是不符合现代遗传学实际的。这一评论遭到严厉的批判，此书也被禁售。1956年，毛泽东同志提出“百花齐放，百家争鸣”的方针，肯定了胡先骕的观点有利于学术上贯彻“双百”方针。1958年，《植物分类学简编》经修订补充后，由上海科学技术出版社再版。

5.《植物系统学》（1959）

1938年，西南联合大学生物系成立，张景钺、李继侗、吴韫珍合作开设普通植物学课程，李继侗负责解剖学和生理学部分，张景钺负责形态学部分，吴韫珍负责分类学部分，并拟编写讲义。分类学部分因吴韫珍早逝而未能完成。1947年10月，张景钺负责的形态学部分以《普通植物学——形态之部》名称先行出版，全书分11章，第一章为植物学的各大类，介绍了植物分类的方法、植物化石和植物分门；第二章至第七章，介绍了藻菌植物门各类型，包括细菌门及蓝藻门、绿藻门等；第八章为苔藓植物门；第九章为蕨类植物门；第十章为种子植物门；第十一章为被子植物之有性生殖。1957年9月，改名为《植物系统学》，由北京大学高等植物教研室再版（内部印刷）。1959年，张景钺、梁家骥合作的《植物系统学》（图7.5）由高等教育出版社出版。

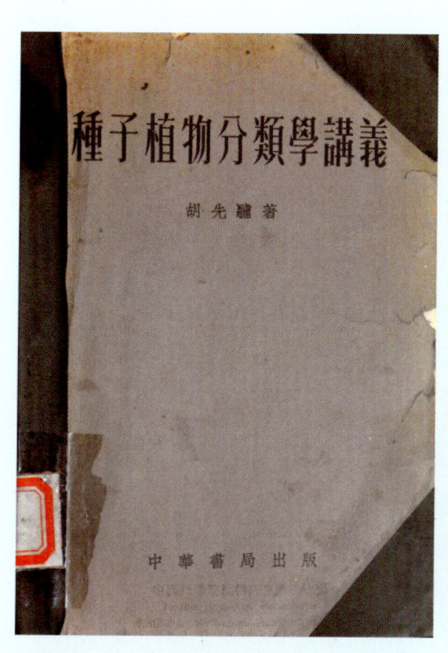

图7.3 1951年版《种子植物分类学讲义》（冯广平 摄）

图7.4 1955年版《植物分类学简编》（冯广平 摄）

图7.5 1959年版《植物系统学》（冯广平 摄）

6.《中国树木分类学》（1937）

20世纪30代，金陵大学森林系陈嵘（1888～1971）参阅中文书籍161种，日、英、德、法文书籍110种，编成《中国树木分类学》（图7.6）。1937年，《中国树木分类学》由中华农学会出版，成为我国第一部树木分类学教材。全书1 500万字，附插图1 165幅；分为序、编撰过程及内容概要、引用参考书目一览、中国树木分类学前编、中国树木分类学正编、树名索引和附录等部分，记载我国树木111科、550属、2 550种（包括14亚种，591变种）。1952年，陈嵘调任中央林业科学研究所所长。翌年，增补《中国树木分类学》的内容，由中国图书发行公司南京分公司出版。1957年，此书由上海科学技术出版社再版。

图7.6　1937年版《中国树木分类学》（冯广平 摄）

图7.7　1936年版《中国木材学》（王艳辉 摄）

7.《中国木材学》（1936）

1931～1932年，静生所唐耀最早开始我国木材解剖学研究。1936年，唐耀著的《中国木材学》（图7.7）由上海商务印书馆出版。全书分两篇，第一篇为木材形体之研究，木材材性上之研究；第二篇为中国商用木材志略（附输入材之研究）、中国木材之系统的记述。全书50余万字，记载了我国300余种，217属木材的分类及材性，是我国第一部木材学教材。

7.2　专著类

1.《中国植物志》（1959～2006）

1934年8月，中国植物学会第一届年会在庐山召开，胡先骕首倡编纂《中国植物志》。1959年9月，中国科学院正式决定成立中国植物志编辑委员会；同年11月在京召开中国植物志编辑委员会成立大会。第一届编辑委员会由23人组成，京区的委员有中科院植物所匡可任、汪发缵、林镕、胡先骕、姜纪五、俞德浚、秦仁昌、唐进、钱崇澍、钟补求、简焯坡；常委7人，分别为钱崇澍、陈焕镛、秦仁昌、林镕、俞德浚、钟补求、简焯坡；主编为钱崇澍、陈焕镛2人；秘书为秦仁昌。1959年9月，中国植物志编辑委员会出版《中国植物志 第二卷 蕨类植物》（图2.35），成为《中国植物志》系列丛书的开山之作。至2006年，《中国植物志》全套80卷、126册全部出版完毕。整套丛书动用全国80多家研究机构和高等院校的312位研究人员、164位绘图员，历时45年才最终完成，总计5 000多万字，收录我国维管植物3万多种，9千多幅图版，共301科、3 408属、31 142种，是迄今世界上卷册最多、种类最丰富的一部科学巨著。

1979 年，中国植物学家代表团访美时，俞德浚、吴征镒提议中美就植物志开展合作。1988年，吴征镒院士代表中国科学院与美国密苏里植物园主任Peter Raven 院士签署了中美合作编写《中国植物志》英文版《Flora of China》（FOC）的协议，随后组建了Flora of China 联合编委会，吴征镒、Peter Raven任首任联合编委会主席；翌年，正式开始FOC 的编研工作。FOC 是《中国植物志》的英文和修订版（English and updated version），由中国、美国、英国、法国等国的专家共同合作完成，将记载逾3 万种维管束植物，最终计划出版文字版25 卷，图集25 册。

2.《中国高等植物图鉴》（1972～1983）

1971年，中科院植物所组织全国30家单位、130位研究人员、30多位绘图人员，以王文采、汤彦承等为主编，编纂《中国高等植物图鉴》（一至五册，图7.8）、《中国高等植物检索表》、《中国高等植物图鉴补编》（一、二册）（Iconographia Cormophytorum Sinicorum，Tomus 1、2）。1972年，以“中国科学院植物研究所”名义发表《中国高等植物图鉴》（第一册、第二册）。至1983年，发表《中国高等植物图鉴补编》（第一册、第二册），全套丛书共8册，1 057万字，完成出版。全套书收录苔藓、蕨类和种子植物15 000种，其中有墨线图示和形态描述的种9 082种，是我国第一部全面记载中国植物区系的著作，也是世界上最大的一部图鉴。

图7.8　1972年版《中国高等植物图鉴》（王艳辉 摄）

1952年，中国科学院植物分类研究所等单位完成了《中国植物科属检索表》和《中国植物科属检索表（续）》，发表于《植物分类学报》（Vol.2，No.3～4）上。1976年，中国科学院植物研究所牵头，国内20家科研单位和高等院校的科技人员参加，对“中国植物科属检索表”进行修订，并增加苔藓植物部分的检索内容以及一些常用术语的解释，改名为《中国高等植物科属检索表》，共收录我国高等植物395科，其中，苔藓植物106科，蕨类植物52科、197属，裸子植物11科、41属，被子植物226科、2 946属。1979年，此书由科学出版社出版，作为与《中国高等植物图鉴》相配合使用的重要工具书。

3.《中国树木志》（1983～2004）

20世纪70年代，在郑万钧的提议下，中国林业科学院组织全国60余家科研机构和高等院校、200多位专家编写《中国树木志》，1981年，《中国树木志》（第一卷）定稿；1983年，由中国林业出版社出版（图7.9）。至2004年，《中国树木志》（第四卷）完成出版（图7.10）。全套丛书历时22年，总计832.8万字，共收录我国原产和引种栽培的树种179科，8 000余种，全面系统地总结了我国树木资源、分类、栽培及利用的成果，是我国树木学研究的一部巨著。

4.《中国真菌总汇》（1979）

1936～1937年，戴芳澜将国内已报告的2 600种真菌类型辑录成《中国真菌名录》。20世纪70年代，戴芳澜在《中国真菌名录》基础上，增补1937年以来国内新报告的真菌类型。1973年，工作未竟而戴芳澜辞世。1979年，戴芳澜的学生整理遗稿，发表《中国真菌总汇》（Sylloge Fungorum Sinicorum）（图2.35），全书共分真菌名录、参考资料、附录、索引等4部分，收录了截至1974年已报道的真菌类型7 000

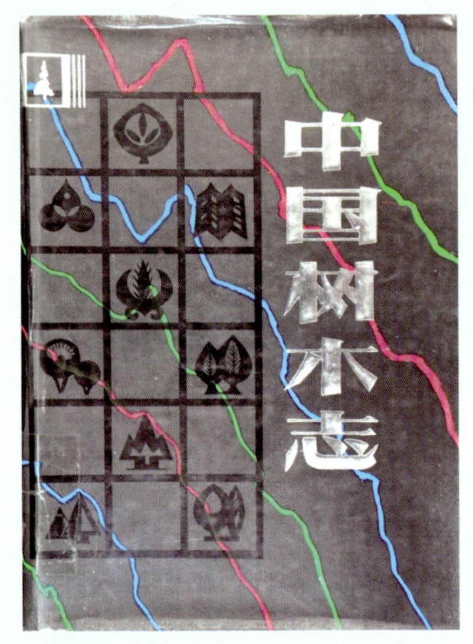

图7.9 1983年版《中国树木志》(第一册)(冯广平 摄)

图7.10 《中国树木志》中水杉插图(冯广平 摄)

多个分类单位，768篇文献摘要，成为迄今最重要的真菌学参考书。

5.《北京植物志》(1962～1975)

1958年8月，北京师范大学生物系在对北京区域内的植物类型进行了广泛调查、采集的基础上，编写完成《北京植物志》初稿。1960年，北京师范大学贺士元、乔曾鉴、邢其华、王慧、尹祖棠等人，中科院植物所俞德浚、关克俭、王文采、陆玲娣、邢公侠等人，多次到北京西山、松山、东灵山、百花山、上方山、八达岭、喇叭沟门等处进行植物调查和采集，以“北京师范大学生物系”名义编写完成《北京植物志》(上册、中册，图7.11)；1962年，由北京出版社出版。1975年，《北京植物志》(下册)出版。《北京植物志》共收录北京地区维管植物143科、618属、1 439种，发现了91个变种和变型。1984年，第一次修订版出版，增录9科，约437种。1993年，第二次修订版出版，分两册，200余万字，共收录维管束植物169科、898属、2 088种、171变种、亚种及变型。共插图1 700余幅。

图7.11 1962年版《北京植物志》《上册》(冯广平 摄)

6.《中国植物花粉形态》（1960）

1953年，中国科学院植物研究所王伏雄创建植物形态学研究室，开始我国现生植物花粉形态的系统研究。1960年，王伏雄、喻诚鸿、钱南芬、张金谈等人以“中国科学院植物研究所形态室孢粉组”名义编写《中国植物花粉形态》（图7.12），由科学出版社出版。此书详细记述121科、912属、1 400多种种子植物的花粉形态特征，附花粉照片205版，成为我国第一部花粉形态专著。1995年，完成修订版，增补了地理分布、生态环境以及花粉扫描电镜图片。

7.《中国植被》（1980）

1976年，中国科学院植物研究所组织中国科学院华南植物研究所、中国科学院昆明植物研究所、中国科学院成都生物研究所、青海生物研究所、中国科学院林业土壤研究所、江苏省植物研究所等研究机构，以及云南大学、东北林学院、内蒙古大学、新疆八一农学浣、山东大学等高等院校，总计53家机构、250多位研究人员，对全国植被分布状况进行“家底”清查工作。1977～1978年，《中国植被》编辑委员会编写的《中国植被》最终定稿。1980年，《中国植被》（图2.41、图7.13）由科学出版社出版。全书200万字，分总论、中国主要植被类型、中国植被区划、植被的利用、保护和改造等4篇，共35章，系统论述了我国561个自然植被群系，将全国植被划分为8个植被区域和85个植被区，系统完整地总结了1949年以来的植物生态学方面研究成就，在国内外产生重要影响。

图7.12　1960年版《中国植物花粉形态》（陈立群 摄）

图7.13　1980年版《中国植被》（陈立群 摄）

8.《中国植被图集》（2001）

1979年，中国科学院植物研究所组织全国69个研究单位、250多名科研人员，开始对我国的所有的植被类型进行调查、制图工作；并成立了“中国植被图集编辑委员会”，侯学煜任主编。1995年，基本完成了各省区图。1996年，初步完成1∶1 000 000全国图的统编。2001年，《中国植被地图集》（1∶1 000 000，图7.14）由科学出版社出版。全书共收录植被类型图60幅，全面反映了我国11个植被类型组、55个植被

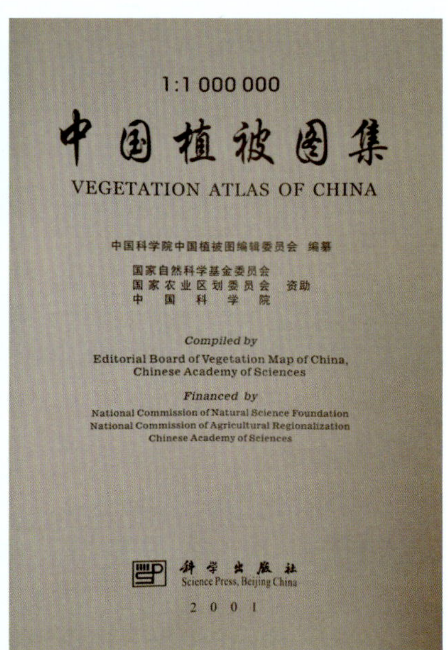

图7.14 2001年版《中国植被图集》（冯广平 摄）

型、960个群系和亚群系、2 000多个群落优势种、主要农作物和经济作物的地理分布。此书系统总结了1949年以来全国各地植物调查研究结果，建立了符合我国植被特点的图例系统。1999年，开始图件的数字化工作。2005年5月，完成了全部图件的数字化工作，以及说明书统编和图件修订，成为我国大型科学专题地图数字化的开端。在此书的基础上，进而完成了《中华人民共和国植被图》（1：1 000 000），2007年由地质出版社出版。

9.《中华本草》（1999）

1989年，国家中医药管理局组织南京中医药大学、中国中医研究院、中国药科大学、中国医学科学院药用植物研究所、成都中医药大学、南京医科大学、北京中医药大学、上海中医药大学等全国60多个医药院校及科研院所、400多名科研人员，全面系统地对古代本草文献和现代中药研究成果进行收集、整理、研究、总结，编纂《中华本草》，以期促进中医药学的发展。为此，组建了《中华本草》编辑委员会，胡熙明任编委会主任委员，宋立人任总编；编委会下设10个专业编委会和 4 个民族药专卷编委会。1999年，《中华本草》（1～10）总计30卷，由上海科学技术出版社出版；2002～2005年，《中华本草》（藏药卷、蒙药卷、维吾尔药卷、傣药卷、苗药卷）相继出版。整套书35卷，2 200万字，共收载药物8 980味，插图8 534幅，引用古今文献约1万余种。《中华本草》按自然分类系统排列药物，考订基原、明辨品种，提示资源分布，介绍栽培、养殖，鉴别药材真伪优劣，综述化学成分、药理作用，选列炮制方法，汇集新剂型，反映新工艺，总结性味归经、功能主治、用法用量，阐发各家学说、用药经验。全书总结了我国两千多年来中药学成就，揭示了本草学发展的历史轨迹，反映了20世纪中药学科的发展水平，是迄今为止所收药物种类最多的一部本草专著。

10.《中国植物化石》（1963～1978）

1961年，中国科学院北京植物研究所和南京地质古生物研究所开始组织编写《中国植物化石》（第一、第二、第三册），旨在把分散、零星的古植物资料集中起来，根据新的知识进行系统整理，以满足国内古植物研究的迫切需求。1963～1978年，《中国各门类化石 中国植物化石 第一册 中国古生代植物》（图2.43）、《中国各门类化石 中国植物化石 第二册 中国中生代植物》（图5.21）、《中国各门类化石 中国植物化石 第三册 中国新生代植物》等3部专著由科学出版社出版，成为我国首部化石植物志。第一册收录了1966年以前已发表及新发现的古生代植物化石121属、362种，40万字，1974年出版。第二册收录了1960年以前已发表及新发现的中生代植物化石460属、950种，57万字，1963年出版。第三册收录了1974年以前已发表及新发现的新生代植物化石149属、301种，34.4万字，1978年出版。

主要参考文献

[1] 白寿彝. 1999. 中国通史：第十二卷. 上海：上海人民出版社.

[2] 北京市地方志编纂委员会.2005. 北京志：科学卷 科学技术志. 北京：北京出版社.

[3] 北京师范大学生物系贺士元，邢其华，尹祖棠，等. 1993. 北京植物志. 北京：北京出版社.

[4] 陈德懋. 1993. 中国植物分类学史. 武汉：华中师范大学出版社.

[5] 戴芳澜. 1979. 中国真菌总汇. 北京:科学出版社.

[6] 国家中医药管理局《中华本草》编委会. 1999. 中华本草：1-10. 上海：上海科学技术出版社.

[7] 国家中医药管理局《中华本草》编委会. 2002. 中华本草：藏药卷. 上海：上海科学技术出版社.

[8] 国家中医药管理局《中华本草》编委会. 2004. 中华本草：蒙药卷. 上海：上海科学技术出版社.

[9] 国家中医药管理局《中华本草》编委会. 2005. 中华本草：维吾尔药卷. 上海：上海科学技术出版社.

[10] 国家中医药管理局《中华本草》编委会. 2005. 中华本草：傣药卷. 上海：上海科学技术出版社.

[11] 国家中医药管理局《中华本草》编委会. 2005. 中华本草：苗药卷. 上海：上海科学技术出版社.

[12] 侯学煜. 2001. 中国植被图集. 北京：科学出版社.

[13] 胡宗刚. 2005. 不该遗忘的胡先骕. 武汉：长江文艺出版社.

[14] 胡先骕． 1951. 种子植物分类学讲义． 北京：中华书局.

[15] 胡先骕． 1958. 植物分类学简编． 上海：科学技术出版社.

[16] 姜玉平. 2003. 北平研究院植物所的二十年. 中国科技史料，24（1）：34-46.

[17] 罗桂环，汪子春. 2005. 中国科学技术史：生物学卷. 北京：科学出版社.

[18] 裘佩熹，邹安寿. 1983. 秦仁昌：中国植物学的一位拓荒者. 生命世界（2）：41-43.

[19] 斯行健，李星学.1963. 中国植物化石 第二册 中国中生代植物. 北京：科学出版社.

[20] 唐耀. 1936. 中国木材学. 上海：商务印书馆.

[21] 吴征镒. 1980. 中国植被. 北京：科学出版社.

[22] 《张景钺文集》编辑委员会.1995. 张景钺文集. 北京：北京大学出版社.

[23] 郑万钧. 1983，1985，1997，2004. 中国树木志：第一卷，第二卷，第三卷，第四卷. 北京：中国林业出版社.

[24] 《中国古生代植物》编写小组. 1974. 中国植物化石：第一册 中国古生代植物. 北京：科学出版社.

[25] 《中国新生代植物》编写组. 1978. 中国植物化石：第三册 中国新生代植物. 北京：科学出版社.

[26] 中国科学院中国植物志编辑委员会. 2004. 中国植物志：第一卷. 北京：科学出版社.

[27] 《中国科学院植物研究所所志》编辑委员会. 2009. 中国科学院植物研究所所志. 北京：高等教育出版社.

[28] 中国科学院植物研究所形态室孢粉组. 1960. 中国蕨类植物孢子形态. 北京：科学出版社.

[29] 中国植物学会. 1994. 中国植物学史. 北京：科学出版社.

[30] Maximowicz Carl Joh. 1859. Primitiae Florae Amurensis Versuch Einer Flora des Amur-Landes. Buchdruckerei der Kaiserlichen Akademie der Wissen.

[31] Wang Chi-Wu. 1961. Forests of China: with a survey of grassland and desert vegetation. Harvard: Harvard University.

第 8 章

文化植物

自西周初年建立"匽"国开始，北京建城已经有3 000多年。辽太宗会同元年（938年），北京开始成为国家都城，《辽史》卷三七《地理志•序》：（会同元年）"太宗以皇都为上京，升幽州为南京"，又称燕京。入清以后，北京又成为西学东渐的重要窗口，是我国近代科学技术的重要发祥地之一。北京作为国家政治、经济、文化中心的特殊地位，决定了其区域内能够富集并保存大量的自然和历史文化遗存。被赋予文化内涵的植物，就是这些历史遗物中的重要类型之一。目前，北京地区有古树名木4万余棵，数量居全国前列。侧柏、槐、月季、菊花被选作城市的重要标志。北京地区地处暖温带与温带的重要生态交错带，同时也是人类活动对自然生态系统干扰最强烈的区域之一，其自然和人为的生态系统的状态，反映了我国生态文明建设的进程。作为自然生态系统的重要残余成分和指示成分，珍稀濒危植物是研究北京地区人与自然和谐发展的重要对象。目前，北京地区有珍稀濒危和重点保护野生植物40种，是暖温带北部地区较为丰富的区域之一。

8.1　古树名木

国际古树论坛（Ancient Tree Forum，ATF）规定，古树（veteran tree）的胸径超过2英尺，即60.96厘米，其定义为："树龄、体积或长势具有生物学、文化或美学价值的树木。"原国家城市建设总局《关于加强城市和风景名胜区古树名木保护管理意见》（1982年）规定，"古树一般指树龄在百年以上的大树"；"名木是指珍贵、稀有的树木和具有历史价值、纪念意义的树木"，且规定树龄300年以上者为一级古树。《全国古树名木普查建档技术规定》（2001年）规定，国家一级古树树龄500年以上。古树具备文物属性，是社会历史变迁和重大文化事件的见证者，其本身又蕴含丰富的环境变化信息，是非常珍贵研究材料，《关于加强城市和风景名胜区古树名木保护管理的意见》提出，古树名木"是历史的见证，活的文物"。

古树，尤其是树龄超过千年的古树，见证了北京地区植物科学由本草期、经历近代期，直至现代的全过程，是北京植物科学发展脉络的重要坐标系。名木则与名人对植物的文化内涵关注有关。古树名木的研究属于文化植物学的范畴，也是植物科学的重要分支。虽然古树在古代典籍中早有记载，而对于古树名木的科学研究是20世纪80年代才开始的。1988年，河南农业大学卢炯林出版《河南古树志》，成为我国最早的古树志之一。1992年，原北京市园林局出版《北京古树名木》，成为北京地区最早的古树志。依据北京市园林绿化局最近的统计资料，北京市共有古树名木29科、41属、50种、40 000余株，其中，一级古树5 000余株，二级古树3万余株，名木1 000余株，这些古树大多种植在辽金至明清时期，主要分布在皇宫、王府、太学、寺庙、禁苑、陵寝等区域。

8.1.1 古树

北京地区树龄超过千年的古树主要有银杏、侧柏、圆柏、槐、青檀等种类，主要分布在远郊区县的寺院、公园、学校等。

1. 银杏

银杏（*Ginkgo biloba*），别名公孙树、白果、鸭脚子，隶银杏科（Ginkgoaceae）银杏属（*Ginkgo*），中国特有种，中生代孑遗稀有树种，原产中南、华东地区，仅在浙江天目山有野生状态植株，其余均为栽培。北京各公园及古庙均有栽培。

（1）密云县塘子古银杏

一级古树，编号11022800172，雄株（图8.1）。位于密云县巨各庄乡塘子村小学院内，树高25米，胸径3.44米，主干胸径1.97米；自基部萌生东北、北、西南、东南4大枝，胸径分别为0.73米、0.79米、0.45米、0.73米；冠幅东西23米、南北24米，是北京地区最粗大的一株古树，植于唐代，树龄约1 300年。因树

图8.1　密云塘子村银杏（包琰 摄）

北开辟砖窑厂，古树生境遭破坏，整株濒临死亡，目前只有东北、西南、东南3大枝尚存活，其余各枝包括主干已经死亡。元顺帝至正年间（1341～1368年），树下建香岩寺（俗称“白果寺”）。1951年废香岩寺改建小学校。1983年，密云县人民政府将古树列为县级一级文物保护单位。

（2）门头沟潭柘寺帝王树

一级古树，编号11010900691，雄株（图8.2）。位于门头沟区潭柘寺，树高40余米，胸径2.86米，冠幅东西22米、南北22米，植于辽代，树龄约1 000年。树身由五根粗大主干组成，传清朝每立一帝，树即从根部萌生新干，久之与老干愈合。长势旺盛。乾隆帝封此树为“帝王树”。清·富察敦崇《燕京岁时记》：（潭柘寺）“有银杏树者，俗曰帝王树，高千余丈，阔数十围，实千百年物也”。

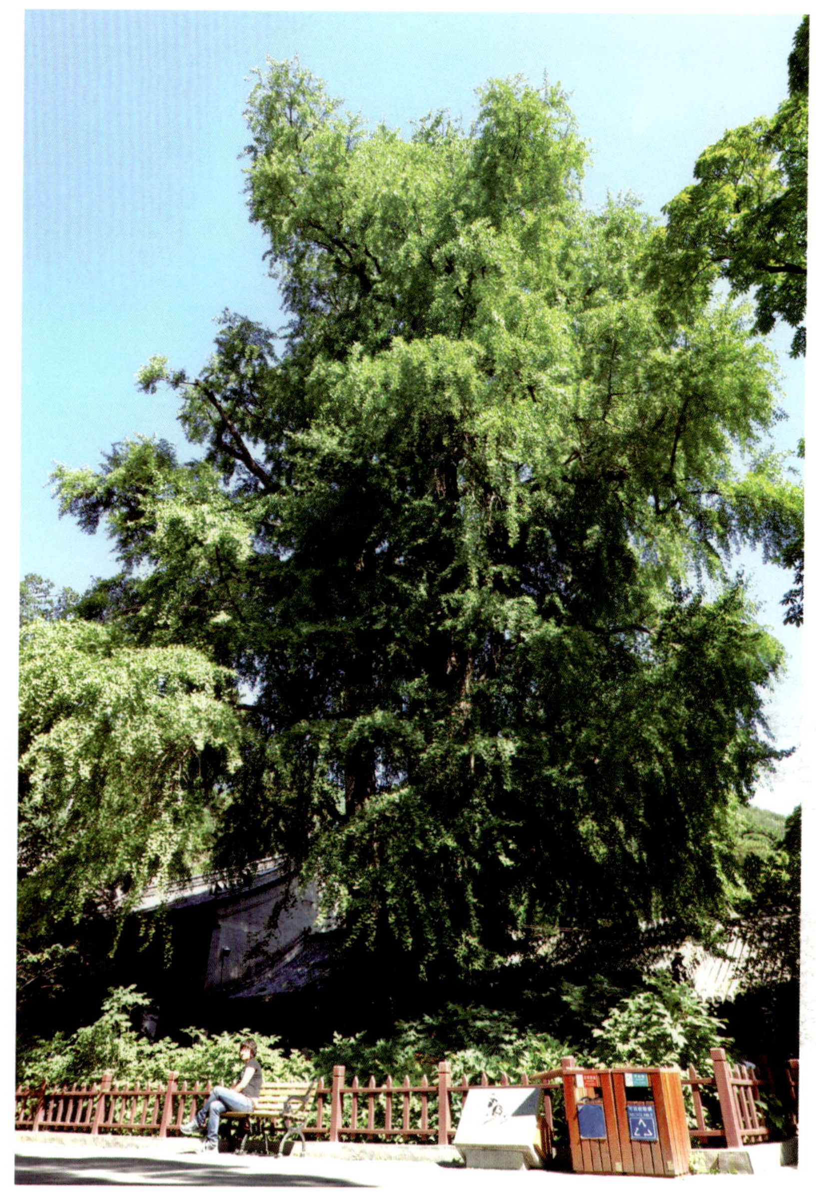

图8.2 潭柘寺帝王树（包琰 摄）

帝王树西侧有配王树一株，一级古树，编号11010900690，雄株。树高30米，胸径0.96米，冠幅东西18.7米、南北17.7米，树龄约600年。乾隆帝封其为“配王树”。

潭柘寺始建于西晋永嘉元年（307年），初名“嘉福寺”；明帝多次赐名，天顺元年（1457年），明英宗“敕改仍名嘉福寺”；清康熙帝赐名 “岫云寺”。因寺后有潭、山上有柘，故民间一直称为“潭柘寺”。

（3）海淀大觉寺古银杏

一级古树，编号11010811881，雄株，俗称“银杏王”（图8.3）。位于海淀区北安河乡大觉寺无量寿佛殿前北侧，树高30余米，胸径2.52米，冠幅东西17.5米、南北21.6米，植于辽代，树龄约1000年。主干南、北、东、西方向萌生四枝；主干上部分为南北两干，长势旺盛。清乾隆帝有诗赞此树：“古柯不计数人围，叶茂孙枝绿荫肥，世外沧桑阅如幻，开山大定记依稀。”大觉寺始建于辽咸雍四年（1068年），后名“灵泉寺”。明宣德三年（1428年）重建，改称大觉寺。

（4）昌平关沟古银杏

一级古树，编号11011400289，雌株（图8.4）。位于昌平区南口镇居庸关四桥子村，树高25米，胸径2.35米，冠幅东西23米、南北24米，传植于唐代。人称“关沟大神木”，所在地为唐代石佛寺遗址。1989

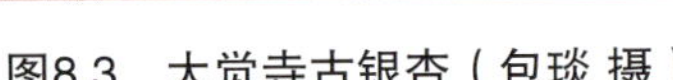

图8.3 大觉寺古银杏（包琰 摄）

图8.4 关沟银杏（包琰 摄）

年，昌平县人民政府树立护树石碑，碑文说："南口镇四桥子村巨型银杏树，植于唐代，树龄已达一千多年，雌株，树高二十五米，胸径二点五米……一九八九年列为北京市一级保护古树。"

（5）门头沟苛罗坨古银杏

一级古树，编号0690，雌株。位于门头沟区永定镇苛罗坨村西峰寺内，树高32米，胸径2.32米，冠幅东西24米、南北25米，树龄1 000年以上。西峰寺始建于唐代，初名"会聚寺"，明正统元年（1436年）改称西峰寺。"西峰寺在李家峪，唐名会聚，元时改玉泉，正统元年太监陶容等重建，赐今名"（明•沈榜《宛署杂记》）。

2. 侧柏

侧柏（*Platycladus orientalis*），别名黄柏、香柏、扁柏，隶柏科（Cupressaceae）侧柏属（*Platycladus*），中国特有种，分布几遍全国；北京公园、庙宇、庭院广为栽培。

（1）密云新城子古柏

一级古树，编号11022800163，俗称"关公柏"（图8.5）。位于密云县新城子乡新城子村抗日烈士陵园东侧，树高18米，胸径2.60米，冠幅东西23.5米、南北22.5米。主干分为南北两部分，中空，距离地面1.6米处，南半部分为7大枝，北半部分为11大枝，总计18大枝（杈），俗称"九搂十八杈"，长势较为旺盛，3个主枝已死亡。树龄约3 000年。古柏北侧原有关帝庙，始建于唐代。1950年拆除庙内神像，改建小学校。1960年最终拆毁关帝庙。2008年北京市园林绿化局在树旁立碑纪念。

（2）门头沟五道庙古柏

2株，一级古树，编号11010900438（图8.6）。位于门头沟区灵水村北五道庙遗址高台上，11010900438号古树邻近东院墙，树高20米，胸径1.82米，冠幅东西13米、南北16米，植于辽代，树龄1 000余年；长势一般，顶部大枝如龙爪向东探出，故称"龙爪柏"，主干上部树杈内萌生榆树，目前榆

图8.5　密云新城子古柏（冯广平 摄）

图8.6　门头沟五道庙古柏（包琰 摄）

图8.7　房山上方山古柏（冯广平 摄）

树已经死亡。11010900439号古树近邻南院墙，树高20米，胸径1.55米，冠幅东西10米、南北11米；东侧大枝锯断后断面显示干径7厘米对应年轮47轮，年轮平均宽度1.49毫米，据此推断树龄约1 040年，应植于辽代。仅有西部一枝存活，其余各枝均已死亡，北侧树杈内萌生榆树，高达5米，目前已经死亡，东侧大枝锯断后中心腐朽，内萌生柏树小苗。

（3）房山上方山古柏

一级古树，编号0523（图8.7）。位于房山区上方山吕祖阁院内，树高29米，胸径1.67米，冠幅东西16米、南北21米，树龄约1 500年。俗称“柏树王”。主干整体南倾，距地5米处分为6大枝，长势旺盛。

（4）延庆旧县古侧柏

一级古树，编号0806。位于延庆县旧县乡旧县村西关龙王庙内，树高30米，胸径1.44米，冠幅东西17米、南北15米。距地1.8米处有树瘤伸出主干0.55米、宽0.95米，上面平整，据考证古代用于摆放香炉。树龄约1 000年，明代延庆县《乡土民情志》载：（真武庙古柏）“传为辽时物”。考其树高、胸径与房山上方山古柏相差无几，两株古柏可能栽植于同一时期。

图8.8　潭柘寺登天柏（冯广平 摄）

（5）怀柔仙台古侧柏

一级古树，两株，编号0258、0259。位于怀柔区杨宋镇仙台村胶印厂院内。0258号古树树高16米，胸径1.2米，冠幅9米；0259号古树树高10米，胸径0.7米，冠幅东西8米、南北9米；两株古树树龄约1 100年。古侧柏所在的地方原为凤翔寺。始建于唐代，初名仙圣禅院；金代改称凤翔寺。清代嘉庆年间重修凤翔寺，现存重修凤翔寺碑一通、后殿一座、东西厢房各三间。

3. 圆柏

圆柏（*Sabina chinensis*）又称桧、桧柏、刺柏、红心柏，隶柏科圆柏属（*Sabina*），原产内蒙、晋、冀、鲁、豫、苏、皖、浙、闽、鄂西、湘、桂北、粤、川、黔、滇等地；北京风景名胜、公园常见栽培。

（1）门头沟潭柘寺登天柏

一级古树，编号11010900692、1010900693，原树牌标注为侧柏，依据叶为针鳞二型叶判断属圆柏无疑（图8.8）。位于门头沟区潭柘寺方丈室院内，11010900692号位于东侧，树高40余米，胸径0.89米，冠幅东西7米、南北8米；1010900693号位于西侧，树高40余米，胸径1.21米，冠幅东西8米、南北8米；两株圆柏树龄约1000年。

（2）门头沟龙泉务龙虎柏

一级古树，编号11010900274、11010900275（图8.9）。位于门头沟区龙泉务镇龙泉务村西南1.5公里山洼里，11010900274号古柏树高16米，胸径1.06米，冠幅东西8米、南北12米，树干间有巨大树瘿如猛虎探头；11010900275号古柏树高16米，胸径1.23米，树干旋转探天如蛟龙出海。两株柏树树龄1 000余年。

图8.9　门头沟龙泉务龙虎柏（包琰 摄）

图8.10　大觉寺古桧柏（包琰 摄）

依据针鳞二型叶判断属圆柏。古柏所在地原为椒园寺，别称蛟牙寺，始建时间不可考。龙泉务村北有辽龙泉务窑遗址，辽初创烧。

（3）海淀大觉寺古桧柏

一级古树，编号11010811875，位于海淀区大觉寺山门内左侧（图8.10）。树高10米，胸径1.13米，冠幅东西11.7米、南北12米。主干分为南、东、北三大枝，长势旺盛，树杈内萌生构树，绰号“柏身生构”。

4. 槐

槐（*Sophora japonica*）别名槐花树、槐花木、豆槐、金药树、守宫槐，隶豆科（Leguminosae）槐属（*Sophora*），原产我国，在南北各省广泛栽培，华北和黄土高原地区尤为常见；北京地区庭院、宫廷、庙宇、公园等处广泛栽培。

（1）北海唐槐

一级古树，编号11010201324（图8.11）。位于北海公园画舫斋内，树高15米，胸径1.78米，冠幅东西11.5米、南北12.5米。主干已中空，仅西侧萌生大枝，直径5厘米。植于唐代，树龄1 300多年。清史档案载：乾隆二十三年（1758年），乾隆帝为鉴赏和保护古槐，在树旁构屋名“古柯庭”；乾隆帝曾御制《古柯庭》两首，一首作于乾隆二十四年（1759年），“庭宇老槐下，因之名古柯。若寻嘉树传，当赋角

（a） 唐槐远景

（b） 唐槐主干

图8.11 北海唐槐（包琰 摄）

弓歌。阅岁三百久，成荫数亩多。底须向王粲，工拙较如何。”另一首作于乾隆二十五年（1760年），“古槐五百年，几度荆凡阅。春明迹已耄，淳于梦亦歇。树古庭因古，偶愁辄怡悦。满院绿臻阴，一窗黄夹缬。顾竹如得朋，比榆自多洁。壁间逸史高，早为传神设。”（清•英廉《钦定日下旧闻考》）。

图8.12　房山岗上古槐（包琰 摄）

（2）房山岗上古槐

一级古树，编号110111100086（图8.12）。位于房山区崇各庄乡岗上村，树高9.3米，胸径2.27米，冠幅东西14.8米、南北9.8米。树干完全中空，仅余西北、东南两大枝。树龄约600年。

（3）昌平七里渠古槐

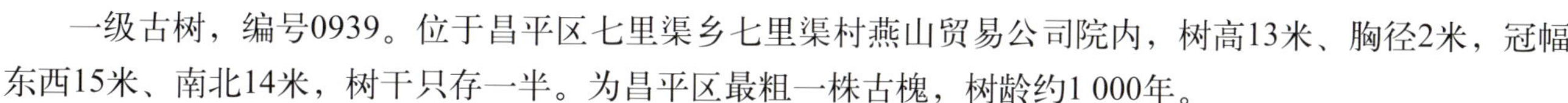

一级古树，编号0939。位于昌平区七里渠乡七里渠村燕山贸易公司院内，树高13米、胸径2米，冠幅东西15米、南北14米，树干只存一半。为昌平区最粗一株古槐，树龄约1 000年。

（4）昌平关沟古槐

共有两株，均在居庸关附近。

臭泥坑古槐：一级古树，编号11011400291（图8.13）。位于昌平区关沟里居庸关下的臭泥坑村，树高20米，胸径1.6米，冠幅东西16米、南北14米，树干只存一半。树龄约1 000年，传植于唐代。

图8.13　昌平关沟臭泥坑古槐（包琰 摄）

三桥子古槐：一级古树，编号11011400288（图8.14）。位于昌平区关沟里居庸关上的三桥子村边，树高20米，胸径1.59米，冠幅东西14.2米、南北18米，树干中空。树龄约1 000年，传植于唐代。

（5）门头沟大三里古槐

一级古树，编号0658。位于门头沟区斋堂镇大三里村，树高16米，胸径1.73米，冠幅东西15米、南北10米，主干距民房30厘米。为门头沟区最粗一株古槐，植于明代以前，树龄600年以上。

（6）门头沟戒台寺古槐

一级古树，编号11010900814（图8.15）。位于门头沟戒台寺山门里，树高20米，胸径1.59米，冠幅东西13米、南北16米，植于辽代，树龄900余年。

(7) 昌平旧县古槐

一级古树，编号11011400126（图8.16）。位于昌平区长平镇旧县村南菩萨庙前，树高11米，胸径1.31米，冠幅东西8.5米、南北13米。《昌平州志》载，此树植于唐代；据此则树龄约1 300年，但从胸径和长势看，此树可能是原树死后，后人补种的。旧县村晚唐时为昌平州治所，称“白浮图城”。菩萨庙建于唐代。1990年昌平县人民政府设立保护石碑。

图8.14　昌平关沟三桥子古槐（包琰 摄）

图8.15　门头沟戒台寺古槐（冯广平 摄）

图8.16　昌平旧县古槐（包琰 摄）

5. 青檀

青檀（*Pteroceltis tatarinowii*），隶榆科青檀属（*Pteroceltis*），中国特有种，分布于河北、山东、河南、江苏、安徽、浙江、江西、湖南、湖北、广东、四川、青海等省；北京地区见于房山区上方山和蒲洼、门头沟区妙峰山、昌平区等地。

昌平檀峪古青檀

一级古树,编号11011400270（图8.17）。位于昌平区桃洼乡檀峪村北山脚，树高6米，基径近3米，老干不存，萌生新干3株，干径分别为0.46米、0.36米、0.28米，冠幅东西9米、南北10米，树龄约2 000年。母树天然落种萌生植株已成大树，胸径分别为0.36米、0.28米、0.22米，树龄数百年。1989年昌平县人民政府设立护树石碑。

8.1.2　名木

北京市有名木1 000余株，多为历代名人、政府首脑、国际友人笔录或手植，也有部分属移民纪念，大都分布于太学、寺庙、机关、学校、村落等地，成为栽植地重要的标志物。

1. 青杄

青杄（*Picea wisonii*），别名刺儿松、黑杄松、细叶松、方叶杉，隶松科（Pinaceae）云杉属（*Picea*）云杉组。中国特有种，产内蒙古、河北、山西、陕西南部、湖北西部、甘肃中部及南部、青海东部、四川东北部及北部；北京地区见于密云县坡头，原被定名为云杉。

图8.17　昌平檀峪古青檀（包琰 摄）

青杆

3株，一级古树1株，编号11010900094；二级古树1株，编号11010900093，呈南北一列，与两株油松并生，长势旺盛（图8.18）。位于门头沟区齐家庄乡江水河村西侧山麓。11010900094号古树原被定名为

（a）　植株

（b）　青杆果枝

图8.18　江水河青杆（包琰 摄）

云杉，依据一年生小枝无毛、小枝基部宿存芽鳞紧贴小枝、叶横断面扁菱形、球果长5～8厘米等特征判定属青杆，树高20米，胸径0.86米，冠幅东西14米、南北13.3米，树龄约400年。11010900093号古树原被定名为落叶松，叶型、球果显然属云杉类，而非落叶松，依据一年生小枝无毛、小枝基部宿存芽鳞紧贴小枝、叶横断面扁菱形等特征判定属青杆，树高20米，胸径0.57米，冠幅东西12米、南北6米；其余一株古树树高4米，胸径0.32米。江水河村位于灵山东侧山麓，海拔1 440米，为北京市最高村落，以周姓为主，村民称祖籍山西，青杆树苗自山西带来。

2. 白杄

白杄（*Picea meyeri*），别名红杄、白儿松、钝叶杉等，隶松科（Pinaceae）云杉属（*Picea*）云杉组。中国特有种，产内蒙古、河北、山西；北京地区见于密云县坡头。

白杄

编号B18956。位于密云县溪翁庄乡密云国际游乐场（今已辟为别墅区）门口，树高2米，胸径0.05米，冠幅东西3米、南北3.5米，树龄15年。1985年，中共中央总书记胡耀邦栽植。

3. 白皮松

白皮松（*Pinus bungeana*），别名白骨松、三针松、白果松、虎皮松，隶松科松属（*Pinus*），中国特有种，产山西、河南、陕西、甘肃、四川和湖北北部；北京各公园广泛引种栽培。虽然白皮松模式标本采自北京，但白皮松并非北京地区乡土树种，古树多分布在庙宇、宫殿、苑囿、学校等地方，树龄最古者植于辽代，据此推断北京地区应自辽代开始引种白皮松。

（1）戒台寺九龙松

一级古树，编号11010901632（图8.19）。位于门头沟区戒台寺，树高18米，胸径2米多，冠幅东西25米、南北24米，干分九枝，如九龙腾空，故名。植于辽代，树龄为北京地区同种之最。明京师西城指挥使蒋一葵（字仲舒）《长安客话》载：“松今尚在，围抱可四五人，高不三丈，枝干径二尺，虬曲离奇，可坐可卧。”明·朱宗吉有《戒坛观松》诗：“宝树依晴峰，婆娑月影重。叶深藏鹳鹤，植老作虬龙。佛殿青阴合，凌霜翠色浓。山僧时向客，聊尔说秦封。”清·沈震钧在其《天咫偶闻》中称：“一松名九龙，拔地起九棱。九干色如玉，翠葆分明鬙。”

（2）团城白袍将军

一级古树，编号11010201294。古称“栝（音瓜）子松”（图8.20）。位于北海公园团城承光殿前，树高30米，胸径1.62米，冠幅东西13米、南北17米。植于金代。乾隆皇帝封其为“白袍将军”，并作《古栝行》诗：“五针为松三为栝，名虽稍异皆其齐。牙嵯数株依睥睨，树古不识何人栽。”

（3）中朝友谊树

白皮松，一级名木，编号457。位于大兴区瀛海镇政府院内，树高5.5米，胸径0.14米，冠幅东西3.5米、南北3.5米，树龄19年。1975年4月20日，叶剑英副主席陪同朝鲜民主主义人民共和国主席金日成参加中朝友好人民公社（今南郊农场）典礼仪式共同栽植此树，树旁石碑载：“象征中朝两国人民的伟大友谊和战斗团结万古长青。”

4. 油松

油松（*Pinus tabulaeformis*），别名赤松，属松科松属（*Pinus*），中国特有种，分布于辽宁、河北、山东、陕西、山西、甘肃、青海、四川等地；北京郊区山野及市内庭院、广场、寺庙等区域广泛栽培。北京地区的油松古树名木多与名人鉴赏、国事活动相关，具有较大的文化价值。

图8.19　戒台寺九龙松（冯广平 摄）

图8.20　团城白袍将军（包琰 摄）

（1）团城遮荫侯

一级古树，编号1101021308（图8.21）。位于北海公园团城承光殿东侧，树高20余米，胸径1.03米，冠幅东西9.5米、南北10.5米，植于金代，树龄800余年。冠如巨伞，遮荫浓郁。传乾隆帝曾于树下避暑，效秦始皇封泰山“五大夫松”故事，封此树为“遮荫侯”。

（2）香山寺听法松

一级古树，编号11010804210（北株）、11010804209（南株）（图8.22）。位于海淀区香山香山寺遗址山门内，北株树高20米，胸径0.72米，冠幅东西14米、南北10.7米；南株树高25米，胸径0.93米，冠幅东西18.7米、南北9米，树龄800多年。两松上部大枝相对，如僧人拱手听法。乾隆十一年（1746年）乾隆帝作《听法松》诗并序，序中称其“百尺乔耸，测立徊向，自殿中视之，如偏袒阶下”，诗中有：“点头曾有石，听法讵无松”句，名其为“听法松”。听法松为香山静宜园二十八景之一，清·赵慎畛《榆巢杂识》：“香山寺中松，向称‘听法松’，定为二十八景之一”。

（3）戒台寺卧龙松

一级古树，编号11010901631（图8.23）。位于门头沟区戒台寺院内，生于5米高台上，胸径0.73米，冠幅东西15米、南北15米，干横生，长达10米。整株远望如翘首横卧的蛟龙。高台下有一方石碑支撑树干，上有“卧龙松”三字。

（4）戒台寺活动松

一级古树，编号11010901629。位于门头沟区戒台寺院内，树高10余米，胸径0.75米，冠幅东西13米、南北18米。因动其一枝而整树摇动，故名“活动松”。树旁有乾隆帝御制活动松诗碑，上有诗两

图8.21　团城遮荫侯（冯广平 摄）

图8.22　香山听法松（包琰 摄）

图8.23　戒台寺卧龙松（包琰 摄）

首：一首作于乾隆二十九年（1764年），“摇动旁枝老干随，山僧持以示人奇。一声空谷千声应，借问神通孰何为？”另外一首作于乾隆四十四年（1779年），“老干棱棱挺百尺，缘何枝摇本身随。咄哉谁为挈其领，牵动万丝同一丝。”

（5）重教树

编号B18955。位于密云县职业学校院内，树高2.6米，胸径0.05米，冠幅东西2米、南北2米，树龄15年。1985年9月10日第一个教师节，国务院副总理兼国家教委主任李鹏、国家教委副主任何东昌和胡启立等到密云视察教育时，在校园内栽植此树并命名为“重教树”。

5. 侧柏

（1）范公柏

一级古树，编号11022800064（图8.24）。位于密云县溪翁庄镇北白岩村村委会院内，树高12米，胸径1.25米，冠幅东西15.9米、南北15.1米，树龄约1 500年。长势旺盛，干中空。古柏所在地原为宝泉寺，古柏旁有《古柏颂并叙》诗碑一通，为清太子太保范承勋立于康熙四十六年（1707年）。诗序称“康熙丁亥夏过宝泉寺，观殿前古柏，爱其郁茂”，主持道人杨士品言，壬申岁后八年（1700年），“寺僧售柏，议值八十金”，士品“乞僧解议，立愿募财修葺。迨举工，柏复生叶，殿工成而乃郁茂焉”。范承勋“实爱此柏之奇，乃助葺寮舍，为往来憩此地，即纪其事，作古柏颂云”。范承勋（？～1714），字苏公，号眉山，又称九松主人，太傅范文程第三子，官至云贵总督、江南江西总督、兵部尚书、太子太保。

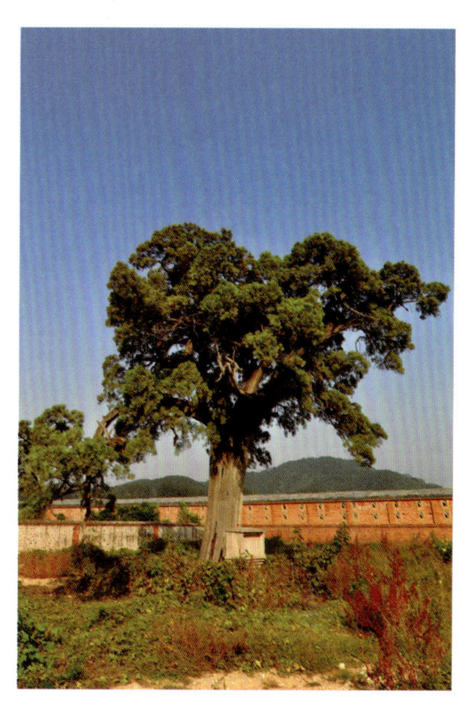

图8.24　范公柏（冯广平 摄）

（2）廖镛手植柏

一级古树，共5株，编号为0001、0002、0003、0004、0005。位于昌平区昌平二中，0003～0005号在教学楼前，0001～0002在校门东侧人行道上，0001号树高11.5米，胸径0.8米，冠幅东西6.3米、南北5米；0002号树高11.5米，胸径0.8米，冠幅东西4.4米、南北4米；其余三株胸径均在0.7～0.75米之间，不及前两株粗大。距地1.3米以上树皮剥落严重，顶端大枝多枯死。5株古树植于明天顺三年（1459年），树龄550年。昌平二中原为昌平州州学文庙所在地，《昌平州志》载：“明天顺三年由白浮图城徙置于今州东城下，守备廖镛植松柏于中。”廖镛（1414～1480），字景声，幼时随父到昌平，后袭父职，镇守天寿山，迁黄花镇提督，擢升昭勇将军，墓在昌平区南邵镇官高村。

6. 圆柏

（1）许衡手植柏

一级古树，编号11010101066（图8.25）。位于东城区国子监街孔庙大成殿前西侧，树高20米，胸径1.67米，冠幅东西14米、南北8米。元代国子监祭酒许衡手植，树龄700余年。许衡（1209～1281），字仲平，号鲁斋先生，怀州河内李封（今河南省焦作市中站区李封村）人。官至太子太保、集贤大学士兼国子监祭酒、教领太史院事，谥文正，封魏国公。清康熙间国子监祭酒吴苑（1638～1700，字楞香）在其《古柏行》称：“许公手植非无疑。”吴长元《宸垣识略》载：“国子监古柏，元祭酒许衡植”。孔庙始建于元大德六年（1320年），明永乐九年（1411年）重修，以后又屡屡修缮扩建。相传明嘉靖间，严

图8.25 许衡手植柏（包琰 摄）

嵩祭孔行至树下，树枝掀掉乌纱，世人谓古柏辨忠奸、不畏权，称为“触奸柏”。天启年间，魏忠贤游孔庙至树下，被落枝打中，惊恐不已，后人谓之“除奸柏”。

（2）御花园遮荫侯

一级古树，编号11010102332（图8.26）。位于故宫御花园摛藻堂前，树高8米，胸径0.46米，冠幅东西6米、南北6.5米，树龄约700年。乾隆帝奉其为神树，封为“遮荫侯”，并御制《古柏行》诗：“摛藻堂一株柏，根盘厚地枝擎天。八千春秋仅传说，厥寿少当四百年。”嘉庆帝作《古柏一首》：“古柏布清荫，悲含寸草心。光皇遗泽厚，雨露亿年深”。

（3）中柬友谊树

一级古树，共5株，编号11011100001、11011100002、11011100003、11011100004、11011100005（图8.27）。位于房山区长阳镇政府院内（今已辟为天骄俊园小区），树高分别为10.9米、10.3米、11.3米、11.5米、11.52米，胸径分别为0.1米、0.1米、0.12米、0.12米、0.14米，树冠覆盖面积平均为1.5平方米。1971年，在中柬友好人民公社

图8.26 御花园遮荫侯（冯广平 摄）

图8.27 中柬友谊树（冯广平 摄）

命名仪式上，周恩来总理、李先念副总理陪同柬埔寨西哈努克亲王和夫人、宾奴亲王和夫人等贵宾，共同栽植5棵圆柏，象征中柬两国人民友谊万古长青。

7. 毛白杨

毛白杨（*Populus tomentosa*），杨柳科杨属（*Populus*），分布于河北、河南、山东、山西、山西、甘肃、内蒙古等地，为北方常见树种；北京地区常用作行道树和公园绿化。

薛营纪念林

89株，一级名木3株，二级名木86株。位于大兴区庞各庄镇薛营村北，树高15米，胸径0.2米，冠幅东西4米、南北4米，树龄15年。1979年3月12日全国第一个植树节，邓小平和李先念等党和国家领导人到此参加义务植树活动，栽植此片纪念林。

8. 玉兰

玉兰（*Magnolia denudata*），别名木兰，木兰科木兰属（*Magnolia*），原产我国中部，北京地区各公园均有栽培。玉兰古树最早植于清乾隆时期，据此推断，玉兰应是入清以后才在北京地区引种栽培。

海淀大觉寺玉兰

玉兰，二级古树，编号11010811949（图8.28）。位于海淀区北安河乡周家巷大觉寺南院四宜堂，树高5米，胸径0.50米，冠幅东西4米、南北5.5米。植于清乾隆年间，树龄约300年，长势一般。关于其原产地，一说为寺院主持伽陵和尚移栽自四川，另一说为伽陵和尚弟子尊其遗愿移栽自四川。

图8.28 海淀大觉寺玉兰（包琰 摄）

9. 腊梅

腊梅（*Chimonathus praecox*），属腊梅科腊梅属（*Chimonathus*），原产陕西、湖北、四川等省；北京地区公园、庙宇、庭院常见栽培。

香山卧佛寺腊梅

一级古树，编号A00651（东株，图8.29）。位于海淀区香山卧佛寺三世佛大殿前，树高7米，主干分为20枝，胸径0.04～0.06米，冠幅东西7.7米、南北6.4米。西侧一株，树高7米，主干分为13枝，胸径最大0.07米，冠幅东西6米、南北6米。植于清代。

10. 紫藤

紫藤（*Wisteria sinesis*），属豆科紫藤属（*Wisteria*），分布于华北、华东、中南及辽宁、陕西、甘肃、四川等地；北京地区庭院、公园常见栽培。

清人纪晓岚手植紫藤和海棠

豆科紫藤（*Wisteria sinesis*）。位于宣武区珠市口西大街晋阳饭庄，传为纪晓岚手植，树龄约200年。晋阳饭庄原为纪昀故居阅微草堂，1958年改建为晋阳饭庄。纪昀（1724～1805），字晓岚，谥文达，世称文达公，晚号石云、春帆，河北沧州人。官至兵部侍郎、左副都御史、礼部尚书、协办大学士，《四库全书》总纂官。著《阅微草堂笔记》。

图8.29　香山卧佛寺腊梅（包琰 摄）

11. 七叶树

七叶树（*Aesculus chinensis*），又称娑罗树，隶七叶树科七叶树属（*Aesculus*），原产我国华北一带，是华北地区的珍稀树种之一；北京各寺院、庭院有栽培，潭柘寺、卧佛寺、碧云寺等处均有大树。七叶树在我国北方虽然也与佛教相关，但与真正的佛家圣树关系不大，后者主要是指桑科的菩提树（*Ficus religiosa*）、龙脑香科的娑罗双（*Shorea robusta*，摩诃娑罗树）。关于七叶树，乾隆帝曾有一篇考证详备的诗文，在世界植物学由本草期向经典期过渡的时期，乾隆帝能准确把握植物特征，并论述其产地分部及其与佛家的关系，实属可贵。《御制娑罗树歌》诗碑今存香山寺遗址（图8.30），碑四方形、攒尖顶，碑首四龙脊，四角精雕金刚力士呈跪姿托碑状，四面正中刻天王；碑身以汉、满、蒙、藏四种文字描述乾隆三十八年（1773年）、五十年（1785年），乾隆帝两次临幸香山寺见到的古娑罗树。诗文如下：

图8.30　《御制娑罗树歌》诗碑（冯广平 摄）

震旦号交让，梵天称娑罗
交让虚名谁则见？娑罗实有而弗多。
徒传巴陵及伊洛，佛宇对峙耸枝柯。
香山寺前今见一，千年外物尤婆娑。
巨本拥肿干埴堀，轮囷如岳森嵯峨。
郁葱叶叶必七瓣，定力院契欲阳哦。
我闻如是佛成道，八佛八树名殊科。
毗舍浮证捏磐际，即此娑罗诚非讹。
梵僧攀泣思往事（见荆南记），未识佛在理则那。
笑我卅年未经咏，或者有待今斯过。
（癸亥始游香山，至今三十年矣，成诗不下数百而未经咏此树。）
万劫一瞬应视此，视此灵根戢毗恒。
友优昙（拘那含牟尼佛成道树）及普陀（毗婆尸佛成道树）。
乾隆癸巳闰春月下浣 御笔

（1）潭柘寺七叶树

一级古树，编号11010900699、11010900698（图8.31）。位于门头沟潭柘寺大雄宝殿后，11010900699号树高25余米，胸径1.31米，冠幅东西20米、南北19.3米；11010900698号树高25米，胸径1.05米，冠幅东西13米、南北16.5米。传植于明代，树龄约500年。

图8.31　潭柘寺七叶树（冯广平 摄）

（2）上方山七叶树

一级古树，编号0517，俗称“菩提树”。位于房山区上方山文殊殿，树高20米，胸径0.84米，冠幅东西8米、南北9米，树龄约300年。

12. 枣

枣（*Ziziphus jujuba*），别名大枣，鼠李科枣属（*Ziziphus*），栽培植物，全国各地广为种植。

文天祥祠古枣

一级古树，编号11010100355。位于东城区府学胡同63号院内文天祥祠（图8.32），树高7米，胸径0.75米，冠幅东西8米、南北6.6米，枝干南倾，传为文天祥手植，树龄约700年。文天祥祠又称文丞相祠，始建于明洪武九年（1376年），原址为元代的兵马司土牢，文天祥于1278～1282年被囚禁于此。文天祥（1236～1283），原名云孙，字宋瑞，又字履善，自号文山、浮休道人，

图8.32 文天祥祠古枣（冯广平 摄）

庐陵（今属江西省吉安市）人，著有《文山全集》、《文山乐府》。

13. 糠椴

糠椴（*Tilia mandshurica*），别名大叶椴，隶椴树科椴树属（*Tilia*），分布于东北、内蒙古、河北、山东、河南；北京地区见于海淀金山、房山上方山、密云坡头、门头沟百花山、怀柔孙栅子等地。糠椴属北京地区乡土物种之一。

明李太后手植九莲菩提树

2株。位于故宫英华殿前甬路两侧，植于明万历年间，树龄400多年，为万历帝圣母孝定李太后手植。民国·章乃炜《清宫述闻》载："明代英华殿，有菩提树二，慈圣李太后手植也。树高二丈，树干婆娑，下垂着地。盛夏开花，作黄金色，子不于花蒂生，而缀于叶背。"树旁有乾隆壬戌年（1742年），乾隆皇帝御制《英华殿菩提树诗》碑一通，"何年毕钵罗，植兹清虚境。径寻有旁枝，蟠擎芝幢影。翩翩集佳鸟，团团覆金井。灵根天所遗，嘉荫越以静。我闻菩提种，物物皆具领。此树独擅名，无乃非平等。举一堪例诸，树以无知省。"李太后（1545～1614），明神宗朱翊钧（万历帝）生母，漷县（今北京通州区漷县村）人，尊号慈圣宣文明肃皇太后。清张廷玉等《明史》卷一百一十四《列传第二》载："顾好佛，京师内外多置梵刹，动费钜万，帝亦助施无算。"李太后被尊为九莲菩萨，《帝京景物略》载："寺有僧自言：梦成告曰，太后，菩萨后身也。"

14. 楸树

楸树（*Catalpa bungei*），隶紫葳科梓树属（*Catalpa*），分布于长江流域及陕西、河南等省；北京地区庭院中常见栽培。

古花轩古楸

一级古树，位于故宫御花园内古华轩前，树高20余米，胸径1米，树龄400余年。乾隆帝御笔古华轩匾额，并制诗"树植轩之前，轩构树之后。树古不计年，少言百岁久。孙枝并齐肩，亭立如三友。粗皮皴老干，冬时叶无有。积雪为之花，是诚循名否？"

8.2 市树市花

市树、市花是城市的重要标志，也是物化的城市人文精神、文化底蕴的代表，体现了人与自然的和谐统一。国内大多数大中型城市均有自己的市树、市花。北京市市树、市花确定于20世纪80年代。1987年3月21日，北京市第八届人民代表大会第六次会议通过《关于市花、市树的决议》，确定槐（*Sophora japonica*）、侧柏（*Platycladus orientalis*）为市树，月季（*Rosa chinensis*）（图8.33）和菊花（*Dendranthema morifolium*）（图8.34）为市花。

槐、侧柏、月季、菊花四种植物都具有耐寒、抗旱的特点，适应北京地区的气候条件和自然环境；同时，还具有四季不败、姿容俱佳的特征，槐象征宽容、吉祥、幸福，侧柏象征勇敢顽强、不畏强暴的民族性格和庄严雄伟的首都气质，月季象征四时不败的繁荣景象，菊花象征高洁坚贞的民族气节。

图8.33　月季（刘艳菊 摄）

图8.34　菊花（刘艳菊 摄）

8.3　珍稀濒危植物

北京地区地处纬向和经向四种气候-植被的交错带，是暖温带与温带、东部森林带与西部森林-草原带的边界。物种丰富，但对环境变化敏感。由于自然和人为原因，形成了致危生境，一些种群数量日渐减少，分布区愈来愈狭窄，趋于濒危乃至灭绝状态，亟待保护。依据1987年国家环保总局与中国科学院植物研究所制定的《中国珍稀濒危保护植物名录》（第一册）（简称《名录》）、1999年国务院公布的《国家重点保护野生植物名录》（第一批）（简称《重点名录1》）、2005年国务院公布的《国家重点保护野生植物名录》（第二批）（简称《重点名录2》）等名录的记载，北京地区共有珍稀濒危植物13科、31属、40种（表8.1），其中一级保护植物3种、二级保护植物34种、三级保护植物3种。一级保护植物均为兰科杓兰属（*Cypripedium*）植物，包括杓兰（*C. calceolus*）、斑花杓兰（*C. guttatum*）、大花杓兰（*C. macranthum*）（图8.35）等。

北京地区的珍稀濒危植物种类比较丰富，主要分布于百花山、松山、喇叭沟门、雾灵山、云蒙山、野鸭湖、石花洞等自然保护区。珍稀濒危植物中，以草本为主，总计32种，而木本只有8种，包括：五味子（*Schisandra chinensis*）（图8.36）、青檀（*Pteroceltis tatarinowii*）、核桃楸（*Juglans mandshurica*，图8.37）、软枣猕猴桃（*Actinidia arguta*）、狗枣猕猴桃（*A. kolomikta*）、紫椴（*Tilia amurensis*）、黄檗（*Phellodendron amurense*，图8.38）、刺五加（*Acanthopanax senticosus*）等。一些木本类型如青檀、核桃楸、紫椴等是重要的造园植物，在寺庙、公园等园林景观中有大树遗存。

图8.35　大花杓兰（赵建成 摄）

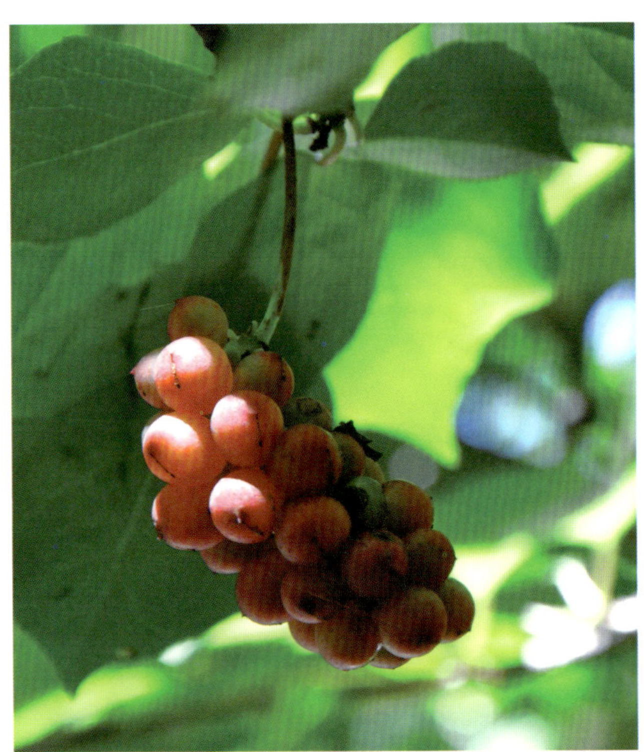

图8.36　五味子（包琰 摄）

图8.37　核桃楸（冯广平 摄）

图8.38 黄檗（赵建成 摄）

表8.1 北京地区重点保护野生植物名录

科	属	种	名录	重点名录1	重点名录2
麻黄科 Ephedraceae	麻黄属 *Ephedra* Tourn ex L.	木贼麻黄 *Ephedra equisetina* Bunge			二级
		草麻黄 *Ephedra sinica* Stapf.			二级
木兰科 Magnoliaceae	五味子属 *Schisandra* Michx.	五味子 *Schisandra chinensis* (Turcz.) Baill.			二级
榆科 Ulmaceae	青檀属 *Pteroceltis* Maxim.	青檀 *Pteroceltis tatarinowii* Maxim.	稀有、三级		
胡桃科 Juglandaceae	胡桃属 *Juglans* L.	核桃楸 *Juglans mandshurica* Maxim.	渐危		
三级					
景天科 Crassulaceae	红景天属 *Rhodiola* L.	小丛红景天 *Rhodiola dumulosa* (Franch.) S. H. Fu			二级
		红景天 *Rhodiola rosea* L.			二级
猕猴桃科 Actinidiaceae	猕猴桃属 *Actinidia* Lindl.	软枣猕猴桃 *Actinidia arguta* (Sieb. et Zucc.) Planch. et Miq.			二级
		狗枣猕猴桃 *Actinidia kolomikta* (Maxim. et Rupr.) Maxim.			二级
椴树科 Tiliaceae	椴树属 *Tilia* L.	紫椴 *Tilia amurensis* Rupr.		二级	

（续表）

豆科 Leguminosae	大豆属 *Glycine* L.	野大豆 *Glycine soja* Sieb. et Zucc.	渐危 三级	二级	
	黄芪属 *Astragalus* L.	膜荚黄芪 *Astragalus membranaceus* (Fisch.) Bge.	渐危 三级		二级
		蒙古黄芪 *A. membranaceus* (Fisch.) Bge. var. *mongolicus* (Bge.) Hsiao	渐危 三级		
	甘草属 *Glycyrrhiza* L.	甘草 *Glycyrrhiza uralensis* Fisch.			二级
芸香科 Rutaceae	黄檗属 *Phellodendron* Rupr.	黄檗 *Phellodendron amurense* Rupr.	渐危、三级	二级	
五加科 Araliaceae	五加属 *Acanthopanax* Miq.	刺五加 *Acanthopanax senticosus* (Rupr. et Maxim.) Harms	渐危、三级		二级
百合科 Liliaceae	重楼属 *Paris* L.	北重楼 *Paris verticillata* M.			二级
薯蓣科 Dioscoreaceae	薯蓣属 *Dioscorea* L.	穿山薯蓣 *Dioscorea nipponica* Makino			二级
兰科 Orchidaceae	红门兰属 *Orchis* L.	河北红门兰 *Orchis tschiliensis* (Schltr.) Soo			二级
	杓兰属 *Cypripedium* L.	杓兰 *Cypripedium calceolus* L.			一级
		斑花杓兰 *Cypripedium guttatum* Sw.			一级
		大花杓兰 *Cypripedium macranthum* Sw.			一级
	凹舌兰属 *Coeloglossum* Hartm.	凹舌兰 *Coeloglossum viride* (L.) Hartm.			二级
	珊瑚兰属 *Corallorhiza* Gagnebin	珊瑚兰 *Corallorhiza trifida* Chat.			二级
	火烧兰属 *Epipactis* Zinn	小花火烧兰 *Epipactis helleborine* (L.) Crantz			二级
	手参属 *Gymnadenia* R. Br.	手参 *Gymnadenia conopsea* (L.) R. Br.			二级
	玉凤花属 *Habenaria* Willd.	十字兰 *Habenaria schindleri* Schltr.			二级
	角盘兰属 *Herminium* L.	裂瓣角盘兰 *Herminium alashanicum* Maxim.			二级
	角盘兰属 *Herminium* L.	角盘兰 *Herminium monorchis* (L.) R. Br.			二级
	兜被兰属 *Neottianthe* Schltr.	二叶兜被兰 *Neottianthe cucullata* (L.) Schltr.			二级
	羊耳蒜属 *Liparis* Rich.	羊耳蒜 *Liparis japonica* (Miq.) Maxim.			二级
	对叶兰属 *Listera* R. Br.	对叶兰 *Listera puberula* Maxim.			二级
	沼兰属 *Malaxis Soland* ex Sw.	沼兰 *Malaxis monophyllos* (L.) Sw.			二级
	鸟巢兰属 *Neottia* Guett.	尖唇鸟巢兰 *Neottia acuminata* Schltr.			二级
		勘察加鸟巢兰 *Neottia camtshatea* (L.) Rchb.f.			二级
	舌唇兰属 *Platanthera* L. G. Rchb.	二叶舌唇兰 *Platanthera chlorantha* Cust ex Rchb.			二级
	蜻蜓兰属 *Tulotis* Rafin.	小花蜻蜓兰 *Tulotis ussuriensis* (Reg. et Maack) Hara			二级
		蜻蜓兰 *Tulotis asiatica* Hara			二级
	虎舌兰属 *Epipogium* Gmlin ex Borkhausen	裂唇虎舌兰 *Epipogium aphyllum* (F. W. Schmidt) Sw.			二级
	绶草属 *Spiranthes* Rich.	绶草 *Spiranthes sinensis* (Pers.) Ames.			二级

主要参考文献

[1] 白寿彝. 1999. 中国通史：第十二卷. 上海：上海人民出版社.

[2] 贺士元，邢其华，尹祖棠，等. 1993. 北京植物志. 北京：北京出版社.

[3] 北京市地方志编纂委员会. 2005. 北京志：科学卷 科学技术志，北京：北京出版社.

[4] 北京市人民代表大会常务委员会. 1998. 北京市古树名木保护管理条例（1998年6月5日北京市第十一届人民代表大会常务委员会第三次会议通过）.

[5] 北京市园林局. 1992. 北京古树名木. 北京：北京出版社.

[6] 北京自然博物馆. 2005. 北京自然博物馆. 北京：科学出版社.

[7] 陈德懋. 1993. 中国植物分类学史. 武汉：华中师范大学出版社.

[8] 陈心启. 吉占和，罗毅波.1999. 中国野生兰科植物彩色图鉴. 北京：科学出版社.

[9] 傅立国. 1992. 中国植物红皮书：稀有濒危植物. 北京：科学出版社.

[10] 国家城建总局. 1982. 加强城市和风景名胜区古树名木保护管理的意见. 城发园字[1982]第81号.

[11] 贺善安. 1998. 中国珍稀植物. 上海：上海科学技术出版社.

[12] 李永芳. 2005. 北京的活文物：古树名木. 绿化与生活(2)：33-34.

[13] 卢炯林. 1988. 河南古树志. 郑州：河南科学技术出版社.

[14] 全国绿化委员会，国家林业局. 2001. 关于开展古树名木普查建档工作的通知. 全绿字[2001]15号.

[15] 施海. 1995. 北京郊区古树名木志. 北京：中国林业出版社.

[16] 首都园林绿化政务网http://www.bjyl.gov.cn.

[17] 吴国芳，冯志坚，马炜梁，等. 1992. 植物学：下册. 北京：高等教育出版社.

[18] 赵建成，王振杰，李琳. 2005. 河北高等植物名录. 北京：科学出版社.

[19] 赵建成，马清温，郭晓莉. 2009. 北京地区珍稀濒危植物资源. 北京：北京科学技术出版社.

[20] 中国科学院中国植物志编辑委员会. 1978. 中国植物志：第七卷. 北京：科学出版社.

[21] 中国植物学会. 1994. 中国植物学史. 北京：科学出版社.

附录　相关史料

图1　以汤执中名字命名的角蒿（秦锋 摄）

图2　谭卫道（王青 提供）

图3　布雷茨尼捷利尔（王青 提供）

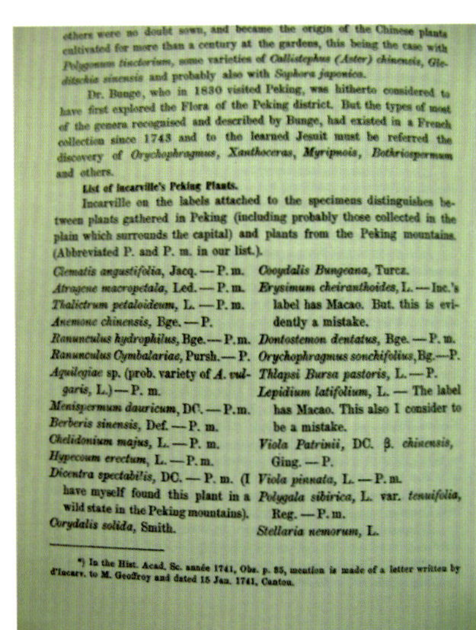

others were no doubt sown, and became the origin of the Chinese plants cultivated for more than a century at the gardens, this being the case with *Polygonum tinctorium*, some varieties of *Callistephus (Aster) chinensis*, *Gleditschia sinensis* and probably also with *Sophora japonica*.

Dr. Bunge, who in 1830 visited Peking, was hitherto considered to have first explored the Flora of the Peking district. But the types of most of the genera recognised and described by Bunge, had existed in a French collection since 1743 and to the learned Jesuit must be referred the discovery of *Orychophragmus*, *Xanthoceras*, *Myripnois*, *Bothriospermum* and others.

List of Incarville's Peking Plants.

Incarville on the labels attached to the specimens distinguishes between plants gathered in Peking (including probably those collected in the plain which surrounds the capital) and plants from the Peking mountains. (Abbreviated P. and P. m. in our list.).

Clematis angustifolia, Jacq. — P. m.
Atragene macropetala, Led. — P. m.
Thalictrum petaloideum, L. — P. m.
Anemone chinensis, Bge. — P.
Ranunculus hydrophilus, Bge. — P. m.
Ranunculus Cymbalariae, Pursh. — P.
Aquilegiae sp. (prob. variety of *A. vulgaris*, L.) — P. m.
Menispermum dauricum, DC. — P. m.
Berberis sinensis, Def. — P. m.
Chelidonium majus, L. — P. m.
Hypecoum erectum, L. — P. m.
Dicentra spectabilis, DC. — P. m. (I have myself found this plant in a wild state in the Peking mountains).
Corydalis solida, Smith.
Corydalis Bungeana, Turcz.
Erysimum cheiranthoides, L. — Inc.'s label has Macao. But. this is evidently a mistake.
Dontostemon dentatus, Bge. — P. m.
Orychophragmus sonchifolius, Bg. — P.
Thlapsi Bursa pastoris, L. — P.
Lepidium latifolium, L. — The label has Macao. This also I consider to be a mistake.
Viola Patrinii, DC. β. *chinensis*, Ging. — P.
Viola pinnata, L. — P. m.
Polygala sibirica, L. var. *tenuifolia*, Reg. — P. m.
Stellaria nemorum, L.

*) In the Hist. Acad. Sc. année 1741, Obs. p. 85, mention is made of a letter written by d'Incarv. to M. Geoffroy and dated 15 Jan. 1741, Canton.

图4　《欧洲人研究中国植物历史》中最早的北京植物名录（王青 摄）

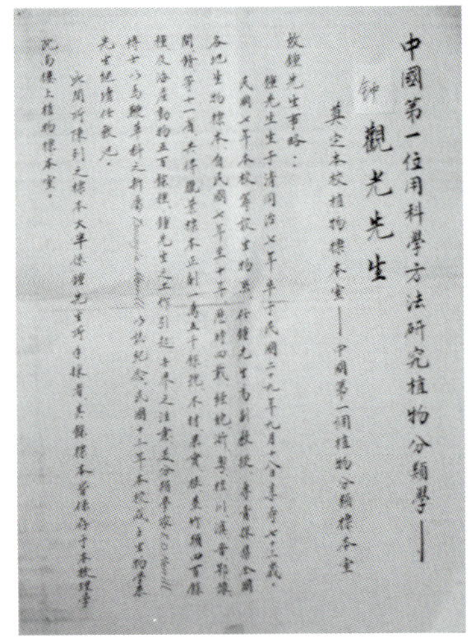

中國第一位用科學方法研究植物分類學——
钟 觀光先生
奠定本校植物標本室——中國第一個植物分類標本室
鍾觀光先生事略：

图5　北大标本室内钟观光简介（王青 摄）

图6　钟观光采集的标本（李业亮 摄）

图7　静生所成立典礼时来宾合影（牛喜平 提供）

图8　1928年静生所全体人员合影（牛喜平 提供）

图9　1931年北研全体人员合影（牛喜平 提供）

中法教育基金委員會國立北平研究院國立北平天然博物院三機關合作在天然博物院花園內建築生物樓一座定名陸謨克堂以供北平研究院生理植物動物等研究所之研究室及標本室之用基地由天然博物院供給建築費由中法教育基金委員會及國立北平研究院擔任民國二十三年五月十七日開工同年十月二十日完工

陸謨克堂理事會立

中華民國二十三年十一月二日

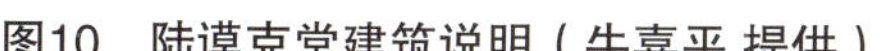

图10　陆谟克堂建筑说明（牛喜平 提供）

图11　陆谟克堂（侧面）（牛喜平 提供）

图12 胡先骕与郑万钧定名的水杉模式标本（王青 摄）

图13 水杉模式标本（王青 摄）

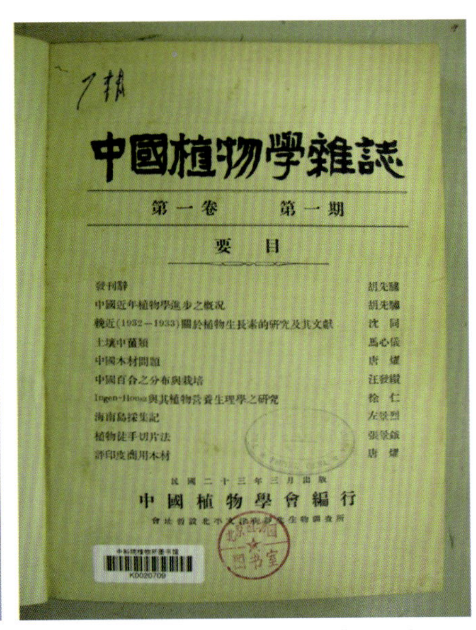

中國植物學雜誌

第一卷 第一期

要目

發刊辭	胡先驌
中國近年植物學進步之概況	胡先驌
晚近(1932—1933)關於植物生長素的研究及其文獻	沈同
土壤中藻類	馬心儀
中國木材問題	唐燿
中國百合之分佈與栽培	汪發纘
Ingen-Housz與其植物營養生理學之研究	徐仁
海南島採集記	左景烈
植物徒手切片法	張景鉞
評印度商用木材	唐燿

民國二十三年三月出版

中國植物學會編行

會址暫設北平文津街靜生生物調查所

图14 《中国植物学杂志》创刊号（王青 摄）

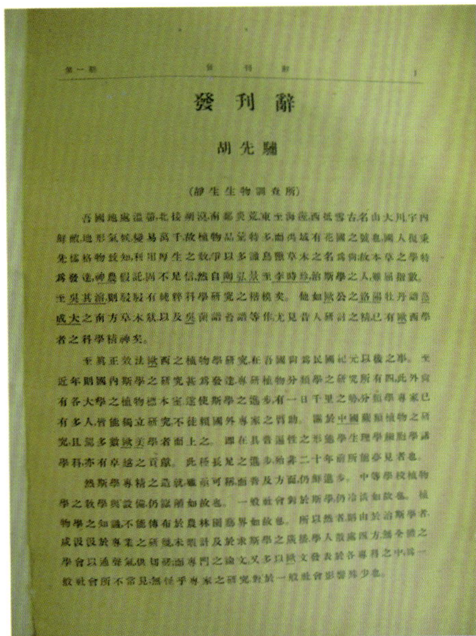

發刊辭

胡先驌

（靜生生物調查所）

图15 胡先骕的发刊词（王青 摄）

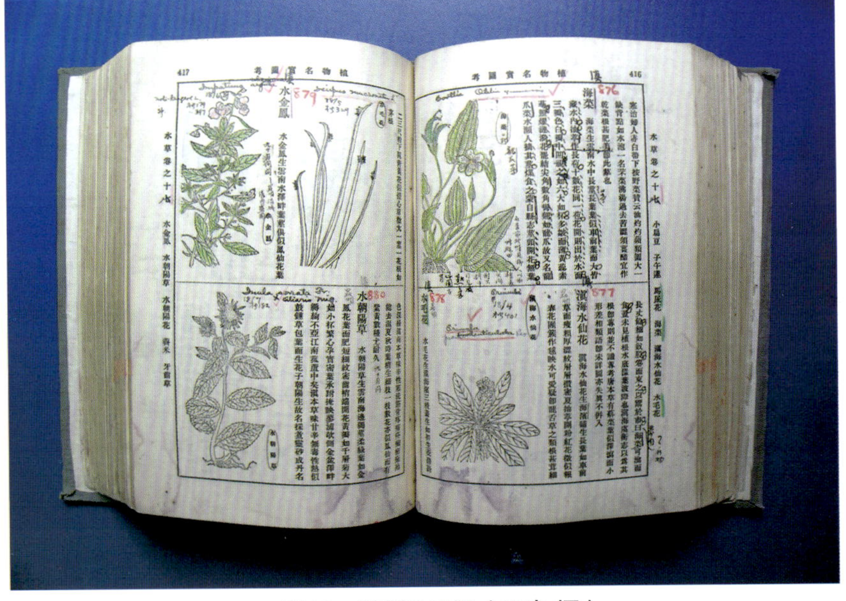

图16 吴韫珍手泽（王青 摄）

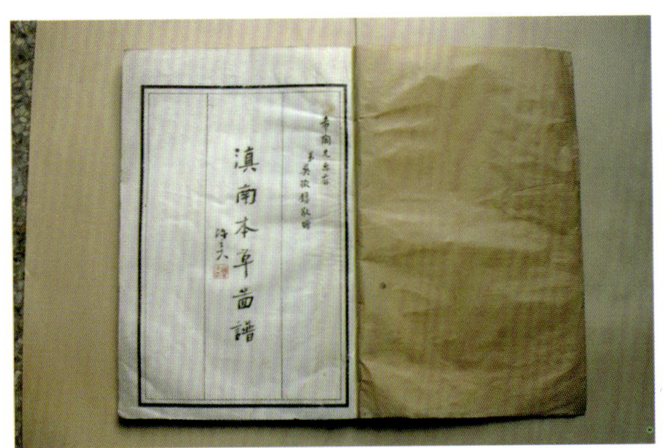

图17 吴征镒赠予蔡希陶的《滇南本草图谱》（李业亮 摄）

图18 20世纪50年代初中科院办公楼（院史办公室 提供）

图19　中科院植物分类研究所旧址（植物所档案室 提供）

图20　1957年植物所学术委员会成立（王青 提供）

图21　20世纪50年代植物所引种的水杉（王青 提供）

图22　初建时的南植展览温室（卢思聪 提供）

图23　1961年溥仪在植物所工作（卢思聪 提供）

图24　1991年泰国公主参观南植展览温室（卢思聪 提供）